敏捷测试实战指南

王朝阳　傅江如
陆怡颐　陈霁

/ 编著 /

人民邮电出版社

北京

图书在版编目（CIP）数据

敏捷测试实战指南 / 王朝阳等编著. -- 北京：人民邮电出版社，2021.2
ISBN 978-7-115-55411-6

Ⅰ．①敏… Ⅱ．①王… Ⅲ．①软件开发－程序测试－指南 Ⅳ．①TP311.55-62

中国版本图书馆CIP数据核字(2020)第233346号

内 容 提 要

本书主要介绍敏捷测试的流程方法及技术实践过程。本书以当下主流的敏捷体系实践为蓝本，从用户故事地图开始逐步梳理迭代过程、构建迭代交付计划，为研发域构建持续集成和持续发布流水线，从而进行特性分支开发，进一步完成主流微服务架构代码编写及分层自动化体系构建，配套基于容器化的管理维护体系，最终完成整个交付生存周期的知识体系梳理。本书可让读者清晰、完整地了解整个敏捷测试流程下的端到端过程，从而拓展眼界，逐步提升测试意识及能力，达到敏捷测试所需要的技术全栈要求。

本书适合测试人员、测试管理人员、程序员学习，还可作为高等院校相关专业师生的学习用书和培训学校的教材。

◆ 编　著　王朝阳　傅江如　陆怡颐　陈　霁
　责任编辑　张　涛
　责任印制　王　郁　焦志炜

◆ 人民邮电出版社出版发行　北京市丰台区成寿寺路11号
　邮编　100164　电子邮件　315@ptpress.com.cn
　网址　https://www.ptpress.com.cn
　三河市兴达印务有限公司印刷

◆ 开本：800×1000　1/16
　印张：19
　字数：371千字　　　　　　　　2021年2月第1版
　印数：1－2 500册　　　　　　　2021年2月河北第1次印刷

定价：79.00元

读者服务热线：(010)81055410　印装质量热线：(010)81055316
反盗版热线：(010)81055315
广告经营许可证：京东市监广登字 20170147 号

业界专家推荐

对于很多初学者来说，学习一本"以操作为纲，以理论为辅"的实践型指导书，可以加深对敏捷测试的理解。本书系统地讲解了在实际工程项目中开展敏捷测试的知识，是一本帮助读者进行敏捷测试实践的好书，值得一读。

腾讯 TEG 基础架构部研发效能首席架构师、腾讯云最具价值专家（TVP）　茹炳晟

敏捷测试在中国的蓬勃发展已经有 10 年时间了，但是市面上指导测试人员进行敏捷测试的图书很少。本书既讲解了实战技术，也穿插讲解了敏捷测试的相关概念；既重点阐述了敏捷测试在工程实践中的核心知识，也提供了丰富的实例代码，让初学者学以致用。本书很值得读者学习！

德勤咨询测试负责人　陈晓鹏

随着敏捷开发和 DevOps 在软件系统中的深入应用，为了在微服务和敏捷模式下进行有效的软件测试，软件测试人员需要学习敏捷测试知识。本书由测试界的专家陈霁领衔写作，全面讲解了在新的开发技术趋势下，软件测试人员需要掌握的敏捷测试实战技术，非常值得一读。

VIPTEST（互联网测试开发社区）联合创始人　蔡　超

敏捷测试越来越受到测试人员的推崇，但是有关敏捷测试的学习资料大部分停留在方法

论上，很难找到指导软件测试人员进行实战的教程。本书既讲解敏捷测试的方法，又涵盖落地实践的技术，可以帮助读者进行敏捷测试实战，强烈推荐本书。

新奥集团质量总监　陈　磊

本书讲解的敏捷测试技术比较全，从版本控制利器、持续集成工具、容器，到微服务、大数据的测试。本书对读者的测试转型有很好的帮助。

同济大学特聘教授、"高效敏捷测试"专栏作者　朱少民

前言

快速持续交付随着互联网的成熟成为许多软件企业需要具备的基本能力，敏捷测试和 DevOps 也在这样的大背景下发展并流行起来。然而，在需求分析能力、研发实现能力、运维发布能力逐步提升并且跳出瓶颈后，测试成了阻碍软件企业快速交付项目的难题。

敏捷测试是一种基于敏捷体系的测试方法，它强调如何配合团队快速将系统交付，从而避免质量保证过程过于复杂成为交付的瓶颈。如果说传统测试是基于瀑布模式的测试，那么敏捷测试是基于端到端的、与研发过程完全同步的迭代模式的测试，它对测试人员的能力提出了全新要求。本书从零开始，介绍敏捷测试的流程方法及技术实践过程。

本书特色

（1）知识系统，逐层推进。

敏捷和 DevOps 本身就是一个非常大的话题，而敏捷测试围绕这个话题全程跟进，从而涉及更大的技术范围。针对传统测试转型，本书系统全面地介绍了相关知识体系，并对传统测试和敏捷测试做了部分比较，在遵守敏捷开发规则的过程中逐层推进知识体系介绍。

（2）覆盖端到端全栈技术。

本书覆盖 DevOps 下端到端的过程：业务、研发、发布实践，有助于团队形成统一认知。

（3）提供完整代码及容器化技术。

本书涉及大量的操作实践，从被测微服务开发到分层自动化，再到容器管理体系。为了帮助读者更好地进行实践，作者提供本书的配套代码，需要本书配套资源的读者，可发邮件到 chenji@testops.cn。

（4）涵盖一线客户交付实战。

本书以实践为主，辅助一些核心概念，让持续测试"所见即所得"。

本书的作者是行业中的一线工程师或讲师，他们基于自己多年课程开发、工作实践进行编写，希望将工作中遇到的问题通过书呈现出来，帮助测试人员找到自己的方向，也为各个团队转型敏捷测试提供参考。本书在编写过程中得到了人民邮电出版社张涛编辑的大力支持与协助，在此表示感谢！

由于知识栈和工作背景的不同，本书难免存在不足之处，希望广大读者阅读后给予反馈，以便我们修订完善。本书编辑联系邮箱为 zhangtao@ptpress.com.cn。

陈霁（云层）

致谢

目前市面上关于大数据开发、大数据运维的图书随处可寻，唯独鲜见大数据测试相关图书。将这几年关于大数据的测试及策略与行业人员分享成了我小小的心愿。正当此时，我获悉老朋友云层（陈霁）在其规划的敏捷测试新书中，想要加入大数据测试的内容（而大数据业务应用实现，是高度可拆解、可独立交付的，笔者深切感受到大数据应用领域天然拥抱敏捷模式），于是欣然接受了云层的邀请，也便有了本书关于大数据的篇章。

首先，感谢云层和几位合著者，是你们给予我机会，令我在离开测试岗位多年后，再度以测试人员的视角，结合开发架构师的经验，将自己的观点心得总结成文字。虽然我不是第一次写书，但是时隔多年，我又找到了那种分享的快乐。

同时，也要感谢我的家人，在被约稿的这段时间内，我因患病而经历了一场生死考验。其间我的家人给予我无微不至的照顾和关爱，尤其是爱人在我"威逼利诱"之下绘制了一幅"重要"插图，使我能及时完稿。

傅江如

致谢

首先要感谢我的家人。在父母和妻子的支持与帮助下,我才能有足够的时间完成本书;同时儿子的陪伴也给了我无限的写作灵感。

然后要感谢本书的另外几位作者。我与云层相识于一次以 DevOps 为主题的培训,他一直致力于敏捷、测试方面的研究和宣讲,与他的每次沟通均让我受益良多。

最后要感谢公司的领导和同事。本书能快速完成离不开公司领导和团队的支持,他们给予了很多项目上的指导,并提供了大量真实的案例。

王朝阳

致谢

在 10 多年的工作中，我亲眼见证了互联网技术的不断变迁，从简单的 JSP/Servlet，到轻量级框架 SSH 和 SSM，再到前后端分离、微服务崛起。分布式、容器化、自动化运维等无一不在加速着这个行业的发展。我真心觉得，身处此行业，仿佛进了一个巨大的"坑"，从此再无"宁日"，无一日可以放下学习。技术的潮流滚滚而来，不会为任何人停留，你若不去追赶技术，就会被时代淘汰。参与编写本书，一方面是想和同行分享经验，另一方面是为了逼自己做一点总结。

看到自己参与编写的内容能够印刷出版，我心里还是挺高兴的，希望我的分享能让其他人少走弯路。同时借此机会感谢我所工作过的每一家公司，让我有机会接触前沿的技术，理解不同的架构。感谢我的各位领导，给予我充分的信任让我去学习和实战。同时也感谢云层的热情邀请，让我有机会参与本书的编写，让我在加班之余"更忙了"。

陆怡颐

致谢

距离我的上一本书出版已经几年了，从某个角度来说，我终于离开了性能测试这个知识栈，从另外一个角度来说，我是从一个"坑"进入了另一个更深的"坑"。在这几年中，我体会了创业的艰辛和技能栈转化的"阵痛"，从优化软件到优化流程和团队，我的眼界得到了拓宽。感谢在这几年里指导和帮助过我的各位老师，正是因为他们的悉心指导才让我能够对敏捷和DevOps有了一定的了解，进而在自己熟悉的测试方向做了有针对性的拓展。

这次能够联合一线全栈测试及运维专家共同编写本书实属难得，其中跨技能栈的沟通协调也是一次新的尝试，希望本书能为读者提供"接地气"的真正有用的知识。

最后还要感谢妻子这几年无微不至地照顾两个孩子，让我有足够的时间可以把注意力聚焦在工作上。当然，也要跟孩子们说一句："爸爸不是在打游戏。"

陈霁

目录

第1章 敏捷测试理念 ……………… 1
1.1 敏捷的价值 …………………… 2
1.1.1 VUCA 的行业背景 ……… 2
1.1.2 敏捷的核心价值观 ……… 2
1.2 DevOps 解决问题更快 ……… 3
1.2.1 团队组织的变化 ………… 3
1.2.2 流水线对测试的依赖 …… 4
1.2.3 为系统制造问题 ………… 5
1.3 测试与行业发展 ……………… 5
1.3.1 有效自动化 ……………… 6
1.3.2 测试运维的兴起 ………… 6
1.3.3 测试的三大阶段 ………… 7
1.4 测试敏捷化之路 ……………… 8
1.4.1 敏捷测试 ………………… 8
1.4.2 测试敏捷化 ……………… 10

第2章 敏捷测试的相关体系 …… 11
2.1 从 UserStory 开始 …………… 12
2.1.1 UserStory 定性 ………… 12
2.1.2 UserStory 编写格式 …… 13
2.1.3 基本的格式模板 ………… 13

2.1.4 进阶的基本格式模板 …… 13
2.1.5 高级格式模板 …………… 14
2.1.6 UserStory 中的优先级与
      故事点数 ………………… 15
2.1.7 UserStory 实例化、验收
      标准与完成定义 ………… 15
2.1.8 验收标准 ………………… 16
2.1.9 完成定义 ………………… 16
2.1.10 UserStory 骨干、地图和
       迭代规划 ……………… 17
2.2 看板看出名堂 ………………… 19
2.3 Scrum 的流程 ………………… 22
2.4 DevOps 带来的价值流 ……… 24
2.5 从敏捷测试到测试敏捷化 …… 25

第3章 敏捷用户故事实战 ……… 26
3.1 引言 …………………………… 27
3.2 用户故事背景 ………………… 27
3.2.1 规划角色 ………………… 27
3.2.2 罗列用户故事 …………… 28
3.2.3 评估用户故事优先级 …… 29

		3.2.4	评估用户故事大小 ········ 31
		3.2.5	用户故事地图 ············ 33
		3.2.6	用户故事迭代计划 ········ 33
	3.3	用户故事范例 ················ 34

第 4 章 版本控制利器——Git ······· 35
4.1 为何要版本控制 ·············· 36
4.2 版本控制的演进历史 ········ 36
    4.2.1 本地版本控制 ············ 36
    4.2.2 集中化版本控制 ········· 37
    4.2.3 分布式版本控制 ········· 38
4.3 Git 的基本概念 ··············· 39
    4.3.1 Git 的 3 个工作区域 ······ 39
    4.3.2 本地、远程以及 Origin ··· 41
4.4 Git 的安装 ····················· 41
4.5 开启 Git 协议 ·················· 41
4.6 Git 命令简介 ··················· 43

第 5 章 GitHub 入门 ················· 46
5.1 初识 GitHub ··················· 47
5.2 账号安全 ······················· 48
5.3 Repository（仓库） ·········· 49
5.4 事务管理 ······················· 52
    5.4.1 Assignees（指派人） ····· 53
    5.4.2 Labels（标签） ············ 54
    5.4.3 Projects（项目） ··········· 54
    5.4.4 Milestone（里程碑） ····· 56
5.5 丰富的项目文档——Wiki ··· 56
5.6 Pull Request ··················· 57
5.7 Fork 功能 ······················· 59
5.8 代码分享功能——Gist ······ 60
5.9 GitHub CI/CD ·················· 61
    5.9.1 准备代码 ··················· 61
    5.9.2 编写 GitHub CI/CD 脚本 ··· 64

    5.9.3 运行工作流 ··············· 66

第 6 章 微服务 ························ 67
6.1 为什么要微服务 ·············· 68
6.2 微服务架构 ···················· 68
6.3 微服务实例 ···················· 69
    6.3.1 Spring Cloud 简介 ········ 69
    6.3.2 快速构建 Spring Cloud 项目 ························· 70
    6.3.3 Spring Cloud 演示项目的实现 ························· 77
    6.3.4 验证微服务 ··············· 99
6.4 API 管理 ······················ 103

第 7 章 GitLab ······················· 106
7.1 GitLab 的安装 ················ 107
    7.1.1 硬件要求 ················· 107
    7.1.2 操作系统 ················· 108
    7.1.3 综合安装包安装 ········ 109
7.2 GitLab 的配置与启动 ······· 111
    7.2.1 修改 GitLab 服务端口 ··· 111
    7.2.2 启动与停止服务 ········ 112
7.3 GitLab 的使用 ················ 112
    7.3.1 系统管理 ················· 112
    7.3.2 GitLab 基本使用 ········ 116
    7.3.3 运行器（Runner） ······ 116
7.4 CI/CD ·························· 118
    7.4.1 GitLab-CI 基本用法 ····· 118
    7.4.2 CI/CD 实战 ··············· 124

第 8 章 Jenkins ······················ 135
8.1 Jenkins 的持续集成 ········· 136
8.2 什么是 Jenkins Pipeline ···· 136
8.3 Jenkins Pipeline 实战 ······· 136
    8.3.1 安装 Jenkins ············· 136

8.3.2	定义 CI/CD 流程	137
8.3.3	多分支 Pipeline 任务	137
8.3.4	Pipeline 任务进阶	142
8.4	API 自动化测试	154
8.5	基于敏捷模式的开发实践	162
8.5.1	一切从 Story 开始	162
8.5.2	和谐的结对编程与 TDD	163
8.5.3	特性分支合入	174
8.5.4	提交测试分支	175

第 9 章 容器概述 176
- 9.1 容器技术栈介绍 177
  - 9.1.1 容器核心技术 177
  - 9.1.2 容器平台技术 178
  - 9.1.3 容器支持技术 179
- 9.2 为什么使用容器 179
  - 9.2.1 容器与虚拟机技术 179
  - 9.2.2 容器的优点 180
  - 9.2.3 容器的业务价值 180
- 9.3 Docker 简介 181
  - 9.3.1 Docker 平台 181
  - 9.3.2 Docker 引擎 181
  - 9.3.3 Docker 架构 182
  - 9.3.4 Docker 使用的底层技术 185

第 10 章 安装 Docker CE 186
- 10.1 实验环境介绍 187
  - 10.1.1 服务器信息 187
  - 10.1.2 基本配置 187
- 10.2 Docker 版本概览 188
- 10.3 单主机安装 Docker CE 188
  - 10.3.1 卸载旧版本（推荐全新环境安装） 189
  - 10.3.2 使用 YUM 安装 Docker 189
  - 10.3.3 使用 RPM 包安装 Docker 190
  - 10.3.4 卸载 Docker CE 192
- 10.4 多主机安装 Docker CE 192
  - 10.4.1 使用 Docker Machine 批量安装 Docker 主机 193
  - 10.4.2 卸载 Docker Machine 197
  - 10.4.3 使用 Ansible 批量安装 Docker 主机 197
- 10.5 查阅 Docker 帮助文档 201
  - 10.5.1 在线查阅文档 201
  - 10.5.2 离线查阅文档 202

第 11 章 搭建私有 Docker Registry 204
- 11.1 Docker Hub 简介 205
- 11.2 搭建私有镜像仓库 205
- 11.3 镜像打标签的最佳实践 209

第 12 章 Kubernetes 概述 210
- 12.1 Kubernetes 架构简介 211
  - 12.1.1 Master 节点 211
  - 12.1.2 Worker 节点 213
  - 12.1.3 插件 213
- 12.2 Kubernetes 的高可用集群方案介绍 214
  - 12.2.1 堆叠 etcd 拓扑 214
  - 12.2.2 外部 etcd 拓扑 215

第 13 章 使用 kubeadm 搭建 Kubernetes v1.13.2 单主节点集群 216
- 13.1 实验环境介绍 217
  - 13.1.1 服务器信息 217
  - 13.1.2 基本的配置 217

13.2	安装Docker CE ········· 219		14.3	Hadoop生态系统 ········· 239
	13.2.1 解压缩安装包 ········· 219			14.3.1 Hadoop技术概览 ········· 239
	13.2.2 RPM包方式安装Docker CE ········· 220			14.3.2 HDFS ········· 241
				14.3.3 YARN ········· 242
	13.2.3 启动服务，并检查服务状态 ········· 221			14.3.4 Spark ········· 244
				14.3.5 SQL解决方案 ········· 244
13.3	安装Kubernetes组件 ········· 221			14.3.6 对流数据的处理 ········· 246
	13.3.1 解压缩安装包 ········· 221			14.3.7 NoSQL型数据库 ········· 251
	13.3.2 安装kubeadm、kubectl、kubelet软件包 ········· 222			14.3.8 任务调度 ········· 252
				14.3.9 协调和管理 ········· 253
	13.3.3 准备Docker镜像 ········· 222			14.3.10 ETL工具 ········· 255
13.4	初始化主节点 ········· 224			14.3.11 写给测试人员的话 ········· 257
	13.4.1 设置主节点相关配置 ········· 224		第15章	大数据测试探索 ········· 258
	13.4.2 初始化的过程 ········· 226		15.1	从用户故事开始 ········· 259
13.5	安装Pod网络插件 ········· 227		15.2	大数据系统设计 ········· 260
	13.5.1 检查Pod的状态 ········· 227		15.3	搭建Hadoop系统 ········· 261
	13.5.2 安装插件 ········· 227			15.3.1 安装CentOS虚拟机 ········· 261
13.6	注册新节点到集群 ········· 228			15.3.2 安装JDK ········· 262
	13.6.1 导入所需镜像 ········· 229			15.3.3 配置SSH免密登录 ········· 263
	13.6.2 配置新节点 ········· 229			15.3.4 安装Hadoop系统 ········· 263
	13.6.3 注册新节点 ········· 230			15.3.5 开通虚拟机防火墙端口 ········· 266
	13.6.4 检查Pod和节点的状态 ········· 230		15.4	安装Hive组件 ········· 268
13.7	安装可视化图形界面（可选） ········· 231			15.4.1 安装MySQL ········· 268
第14章	初探大数据 ········· 233			15.4.2 安装Hive组件 ········· 270
14.1	无处不在的大数据 ········· 234		15.5	平台架构测试 ········· 274
14.2	大数据特征 ········· 235			15.5.1 可靠性测试 ········· 274
	14.2.1 数据量 ········· 236			15.5.2 性能测试 ········· 276
	14.2.2 速度 ········· 237		15.6	业务应用测试 ········· 278
	14.2.3 多样性 ········· 237			15.6.1 数据ETL测试 ········· 279
	14.2.4 价值 ········· 238			15.6.2 业务逻辑测试 ········· 283
				15.6.3 应用性能测试 ········· 287

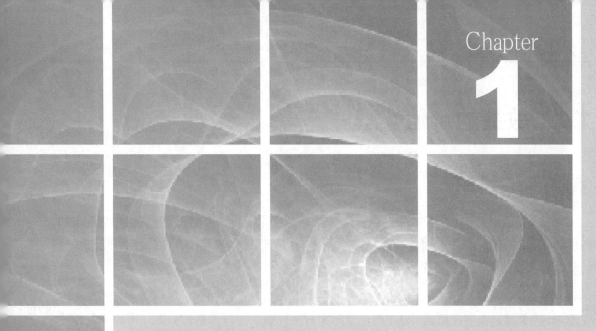

第 1 章
敏捷测试理念

1.1 敏捷的价值

突然之间身边都是敏捷，都是 DevOps，那么走到这一步的原因是什么呢？我们从这个快节奏的社会说起。

"快！"是最近几年多个行业中说得非常多的话，"能不能再快一点"是很多人迫切需求的。在移动互联网时代，信息传播速度很快，谁能更快地与用户形成连接，谁就控制了流量，也就是业界常说的"得流量者得天下"。

敏捷就是在这种环境下应运而生的。敏捷可以理解成快速感知和快速反馈，圈内有说 5G 优于 4G 的关键是很多应用需要 5G 的低延迟来解决行业中的技术基础问题，例如无人驾驶。而敏捷就是围绕快速实现价值而来的。

1.1.1 VUCA 的行业背景

VUCA 的概念经常被提及。VUCA 是易变性（Volatility）、不确定性（Uncertainty）、复杂性（Complexity）、模糊性（Ambiguity）的首字母缩写。由于时代的变化，影响结果的因素大大增多，我们从以前可以预估未来 5 年的变化变成了现在我们无法预估未来 1 年的变化。

VUCA 源于军事用语，从 20 世纪 90 年代开始被普遍使用，随后被用于从营利性公司到教育事业的各种组织的战略思想中。

拼多多利用 3 年时间就在纳斯达克上市，以前可能需要 10 年才能做到的事情现在只需要 3 年甚至更短。下一个"热点"还需要多久？也许兴起只要 1 个月，消失只需要 1 天。如果还是按照瀑布式的做法，那么产品还没交付就结束了。参考大数据、区块链等技术热点，谁能比别人早一点转型，谁就能生存下来，而快速转型紧跟变化的能力成了核心。

我们也希望通过本书内容向读者交付最快的知识价值。本书围绕文化（人）、组织（流程）、自动化（技术）来实现价值流的全生命周期跟踪。

1.1.2 敏捷的核心价值观

如果要做成功一件事情，那么一定要坚持做这件事情。

坚持、信念或文化是做成功一件事情很重要的部分，那么敏捷到底是什么呢？这里可以从两个角度来讲。

1. 敏捷宣言

本书不想重复网络上那些敏捷宣言中的条目，如果读者阅读过，仔细想想，其强调的还是沟通与实现。很多内容是与瀑布模式的对比，敏捷反对一次性计划、一次性交付的模式，强调尽快交付用户价值。而要做到这点依赖于优秀的团队文化、团队能力。

2. 快速交付

如果想要尽快交付用户价值，加快交付的速度是基础。敏捷（例如 Scrum 模式）通过迭代规划、控制团队规模及整合业务与研发团队的方式来解决交付周期过长的问题，并配合持续集成体系，大大加快了用户价值交付的速度。从某些角度来说，敏捷迭代也可以被认为是小瀑布模型，只是多个小瀑布模型能够组成未来的"发布火车"。

敏捷可能是一些理念（敏捷宣言），也可能是一种思想（快速交付），最后落地会成为一种实践（如 Scrum）。传统的模式给不出针对未知领域的解决方案，而敏捷的模式可以帮助我们快速试错，因此，我们需要坚定地走向敏捷。

1.2 DevOps 解决问题更快

DevOps 的异军突起其实是出乎意料的，在我的看法中，DevOps 的兴起是软件开发流程与快速交付之间的冲突无法调解的结果。"开发一个能够根据手机壳颜色自动同步 App 主题颜色"这样的要求层出不穷，也正是互联网技术人员矛盾的内心写照。

一方面是产品经理不断地希望满足客户快速变化的需求，另一方面是研发团队无法在这样的快速迭代下持续稳定地工作。

敏捷提供了很多解决方案，而 DevOps 流行的根本是它适应了当前互联网所需要的很多技术走向。在我看来，敏捷偏管理，DevOps 偏技术，且 DevOps 确实有效地解决了很多问题，大大加快了产品交付的速度，这主要取决于"持续交付"的实现，而 DevOps 不仅仅是持续交付。

1.2.1 团队组织的变化

我们可以说敏捷打通了业务、开发和测试，让业务作为"角色 A"加入（注：在敏捷中，有个猪腿鸡蛋汉堡的故事,将全身心投入的利益直接相关者定义为"角色 A",而和利益有一定关系的部分参与者定义为"角色 B"),减少了产品经理被"群殴"的风险。而 DevOps 为了实现持续交付,整合运维团队,让价值交付的速度得到进一步加快。DevOps 团队是敏捷(自制)的、独立完整的,其沟通的代价大大降低,从而实现了团队整合。DevOps 让每一个交付都直接在线而不仅仅是待交付物,如图 1-1 所示。

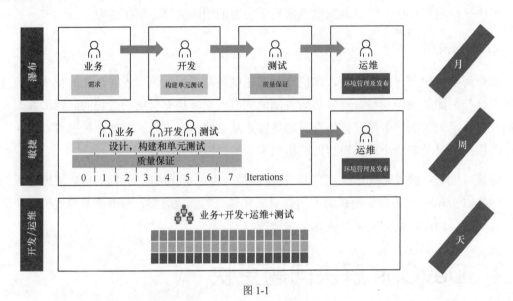

图 1-1

1.2.2 流水线对测试的依赖

在持续集成、持续交付流水线中,基于微服务和容器云技术的流水线,已经很好地解决了自动化运维、部署及架构的拆分问题。一个个毛线团已经被拉开,从持续集成到持续交付再到持续部署的过程中,我们可以清楚地知道有哪些问题,但是入手越来越难,维护也越来越难。这时候会发现任何一点变化都会有很多的"补丁"在"稳定"的架构上植入一个新特性,此时对测试的需求就愈发急迫。传统的手工测试已经成为流水线发布的巨大瓶颈,而自动化测试"只重其形不重其意"的问题,导致大量的实践效果并不理想。

常见的流水线使用类似 Jenkins 这样的工具进行管理,让每一次代码提交可以快速构建、测试、发布等,如图 1-2 所示。

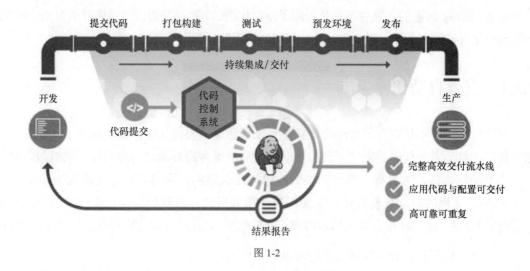

图 1-2

1.2.3 为系统制造问题

从构建测试环境到与生产 1∶1 预生产环境,再到在生产环境中做测试,这些都是为了更好地获取问题和解决问题的手段。而故障植入的异常测试可能是互联网当下的最佳实践,既然问题是无法通过测试完全发现的,那么将可能的主要情况模拟出来,学会控制风险。而为系统设置故障,同样也是对测试设计的巨大挑战。

无论是敏捷还是 DevOps,均对测试提出了更高的要求,在这种日日迭代、随时发布的情况下,测试该如何紧跟其步伐呢?请耐心地看本书讲解。

1.3 测试与行业发展

作者从事测试工作很多年了,看到了互联网行业的发展,软件测试也从手工执行走上设计之路,再从设计测试发展到技术创新。

现在,测试人员的技术和薪酬也不可同日而语,但即使有了自动化测试团队、非功能测试团队、强大的自动化持续集成体系,每次上线还是常常看到朋友圈的技术人员深夜还在加班。

自动化测试真的有效吗?深入做过自动化的人很多会知道,自动化并不见得会提升质量,而且它的维护成本很高,工作一段时间就会发现陷入了一个怪圈,会开始否定自己做自动化测试的意义。然而，问题的关键并不是是否做了自动化测试，而是是否做了足够好的自动化测试。如果自动化测试做得不好，那么将导致针对测试结果的反馈不够迅速，最终导致自动化无效。

1.3.1 有效自动化

有效自动化并不是指有了自动化框架就可以被触发为自动化了，而是包含了自动构建待测试代码、自动发布代码到测试平台、自动对该测试平台进行测试、自动提交测试报告这样一个完整的回馈链，并且确保整个回馈链的时间在合适的范围内（快速大约为5min，中速为3~5h）。这样的自动化能够让开发部门快速得到反馈并且获取该反馈中包含的相关信息（被测代码分支、测试环境、测试脚本内容、缺陷信息）。有效自动化需要具备以下4个条件。

（1）开发规范化，确保编译发布是可以自动化的。

这里需要公司有非常成熟的研发模式（分支开发、GitFlow 工作流程等），进而可以通过 Maven 这样的工具实现自动化编译、构建及发布。

（2）测试环境规范化，确保测试环境的构建是可以被赋能的（运维）。

通过配置中心完成对多套环境的标记管理，从而可以快速地基于容器化技术生成多套环境，并且支持任意测试分支代码的部署以及对应的环境数据版本化的回溯。

（3）测试方法规范化，确保测试的脚本和内容是规范可控的。

对测试脚本及数据进行规范管理，让不同分支的被测代码匹配不同分支的测试代码。

（4）测试用例、数据自动化，基于大数据、人工智能（AI）等技术的辅助测试。

通过对被测对象的代码染色、用户行为的归纳总结等方式实现智能化测试。

通过这些支撑基础提升测试设计能力，提升自动化测试的用例质量，从而逐步提高测试的有效性。

1.3.2 测试运维的兴起

测试运维并不是突然出现的，早在若干年前，测试人员就需要对测试环境负责，测试人员需要明白测试需要什么样的环境、什么样的数据和异常。一方面，由于互联网技术的快速发展和突破，测试人员逐渐丧失了本地化类生产环境和测试环境的维护能力，导致等待环境成了影响测试效率与质量的瓶颈。另一方面，由于缺乏运维的监控能力，导致在系统出现问题时测试人员无法排查相关的日志和数据，无法在第一时间对问题进行快照跟踪，从而错过了定位修复缺陷的最佳时机。

测试运维就是用来解决这些问题的。它构建自动化测试环境流水线、隔离测试环境、构建测试数据及 Mock，让测试可以简单快捷地构建测试环境，提高测试执行效率；通过进一步构建测试服务并延伸至整个产品，从客户需求到研发再到客户使用的全过程，做到全生命周期的持续反馈。

在当前 DevOps 体系下，测试运维作为持续反馈的最佳技能栈角色，承担了持续测试架构设计的重任，并作为测试开发的规划者。

1.3.3 测试的三大阶段

回顾行业发展，测试有如下 3 个发展阶段。

1. 被动型阶段

在这个阶段，测试只是软件上线前的一个验证过程，测试人员代表用户试用软件，检测发现软件使用时的问题。由于当时的应用架构几乎是基于介质安装的，因此导致更新的代价非常大。

在这个阶段，测试部门会逐步成为一个严重的瓶颈，需要测试的内容越来越多，但是遗漏的问题并没有得到有效控制，成了"鸡肋"（食之无味，弃之可惜）一样的部门，不做测试不行，但做了测试也并不能解决所有问题。

2. 技术型阶段

在这个阶段，测试人员通过技术提升了测试效率和测试质量。在整个服务端架构体系出现后，更新的方式从客户端变到了服务端，随着用户对质量的理解加深和功能增加的速度大幅提升，引入测试工具、进行测试开发是必然选择。

在这个阶段，测试部门得到了一定的重视。随着版本的快速递增，测试团队自身的效率已经提升到了比较高的水平，但是由于测试环境、版本、数据等的大量快速变化，导致大量的等待，影响了测试本身更好的发挥，另外，技术与业务的平衡出现了拐点，导致为了技术求新而进行测试，在没有测试设计的支持下测试人员无法有效地发现问题。

3. 赋能型阶段

在这个阶段，测试人员已经可以将测试作为一种服务赋能给其他部门。全生命周期质量保证、敏捷团队的出现、质量成为所有人员都应该重视的内容，将测试能力赋能团队成为了需要。赋能包括测试本身的设计和执行能力，在这个阶段，测试人员根据需求制定对应的实例化需求、用户故事（UserStory）的验收标准（Acceptance Criteria，AC）及完成定义（Definition of Done，DoD），将"怎么测"在一开始就公开并且赋能给相关人员，而测试平台的构建可以让相关人员自行执行测试，从而改变测试人员本身的角色。

在赋能型阶段，工程质量效能团队出现，敏捷测试、测试运维作为工程质量效能团队的一员，将测试团队从成本部门变为赋能团队，为第三方提供保证质量的服务。

1.4 测试敏捷化之路

既然敏捷是潮流，敏捷是无法阻挡的，那么测试应该怎么走下去呢？用某位朋友说过的一句话"只有被淘汰的职位，没有被淘汰的职能"来描述比较贴切。

1.4.1 敏捷测试

敏捷测试可能是我们非常容易想到的内容，基于敏捷的思想体系，将其与测试进行配对。

于是我们可以看到敏捷测试也有对应的宣言，如图1-3所示。

图1-3

在这个宣言中，我们可以非常明显地看到，对于目标的转变，端到端的质量预防、赋能团队共同保证质量成了更为重要的事情。在敏捷实施中，交付有用的软件比交付不出错的软件更有意义，因为如果软件不能帮助客户解决问题，那么是毫无价值的，而过分的测试所带来的时间拖延和成本上升会影响用户问题的解决。因此，在测试的职责上也发生着变化：从不要出错到错误可控。

在敏捷测试过程中，需要测试人员参与的过程包括以下几个。

（1）用户故事的优先级及估算点。

（2）用户故事验收标准及完成定义（用户故事澄清）。

（3）参加计划会议，对进入冲刺代办列表（Sprint Backlog）的需求内容进行评审。

（4）确认冲刺中的需求实现，构建分层自动化用例及脚本，确保持续集成质量，设计探索性测试用例用于验收。

（5）冲刺迭代总结。

上述是在敏捷中测试可以介入的过程。在敏捷测试过程中，测试部门成为 Dev 研发团队的一员，测试工作从简单的需求实现确认和测试用例设计，扩展至上述的过程（1）～（5）（在 DevOps 中，还会扩展到 Ops 运维发布甚至生产测试过程），也就是全生命周期的质量保证。传统测试和敏捷测试的对比，如表 1-1 所示。

表 1-1

传统测试	敏捷测试
1. 测试发生在最后阶段	1. 测试发生在每个间隔的 Sprint 里
2. 团队之间需要交互时，通常是正式沟通	2. 团队之间需要交互时，沟通不能总是正式的
3. 自动化测试是可选项	3. 自动测试被高度推荐
4. 从需求的角度测试	4. 从客户的角度测试
5. 详细的测试计划	5. 精益的测试计划
6. 计划是一次性活动	6. 不同级别的计划： 开始阶段初始的计划； 后续 Sprint 中 "Just in time" 的计划
7. 项目经理为团队做计划	7. 团队被授予并参与计划
8. 预先的详细需求	8. 只有概要需求
9. 标准的需求文档说明书	9. 需求以用户故事的方式被捕获
10. 需求定义完后，有限的客户协作	10. 客户协作贯穿整个项目生命周期

测试能力的提升会大大增强团队速度的稳定性，为任务提供完成定义有助于更好地评估工作量，更快地反馈问题，从而降低研发周期。

在 DevOps 体系中，提出了持续测试（持续反馈）的概念，来强调测试的重要性。

1.4.2 测试敏捷化

随着技术的发展,敏捷测试可能有些"力不从心",因为在 DevOps 体系中,面临着持续交付下的测试,它延伸出了产品发布后的验证过程,持续测试成了我们经常聊到的话题,而测试敏捷化被提了出来。在传统的瀑布模式中,测试人员总是被动地按照固定流程进行测试。

(1)等待需求,写测试用例。

(2)等待环境,写自动化测试脚本。

(3)等待发布,执行手工和自动化测试。

(4)提交缺陷报告和测试报告。

这种做法已经很难满足研发、需求、运维的敏态需要。测试敏捷化以交付业务价值、实现共同目标、测试无所不在、跨团队协作、自我进化的思想,来提升测试能力。

> **标准定义**
>
> 测试敏捷化是指在与软件生命周期所有交付品质相关的活动中,通过对组织、文化、流程、技术等要素进行优化与改进,使得测试能够贯穿于研发全过程并与上下游团队高效协作;能够在业务与技术水平上持续提升,达到自我驱动、灵活赋能、快速交付、高效稳定的最终目标。

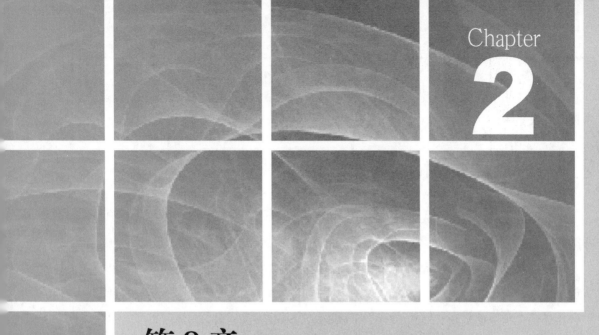

第 2 章
敏捷测试的相关体系

前面介绍了敏捷测试涉及的相关知识，这里开始讲解在完整的生命周期中敏捷测试需要掌握的相关技术。

2.1 从 UserStory 开始

在敏捷测试中，需求变成了 UserStory（用户故事），要解决的问题没有变，但是解决问题的思路变了。

需求规格说明书是一种描述最终产品的文档，强调定量，通过精确的标准来准确还原要实现的内容，在已知世界、已知解决方案的情况下，编写需求规格说明书是没有问题的，但是现在已经不是这样了。

当我们做一个产品希望满足用户需求的时候，可能用户也不能完全描述清楚，这时候使用传统的需求描述方式就很困难，要求用户一开始就明确内容，而用户故事适用于这种，阐述定性的东西，扩展规范定量的东西。

2.1.1 UserStory 定性

作为一个用户故事，我们一般是这样写的："作为一个 who，我需要 What，来实现 Goal。"

下面的例子可以非常明白地看到 UserStory 和传统需求文档的区别。

需求规格：使用木头制作一个 10cm×10cm×10cm 的立方体，表面为黑色。

UserStory：作为一个孩子，我需要一个黑色立方体，来作为我丢失的一块积木的补充。

这里，读者可以非常明显地看出两个写法的区别。由于过去问题的已知性和解决方案的明确性，只要你告诉我你要什么，我给你做就行了，没有别的选择。但是现在用户很难描述自己需要的东西，这就需要更加专业的业务需求分析师（Business Analyst，BA）来对用户的需求点进行分析，进而转化为用户故事。用户故事更加注重定性，通过快速交付的方式和用户沟通确认渐进明细，从而交付用户价值。

以前需要花费一周时间和用户确认需求，编写需求规格说明书，再用一周时间来实现，并最终交付给用户。而现在只需要花费一天去了解用户想要解决的问题，花费一天做一个 Demo，再花费一天和用户沟通这个 Demo 有哪些需要改进，整个过程可能只需要一周，而其中节约的时间是什么呢？就是瀑布模式中的等待浪费。

2.1.2 UserStory 编写格式

UserStory 的编写遵守 "3C" 原则，即卡片（Card）、交流（Conversation）、确认（Confirmation）。为了控制 UserStory 的内容长度，UserStory 一般写在小卡片上，随着需要表达的内容增加，卡片上又添加了验收标准及完成定义等内容。接下来看看常见的 UserStory 格式。

2.1.3 基本的格式模板

这里列出了一个标准的用户故事格式，如图 2-1 所示。

这个格式主要包含 3 个点：基本的用户故事描述（作为一个用户，我希望能够查找两个城市间的航班列表来获取最佳时间及价格）、工作量估算点（1.0 Points）和优先级（2-High）。

> 作为一个用户，我希望能够查找两个城市间的航班列表来获取最佳时间及价格
>
> 估算点：1.0 Points
> 优先级：2-High

参考用故事卡片

图 2-1

2.1.4 进阶的基本格式模板

基本的 UserStory 格式是不够的，为了更好地表达用户价值，针对默认的基本格式，产生了进阶版本，如图 2-2 所示。

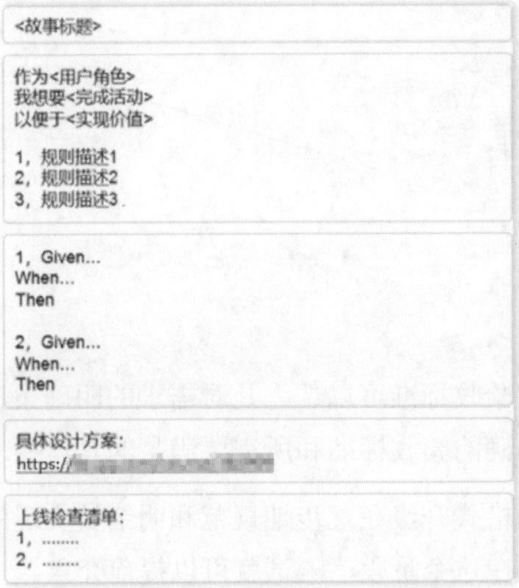

```
<故事标题>

作为<用户角色>
我想要<完成活动>
以便于<实现价值>

1、规则描述1
2、规则描述2
3、规则描述3

1、Given...
   When...
   Then

2、Given...
   When...
   Then

具体设计方案：
https://...

上线检查清单：
1、........
2、........
```

图 2-2

在这个进阶的格式中,添加了规则描述,进一步对用户故事描述进行细化;添加了 Given…When…Then 的内容,用来支持行为驱动开发(Behavior-Driven Development,BDD);添加了设计方案的附件链接和上线检查清单的完成定义。

2.1.5 高级格式模板

这是一个更完整的用户故事格式,如图 2-3 所示。

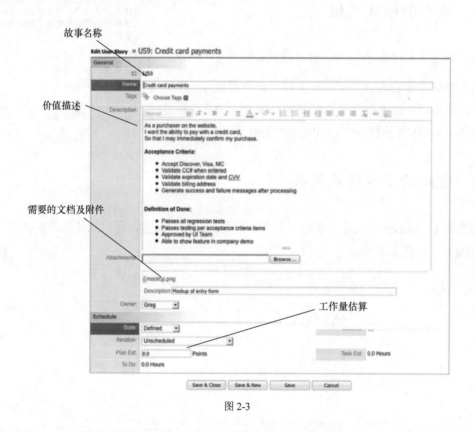

图 2-3

这里引入了验收标准。验收标准可以认为是对需求的明确条目化步骤,也是测试用例的基础。而完成定义是更加明确的验收标准和所需要满足的具体要求。

可以看到,用户故事的格式升级在逐步地规范和明细被实现的对象。敏捷不是说不要文档,而是制作合适的文档,在这个阶段,测试就可以提前介入。

2.1.6 UserStory 中的优先级与故事点数

一个项目一般有很多用户故事，如果要一次或者顺序实现它们，就会变成瀑布模式。因此，为了选择更有价值的内容进行交付，我们需要为用户故事排列优先级和评估故事点数（工作量）。通过优先级安排哪些应该先做（后面会提及的用户故事迭代计划），通过工作量评估每一个大概要做多久（合理安排每次迭代的周期和完成内容），这两个都是团队共同讨论设定的。

1．优先级的排列

在敏捷中，优先级的排列一般是基于 Kano（卡诺）模型或者 MoSCoW（莫斯科法则）。简单来说，就是把需求分为令人振奋的、必备的、可选的等类，然后通过讨论来确定每个需求的归属类别。

2．故事点数的估算

在敏捷中，故事点数的估算一般是基于经验的讨论（亲和估算法、宽带德尔菲法），由所有参与者分别估算自己部分的工作时间，如果参与者的估算误差过大，那么再次讨论，从而获取一个可以接受的故事点数。比较常见的解决争论的方法是使用敏捷扑克，通过出牌的形式来同步所有参与者的想法。

注意

故事点数和工时是有区别的，故事点数只是用来区别不同需求的规模，并不完全等同于工时，一般会说一个故事点数大于 4 个工时。

2.1.7 UserStory 实例化、验收标准与完成定义

用户故事本身是一个抽象的概念，它有它的缺点，就和编写面向对象代码一样，它还是个类。从而引申出了实例化的概念，具体到怎么操作来实现用户对应的价值。由于用户故事源自用户，因此角色成了用户故事实例化的基础。

实例化的关键在于构造什么样的用户，即是一个普通用户还是一个"特殊"用户，是一个前台用户还是一个后台用户，这些均决定了用户故事实例化的内容。

例如，用户故事：

用户需要一个学习平台来整理自己的学习过程，从而获取学习成果，评估自己的学习效果。

那么对应的实例化可能如下。

- 小明是一个学习成绩一般的学生，在学习数学课程，他需要一个学习平台来整理自己的学习过程，从而在数学成绩上有所进步，并进一步评估自己的学习效果。
- 小张是学习平台的一个管理员，他需要在后台管理每个学员在学习时的信息，帮助学员调整学习规划。
- 小李是一个学习成绩好的学生，在学习数学课程，但他需要一个学习平台来自动查询自己还没有做过的题目，并为他找到最新的题目。

因为这里的用户故事是比较粗略的，所以还需要进一步细化，从而明确具体的操作步骤。

2.1.8 验收标准

与实例化的区别是，验收标准是针对事件的，我们在对该用户故事的具体操作中是怎么样的是验收标准的关键。

例如，有如下验收标准。

（1）用户需要通过实名制认证才能使用系统进行学习。

（2）系统支持免费和付费两种模式。

（3）系统提供对老师的评价功能。

更多的时候，验收标准像是一个比较宽泛的测试用例，其核心包括一个 Happy Path 正常业务流程和多个异常业务流程说明。更加细节的用例一般会通过 XMind 软件绘制思维导图来记录，而这些内容会与用户故事和用户故事对应的代码特性分支相关联。

2.1.9 完成定义

完成定义可以帮助开发者更加具体地了解整个用户故事交付时需要验证的内容。从某些角度可以认为完成定义是测试方案的一种展现，对于一个测试来说，应该在用户故事上进行测试方案内容的编写。

（1）完成功能测试。

（2）性能测试接口能够达到每秒 100 件事务。

2.1.10　UserStory 骨干、地图和迭代规划

只有用户故事是不够的，因为它们还是一个个分散的故事点，一个应用是由很多用户故事组成的。为了能够有效地了解应用的需求，这时就需要用到用户故事地图了，如图 2-4 所示。

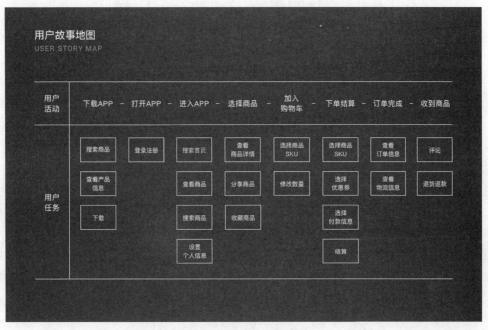

图 2-4

用户故事地图可以更加全面地看到整个故事的完整结构（可以认为用户故事地图是一个游乐场，里面的游乐项目是用户故事卡片），通过设计横向的用户使用流程作为用户故事地图的骨干，再将每个使用流程下的功能按照优先级排列，从而形成一眼就能看完整个系统的功能地图。

通过用户故事地图，我们可以完整地看到系统的组成，但在敏捷下，需要迭代式的分批开发，于是我们就要根据情况在用户故事地图的基础上进一步添加迭代规划，确保分批交付整个用户故事，如图 2-5 所示。

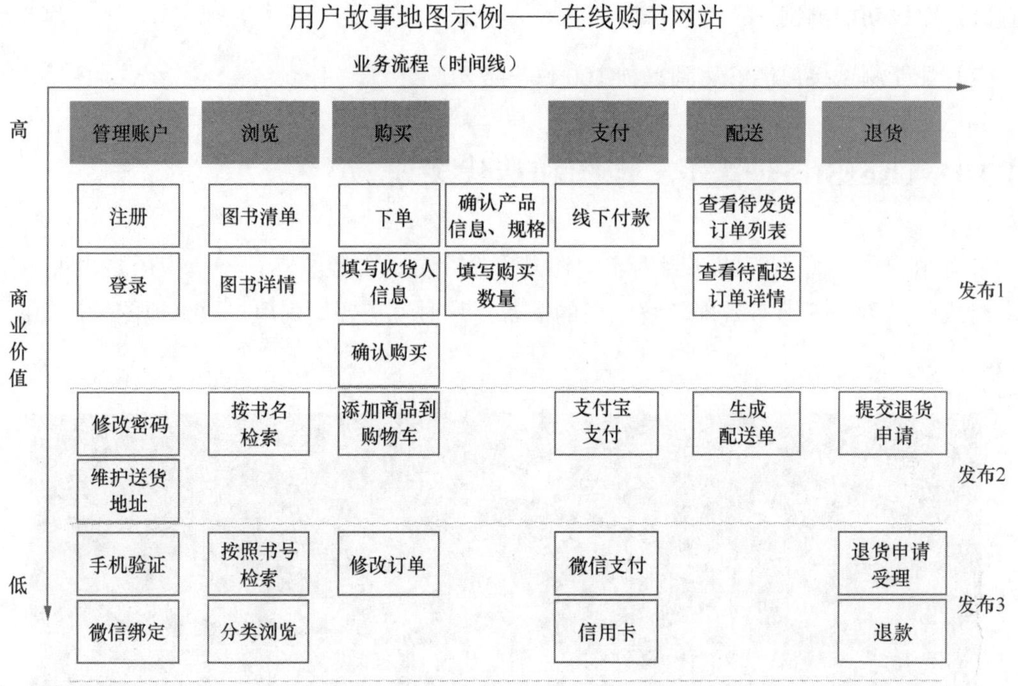

用户故事地图示例——在线购书网站
业务流程（时间线）
高
商业价值
低
管理账户
浏览
购买
支付
配送
退货
注册
图书清单
下单
确认产品信息、规格
线下付款
查看待发货订单列表
登录
图书详情
填写收货人信息
填写购买数量
查看待配送订单详情
发布1
确认购买
修改密码
按书名检索
添加商品到购物车
支付宝支付
生成配送单
提交退货申请
维护送货地址
发布2
手机验证
按照书号检索
修改订单
微信支付
退货申请受理
发布3
微信绑定
分类浏览
信用卡
退款

图 2-5

在这个过程中，每一次迭代都会交付对应的内容，而在这个内容中，就需要构建用户故事骨干，以明确最后组成软件的核心结构。每一次迭代都遵守最小化可行产品（Minimum Viable Product，MVP）的原则，以尽快向用户展示最终的产品并且获取相应的反馈，从而在下一次迭代中调整需要交付的功能特性。当用户需要一个汽车的时候，我们并不是逐步交付一个未完成的汽车，而是在这个过程中每一次交付给用户的都是一个有价值的工具，如图 2-6 所示。

并不喜欢这样
1
2
3
4
喜欢的是这样
1
2
3
4
5

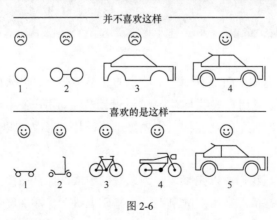

图 2-6

作为一个优秀的敏捷测试工程师，应尽早完成用户故事，帮助制定合理的验收标准、完成定义、用户故事大小及迭代发布计划，这样能够很好地帮助自己规划测试内容，明确测试目标，提高测试质量与效率。这也是敏捷测试下测试左移（注：测试左移指的是在软件交付中前移测试过程，围绕需求的测试）的关键内容。

2.2 看板看出名堂

在具体工作中，往往由于流程长，导致出现的问题很难定位和解决。如果想要发现、定位、分析问题，看板是一个很好的选择。看板是一个非常好的可视化工具，而且看板可以帮助管理 UserStory。

> **看板管理**
>
> 常称为"Kanban 管理"。其是丰田生产模式中的重要概念，是指为了达到及时生产（Just in Time，JIT）而控制现场生产流程的工具。及时生产方式中的拉式（Pull）生产系统可以使信息的流程缩短，并配合定量、固定装货容器等方式，使生产过程中的物料流动顺畅。

看板提供了状态迁移可视化的过程，以帮助我们了解完成一件事情的过程，基本的看板包括待做、正在做、完成 3 个阶段，如图 2-7 所示。

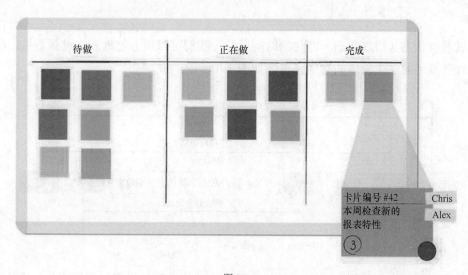

图 2-7

接着把我们要做的事情作为一个卡片放在看板的各个阶段上，通过改变推式（Push）为拉式，让上游决定我们要做的内容，提高执行效率。也就是说，如果 Doing 阶段的任务都完成了，那么我们应该去看看上游 To do 阶段的内容，以便拉取我们想要的任务，如图 2-8 所示。

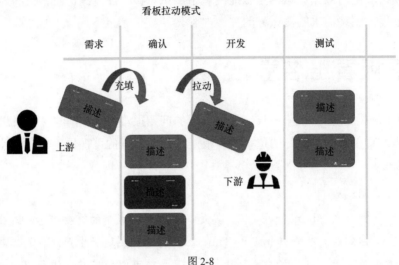

图 2-8

在使用看板的时候，首先要根据具体的需要添加状态，并设置各个状态的准入准则；然后构建多条"泳道"来让一个状态上可以同时处理多种类型的任务；再进一步限制在制品（Work In Process，WIP），让看板上的价值快速流动。这些是看板管理的常见步骤和实践经验。

通过看板状态（增加状态）变化的时间监控，我们可以很方便地获得度量数据，了解团队在软件开发中的各个阶段的时间长度，如图 2-9 所示。

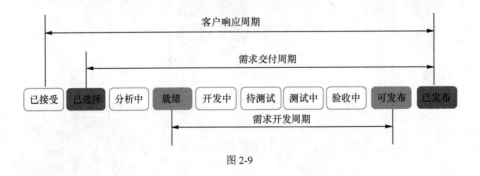

图 2-9

如果通过看板来管理用户故事（价值），配合合理的拆解过程将过程可视化，就可以通过累积流图来清楚地掌握项目执行的过程，如图 2-10 所示。

在图 2-10 中，阶段之间的距离越短、斜率越高越好。累积流图和燃尽图比甘特图能够更好地反映项目的速率和状态，有助于快速定位开发中的问题并及时调整。

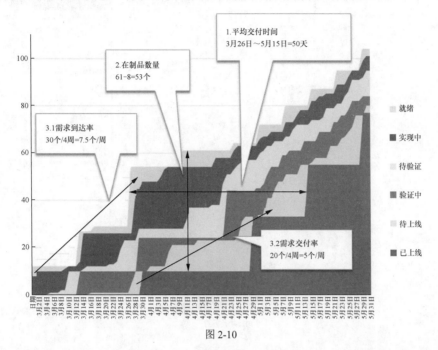

图 2-10

在整个看板中，测试人员需要添加不同阶段上的测试过程，并且配置自己的任务卡片，帮助团队了解测试需要占用的资源和任务。在大多数情况下，通过看板跟踪可以发现项目瓶颈在测试阶段，而原因就是测试执行的瀑布化（缺乏提前测试设计的并行化，以及测试执行效率和环境的问题）。

在工作中，我们会有很多过程阶段，从而会导致看板很长，如图 2-11 所示。通过看板的可视化，可以让所有问题得以暴露。例如，我们可以发现测试中的卡片数过多（"5/4" 表示最大 4 个并行卡片任务，见图 2-12），这里就意味着出现了瓶颈。控制同一阶段的在制品是提高看板流动效率的一个非常有效的手段，DevOps 是通过单件流（One-piece Flow）的理想概念来实现的。

在图 2-11 所示的看板中，还能发现完全没有任务卡片的状态，这就是等待的状态，上游没有提供可以拉动的任务，这是规划的问题。

看板是一个非常好的信息发射源，帮助参与的所有人了解工作的内容，配合共同的责任，大大提高发现问题和解决问题的效率。因此，每日站会（Scrum 中推荐每天通过 15 分钟的站完成当天工作的同步沟通）需要与看板配合才能达到更好的效果。测试人员作为团队的一员，熟练使用看板是必备技能之一。

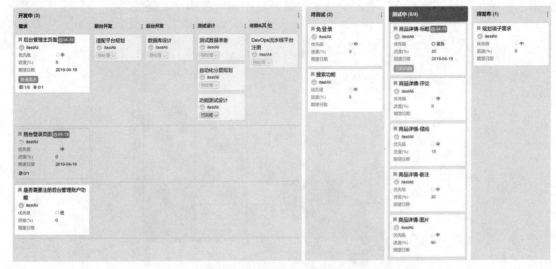

图 2-11

图 2-12

> **注意**
> 看板有很强的入侵性，对于工作中喜欢按照自己的节奏做事的人来说，会产生很强的抵触心理。虽然自己的工作进度被可视化，但如果无法调整工作方式和心态，看板就会逐渐成为摆设。

2.3　Scrum 的流程

我最想说的一句话是：敏捷不是 Scrum。Scrum 只是我们常见的敏捷实践模型。通过 "353" 核心规则，即 3 个角色（Roles）、5 个事件（Events）、3 个交付物（Artifacts），我们将敏捷的落地流程以及关键交付和组织勾勒出来，如图 2-13 所示。

2.3 Scrum 的流程

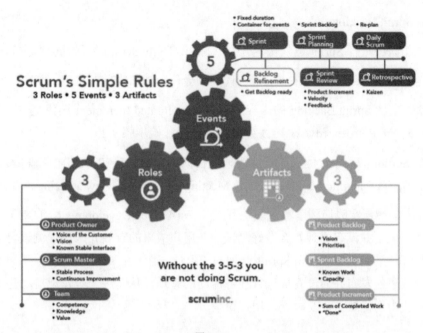

图 2-13

Scrum 的流程是比较容易讲清楚的,它是一个迭代的过程,如图 2-14 所示。

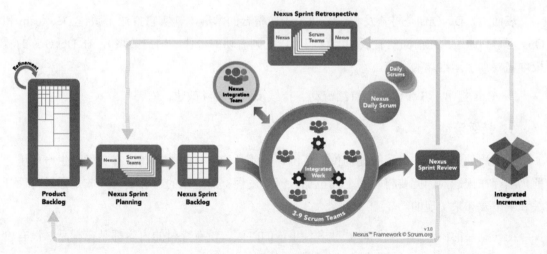

图 2-14

Scrum 的主要流程如下。

(1)确定 Product Backlog,这是已经确认了价值大小的内容。

(2)团队在 Nexus Sprint Planning 计划会议中根据团队的处理能力和故事的 MVP 生成规

划的 Nexus Sprint Backlog。

（3）在团队中进行 Sprint 迭代快速开发（Nexus Daily Scrum 每日站会跟进）。

（4）定期开展 Nexus Sprint Review 迭代回顾会议，评估当前的进度。

（5）完成本次 Sprint Backlog 的内容后，完成 Integrated Increment 迭代交付，判断是否要开展 Nexus Sprint Retrospective 总结大会，然后重新开始步骤（2）。

在整个 Scrum 活动中，测试人员成为研发团队的一员（5～9 人的团队规模）。测试人员必须要参加 Sprint Planning Meeting、Daily Meeting 和 Sprint Review Meeting。

Scrum 中的最佳实践谈到了测试驱动开发（Test-Driven Development，TDD）对于产品质量的重要性，但是并没有提到怎么做好测试。在用户故事的有效介入后，测试可以为用户故事的迭代制订计划并确保 Scrum Sprint 计划的一致性，确保进入迭代后在 2～4 周的周期内完成这些用户故事的发布并通过看板进行任务流动的管理，从而进一步发现自动化或者非自动化测试在迭代中的优缺点，及时交付用户价值。

2.4 DevOps 带来的价值流

表面上，DevOps 是将开发和运维两个工作整合的术语，其实它打通了敏捷 Dev team 和 Ops 之间的通道。在前面的看板中，我们可以看到流动的价值（用户故事），在 DevOps 的看板中需要加上运维端的发布。

DevOps 提出了 3 步法则：持续流动、持续反馈、持续改进。

1. 持续流动

持续流动进一步扩大了敏捷的价值范围，也就是能交付的内容在没有交付到生产环境之前仍然存在问题，因此要将发布上线也加入流动过程。而上线的内容是否开放是通过特性开关和灰度发布来实现的。

在在制品的概念中，当同时处理多件事情的时候，没有交付的内容都是在制品，没有价值。DevOps 通过单件流来严格控制在制品，从而加快流动速度。

2. 持续反馈

持续反馈在持续流动的基础上进行了度量，通过全生命周期的反馈，确保每一步的产品都是完全质量达标的优质品。

3. 持续改进

DevOps 把度量数据作为工作优化的基础。

在 DevOps 中，CI&CD 的自动化是非常重要的基础，因此 DevOps 持续交付流水线成为"接地气"的核心内容。从代码分支到单测集成、环境发布、自动化测试、打包发布，整个过程实现完全自动化。

在 DevOps 中，测试开发成为一个非常重要的技能，它将测试任务尽可能自动化，并与流水线集成，从而大大提高流水线上的测试效率。

从研发角度修改一行代码、做一个环境发布或者申请自动化都不是很难的事情。其不难的原因在于它们是已知需求、已知解决方案，但对于测试来说，就完全不一样了，一个小的变化所带来的影响范围也可能很难评估并且难以掌控，这需要大量的测试脚本来评估。因此，当团队已经做到了 DevOps 化后，测试的瓶颈就愈发凸显了。如何让开发出来的内容更加规范，能够赋能开发团队自行测试，这是作为测试人员摆脱依附状态的挑战与机遇。

2.5 从敏捷测试到测试敏捷化

上面介绍的是被精简的关键点（甚至很多名词术语没有展开描述），这也是希望帮助测试人员能够快速了解整个体系或者团队在做什么，以及作为团队内的一员应该如何发展。也就是闷头做自己的工作还是和团队同步，并成为转型中的一员。待到知道是怎么回事的时候，再来了解每一个过程的细节，将名词术语变成技能。

因此，敏捷测试怎么做可能并不那么重要，敏捷测试到底怎么做才是正确的也并不那么重要，重要的是帮助客户实现价值和勇于迎接变化的心态。

Chapter 3

第 3 章

敏捷用户故事实战

3.1 引言

业界流传着一句话：用户故事是讲出来的而不是写出来的，讲出来并达成统一理解。用户故事分析讨论应该是整个开发团队的事情，切忌让需求分析师或者产品所有者（Product Owner，PO）独自完成，测试人员应该了解整个过程并且参与其中，为实例化用户故事和细化验收标准提供交付周期评估。

3.2 用户故事背景

对于开展实战，用户故事是一个很好的起点。故事背景是连锁咖啡店。由于地理位置优越，因此整个写字楼的顾客会在早上和中午来排队买咖啡。但购买体验很差，部分顾客由于等待时间过长，转而选择了外卖或其他商家。为了解决这个问题，咖啡店希望通过一个在线平台来完成顾客的在线下单，对于较近的顾客不必排队等待，等取单通知即可，也方便外卖人员可以对较远的顾客进行送单。

对于这样的需求，怎样构建用户故事和用户故事地图，以及制订用户故事迭代计划呢？

构建用户故事首先从构建角色开始，不同的角色所期望的价值不同，例如，有人需要外卖可以送，有人需要除咖啡以外的小点心，有人需要现场有可供坐下来聊天的座位等。

3.2.1 规划角色

这里根据用户调查做的统计分类，假设了 4 个角色，并且罗列了他们对平台的期望，覆盖了几个年龄段的消费者的消费意图，这里并没有做一个虚拟的反向用户。虚拟用户角色如表 3-1 所示。

表 3-1

角色及介绍	角色及介绍
王某：68 岁，对咖啡有非常高的要求	陈某：35 岁，希望能够找到适合自己的咖啡
能够专业地介绍咖啡的产地信息、加工工艺等	能够专业地讲出对多种咖啡口味的选择以及背后的区别

续表

角色及介绍	角色及介绍
王某：22 岁，在校女学生，追求高性价比	天某：28 岁，办公室女员工，要有"腔调"
方便、快捷，可以选多杯	给出详细的"卡路里"（食物热量）值

3.2.2 罗列用户故事

团队对上面的每一个用户角色进行了用户故事和价值拆分，并提取出功能点。

（1）作为一个对咖啡非常有追求的客户，他希望能够分享自己对咖啡的理解，从而认识更多志同道合的朋友。

- 用户可以评价自己品尝的咖啡。
- 用户可以查看其他顾客对每款咖啡的评价。
- 用户可以通过自己的主页来罗列咖啡的相关评价。
- 用户可以添加其他用户成为好友。
- 用户可以在每个咖啡厅找到小组，并进行组内沟通。
- 用户可以自己设定咖啡豆种类、加工工艺和材料配比，定制属于自己的咖啡。

（2）作为一个经常喝咖啡的客户，他希望能够品尝更多种类的咖啡，从而找到适合自己的咖啡。

- 用户可以方便地根据分类来查找咖啡。
- 用户可以根据评价来查找咖啡。
- 用户可以根据每个咖啡厅的推荐列表来获取推荐咖啡。
- 用户会被推送根据其点单习惯和经同类大数据比较后的咖啡种类。

（3）作为一个在校的学生，她讨厌速溶咖啡，希望能够喝到高性价比的咖啡，从而可以逐步培养对咖啡的品味。

- 用户可以方便地查询某个地区附近的咖啡店在哪里。
- 用户可以方便地预订多种口味的多杯。
- 用户需要积分功能，并且可以领取折扣券。
- 用户可以设定提前预订的提货时间。
- 用户可以看到其他用户编写的心得体会，了解喝咖啡的一些顺序和特点。

（4）作为一个职场女性，她希望能够喝到和别人不太一样的种类，从而培养自己的品味。

- 用户可以定制每次取货的别名。
- 特殊用户等级可以具有专属包装袋。
- 定时提供限量版的口味、杯子。
- 支持自带咖啡杯。

3.2.3 评估用户故事优先级

现在我们看到很多用户故事点，这些用户故事点需要排列优先级，这样才能为后面的最小可行产品提供判断依据。用户故事的优先级有很多种评判方法，这里涉及成本、主要针对的用户和活动推广策略等。作为一家新兴连锁咖啡店，主要用户群还是办公室职员，因此推销活动主要是转发、"拉新"抵扣，并采用实实在在的价格补贴策略。

根据莫斯科法则，将用户故事优先级分为以下几种。

- Must：这个迭代是一定要做的。例如，前面提到的"必需"的功能。
- Should：应该做，但若没时间，就算了。例如，前面提到的"不太需要的"功能。
- Could：不太需要的，但如果有，则更好。例如，前面提到的"几乎早期版本中不要"的功能。
- Would Not：明确说明这个功能不需要做，切勿把这些功能放到 Must、Should 或 Could 里。

通过一个会议，团队成员共同讨论将前面的用户故事进行优先级排列。

（1）作为一个对咖啡非常有追求的客户，他希望能够分享自己对咖啡的理解，从而和更多志同道合的朋友认识。

- 用户可以评价自己品尝的咖啡（Could）。
- 用户可以查看其他顾客对每款咖啡的评价（Could）。
- 用户可以通过自己的主页来罗列咖啡的相关评价（Could）。
- 用户可以添加其他用户成为好友（Could）。
- 用户可以在每个咖啡厅找到小组，进行组内沟通（Could）。
- 用户可以自己设定咖啡豆种类、加工工艺和材料配比，定制自己的咖啡（Should）。

（2）作为一个经常喝咖啡的客户，他希望能够品尝更多种类的咖啡，从而找到适合自己的咖啡。

- 用户可以方便地根据分类来查找咖啡（Must）。
- 用户可以根据评价来查找咖啡（Could）。
- 用户可以根据每个咖啡厅的推荐列表来获取推荐咖啡（Must）。
- 用户会被推送根据其点单习惯和经同类大数据比较后的咖啡种类（Should）。

（3）作为一个在校的学生，她讨厌速溶咖啡，希望能够喝到高性价比的咖啡，从而可以逐步培养对咖啡的品味。

- 用户可以方便地查询某个地区附近的咖啡店在哪里（Must）。
- 用户可以方便地预订多种口味的多杯（Must）。
- 用户需要积分功能，并且可以领取折扣券（Must）。
- 用户可以设定提前预订的提货时间（Must）。
- 用户可以看到其他用户编写的心得体会，了解喝咖啡的一些顺序和特点（Could）。

（4）作为一个职场女性，她希望能够喝到与别人不太一样的种类，从而培养自己的品味。

- 用户可以定制每次取货的别名（Would Not）。
- 特殊用户等级可以具有专属包装袋（Could）。
- 定时提供限量版的口味、杯子（Should）。
- 支持自带咖啡杯（Must）。

注意
这里涉及的后台的基本账户管理、联系地址等功能均没有罗列,这些功能都是必需(Must)的。

3.2.4 评估用户故事大小

在知道优先级之后,还需要做一件事情,就是评估用户故事的大小,一般来说,我们的用户故事分为史诗(Epics)、特性(Features)、用户(User)3个级别。用户故事的大小取决于该用户故事实现的预计工时,根据迭代长度可以确定每次冲刺(Sprint)可以完成的用户故事上限,并且在上限中找到合适的最小可行产品,如图3-1所示。

评估用户故事一般是根据历史经验,在讨论中,如果出现较大误差,那么可以通过T恤分类或者敏捷估算扑克来进行讨论,如图3-2所示。

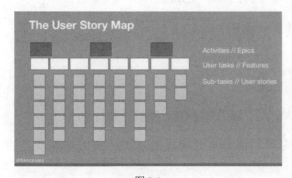
图3-1

图3-2

敏捷估算扑克适合量少的用户故事,参与讨论的每个人提交自己的估算值,如果误差较大,则互相阐明理由,然后再次估算,直到统一。

(1)作为一个对咖啡非常有追求的客户,他希望能够分享自己对咖啡的理解,从而和更多志同道合的朋友认识。

- 用户可以评价自己品尝的咖啡(Could/4)。
- 用户可以查看其他顾客对每款咖啡的评价(Could/4)。
- 用户可以通过自己的主页来罗列咖啡的相关评价(Could/24)。
- 用户可以添加其他用户成为好友(Could/4)。

- 用户可以在每个咖啡厅找到小组,进行组内沟通(Could/16)。
- 用户可以自己设定咖啡豆种类、加工工艺和材料配比,定制自己的咖啡。(Should/100)。

(2)作为一个经常喝咖啡的客户,他希望能够品尝更多种类的咖啡,从而找到适合自己的咖啡。

- 用户可以方便地根据分类来查找咖啡(Must/4)。
- 用户可以根据评价来查找咖啡(Could/4)。
- 用户可以根据每个咖啡厅的推荐列表来获取推荐咖啡(Must/4)。
- 用户会被推送根据其点单习惯和经同类大数据比较后的咖啡种类(Should/64)。

(3)作为一个在校的学生,她讨厌速溶咖啡,希望能够喝到高性价比的咖啡,从而可以逐步培养对咖啡的品味。

- 用户可以方便地查询某个地区附近的咖啡店在哪里(Must/8)。
- 用户可以方便地预订多种口味的多杯(Must/8)。
- 用户需要积分功能,并且可以领取折扣券(Must/16)。
- 用户可以设定提前预订的提货时间(Must/4)。
- 用户可以看到其他用户编写的心得体会,了解喝咖啡的一些顺序和特点(Could/4)。

(4)作为一个职场女性,她希望能够喝到和别人不太一样的种类,从而培养自己的品味。

- 用户可以定制每次取货的别名(Would Not/4)。
- 特殊用户等级可以具有专属包装袋(Could/8)。
- 定时提供限量版的口味、杯子(Should/8)。
- 支持自带咖啡杯(Must/4)。

(5)用户账户管理(Must/16)。

(6)咖啡列表查询(Must/16)。

(7)购物车、下单(Must/16)。

(8)后台信息维护(Must/32)。

3.2.5　用户故事地图

在罗列了所有的用户故事后,接着就需要构建用户故事地图了。首先应该构造一个用户故事的骨干。

一个用户的使用过程应该如图 3-3 所示。

图 3-3

基于这个骨干,将用户故事根据优先级分类放在对应的节点下,形成基本用户故事地图(这里还对用户当时的心态做了说明),如表 3-2 所示。

表 3-2

定位到门店	查询咖啡	选择下单信息	等待提醒取单	取单完成交易	评价获取奖励
门店信息管理	咖啡列表	账户信息	店方信息管理	客户订单确认	客户评价
搜索门店	查询	取货方式	客户信息提示	后台订单确认	客户活动奖励获取
	当前账户咖啡推荐	支付方式	外送对接	订单备注信息	
	活动推荐	活动			
探索	惊奇	犹豫	期待	开心	炫耀

3.2.6　用户故事迭代计划

为了更快地试错,迭代计划需要遵守最小价值交付(试错)的原则,选择构建完成可以交付的最小单元,如表 3-3 所示。

表 3-3

定位到门店	查询咖啡	选择下单信息	等待提醒取单	取单完成交易	评价获取奖励	迭代
门店信息管理(门店位置)	咖啡列表(不超过一页)	账户信息	店方信息管理(订单信息列表)	客户订单确认		Sprint1
搜索门店	查询	支付方式(支付宝)	客户信息提示	后台订单确认	客户评价	Sprint2
	当前账户咖啡推荐	取货方式		订单备注信息	客户活动奖励获取	
门店信息管理	活动推荐	支付方式(其他)	外送对接			不规划
		活动				不规划

3.3 用户故事范例

为了帮助读者对具体的某一个用户故事有概念,这里单独写一个用户故事来作为参考,如表 3-4 所示。

表 3-4

标题	账户信息
描述	作为一个用户,需要账户信息记录来维护其相关信息,从而实现积分、推荐功能。 AC: 用户需要通过短信验证确保手机号码为核心信息; 用户可以上传头像,但是图像大小不能超过 5MB; 用户最终可以通过手机短信重置密码; 用户信息包含积分、优惠券。 DoD: 通过代码审核和自动化测试; 接口性能大于每秒 100 件事务,响应时间小于 1s; 可灰度发布生产,并且通过用户验收测试(UAT)
优先级	Must
预估工时(小时)	16

在有了用户故事和迭代计划后,接着我们来实现第一轮迭代中的部分功能。

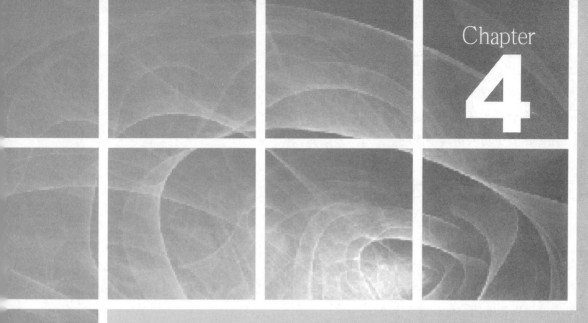

第 4 章
版本控制利器——Git

Git 是一个开源的分布式版本控制系统，这几年已经取代了原来大多数企业所使用的 SVN（Subversion）。相对于原来功能比较简单的 SVN，Git 的功能可谓相当强大。当然，想要用好 Git，还是需要下功夫认真学习的。

4.1　为何要版本控制

我们在从事任何创作工作的时候（包括写文章、写代码等），经常会对我们的作品反复进行修改加工，但是创造性思维往往不是连续性的。有时，我们会认为上一次修改之前的那次写法不错，现在改的反而没有那一次好了，那么我们如何能够取出上一次修改之前的作品呢？版本管理可以帮助用户解决这个问题。

版本控制系统（Version Control System，VCS）其实是一个数据库，它会保存用户提交的所有历史版本，当用户需要时，可以提取任意一个历史版本，保证用户的创作不会因为修改而消失。即使把整个项目中的文件进行修改或删除，也可以轻松恢复到原先的样子。

4.2　版本控制的演进历史

4.2.1　本地版本控制

早期的版本控制是在本地进行的，例如我们通常会通过建立不同的目录来存放同一样东西的不同版本，其中给目录命名是关键，如果名字有问题，目录往往容易引起混淆。或者利用本地的简单数据库来记录文件历次更新时的差异，当取出历史版本时，只需要取出原始版本，再合并差异就是指定版本了。举个简单的例子。在 1 月 1 日，我的口袋里最初有 100 元，我把这个信息记录在我的本子上。1 月 2 日，我买东西花了 10 元，我把这条变化记录在本子上。1 月 3 日，亲戚给了我 30 元，我又把这个变化记录下来。接下来，有任何钱的变化，我都会记录在本子上。如果哪一天我需要查看 1 月 3 日那天我有多少钱，只需要先看本子上第一条记录，也就是最初的钱有多少，然后从这一条一直到 1 月 3 日最后一条的变化记录都拿出来和原始金额进行计算，得出的结果就是 1 月 3 日那天我口袋里的钱了（100-10+30=120 元）。

典型的本地版本控制如图 4-1 所示。

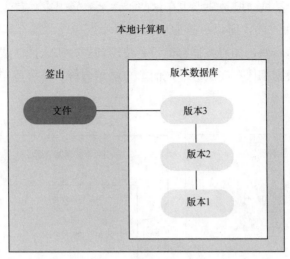

图 4-1

如果读者使用的操作系统是 macOS，那么一定知道修订控制系统（Revision Control System，RCS），其实它就是一个典型的本地版本控制系统。当然，本地版本控制有一个致命的缺点，那就是在团队合作时，这样的版本控制毫无用处，因为本地化的版本控制无法和团队的其他成员共享使用。

4.2.2 集中化版本控制

为了能够使团队协同工作，支持联网的版本控制系统也应运而生，这种系统通过在一台服务器上架设一个版本控制系统的服务来统一管理版本控制。这台服务器称为中央系统，整个系统称为集中化版本控制系统（Centralized Version Control System，CVCS）。其工作原理就是在一台服务器上创建一个定制的数据库，当一个项目被提交（Commit）到服务器上时，基础版本内容就被保存到数据库中，当有版本更新时，服务器根据不同的策略保存变更信息，以保证变更都会被记录下来。不同的用户可以通过不同的客户端连接服务器，通过远程协议提交版本和获取新变更。

典型的集中化版本控制，如图 4-2 所示。

这种系统常用于配置管理系统，CVS、Subversion、Perforce、Visual SourceSafe 等是典型的 CVCS。

CVCS 的优点显而易见，但是缺点也在这些年逐渐暴露出来。首先，因为 CVCS 的服务器是单节点而不是分布式的，所以一旦服务器出现一点问题，就会导致所有成员无法提交代码。如果问题更严重一些，如服务器存储设备出现问题，那么团队成员的工作成果就会丢失，因为所有的变更数据都保存在服务端，而客户端的内容只是服务端保存的某一特定版本的副本。

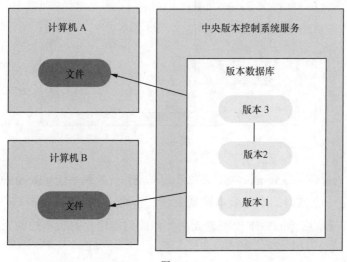

图 4-2

4.2.3 分布式版本控制

为了解决 CVCS 的这一问题，出现了分布式版本控制系统（Distributed Version Control System，DVCS），如 Bazaar、Darcs 等。我们将要介绍的 Git 也属于 DVCS。既然称为分布式系统，那么它的客户端就不是简单地复制服务端某一版本的快照（Snapshot），而是把服务端代码仓库数据完整地进行镜像。换句话说，服务端的代码仓库会在客户端另存一份。当有多个用户使用 Git 时，相当于代码仓库会在每个客户端保存一份镜像，一旦有任何一处发生故障，甚至服务端发生故障，都可以用任何一处的镜像进行恢复，从而确保数据安全。并且，由于每个客户端都有本地仓库，因此即使远程服务端当前不可用，也不影响客户端进行离线代码提交。

分布式版本控制如图 4-3 所示。

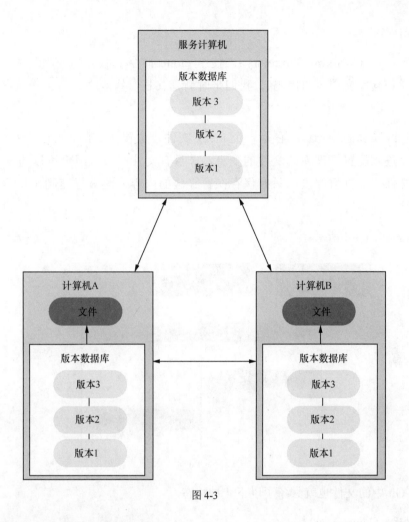

图 4-3

4.3　Git 的基本概念

如果想深入认识和学习 Git，那么有一些基本概念必须要理解到位。

4.3.1　Git 的 3 个工作区域

Git 在本地有 3 个工作区域，分别是 Git 仓库、暂存区和工作目录。

- Git 仓库（Repository）。在工作目录的根目录中，有一个隐藏目录.git，那就是 Git 仓库。Git 仓库包含了从服务端镜像过来的整个仓库信息，包括元数据（Meta Data）和数据库对象。

- 工作目录（Working Directory）。使用 clone 命令从服务端复制到本地的仓库，里面就是仓库文档（如代码）。我们平时新建文档、修改文档等工作就在工作目录中进行。
- 暂存区（Stage Area）。它是一个 index 文件，位置在.git 目录下。这个文件记录了已经进入配置管理库的文件的变更，一旦有文件修改，用户可以通过 git add 命令将文件添加到暂存区。只有保存在暂存区的内容才能被提交到 Git 仓库进行永久保存。

工作状态如图 4-4 所示。

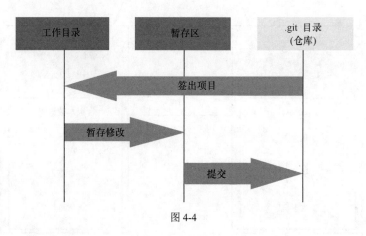

图 4-4

因此，Git 中的文件也就具备了以下 4 种状态。

- 未跟踪（Untracked）。
- 未暂存（Unstaged）。
- 已暂存（Staged）。
- 已提交（Committed）。

那么，工作流程可以描述为：当一个用户在工作目录中新建一个文件时，这个文件还未被 Git 管理，那么它就处于未跟踪状态；用户可以通过 git add 命令将这个文件添加到暂存区，这时候这个文件状态就变为已暂存；对于暂存状态的文件，用户可以通过 git commit 命令将这个文件提交到仓库中永久保存，这就成了已提交状态。如果此时再修改该文件，则会使它进入未暂存状态，需要重新执行 git add 命令再次进行暂存，才能提交到仓库。

4.3.2 本地、远程以及 Origin

首先要知道，我们所有对 Git 的操作都是工作目录和本地仓库的操作，即使在没有网络的情况下，还是能正常进行 Git 的绝大部分操作，如 checkout、add、commit 等。

当添加了远程仓库地址后，我们才能进行和远程仓库同步等各项操作（4.6 节会介绍如何添加远程仓库）。所谓的远程仓库，有些类似于中央版本控制系统的中央服务器，本地仓库可以通过设置和远程仓库进行连接，完成各项同步操作。本地仓库的.git 目录下的 config 文件会记录配置的远程仓库地址。

Origin 是一个比较特殊的概念，当我们从一台远程 Git 服务器复制仓库到本地后，本地仓库就会把 Origin 指向远程仓库地址。顾名思义，Origin 就是这个本地仓库的来源。

4.4 Git 的安装

首先，我们需要从官网下载最新的 Git 客户端版本，此处不再赘述 Git 的安装方式。这里要说明的是，历史版本中曾出现过多个有安全漏洞的版本，读者尽量安装最新的版本。

安装完成之后，我们可以在任何目录下通过鼠标右键选择 Git Bash Here 来打开 Git 的命令行模式。因为 Git 客户端集成了 Bash 内核，所以 Linux 操作系统下的常用命令基本可以使用，并且支持自动补全（Tab 键）、历史命令（上下键翻看），甚至集成了 SSH 协议，这样即使在 Windows 操作系统中，也可以不借助任何其他工具，直接使用 SSH 命令连接任何一台 Linux 远程机器。从此，用户的 XShell、SecureCRT、PuTTY 就可能成为了"摆设"。

提示
因为 Linux 和 macOS 本身就有 Bash 环境，所以这种两个环境下的 Git 客户端是不需要集成 Bash 的，只是一个 Git 命令而已；也没有 Git 命令自身的子命令补全功能，但是可以通过下载对应的插件来开启 Git 命令的自动补全功能。这里推荐 GitHub 上的开源项目 ohmyzsh。

4.5 开启 Git 协议

Git 客户端支持两种协议来连接远程仓库，一种是传统的 HTTP/HTTPS，另一种是 Git

协议，如图 4-5 所示。

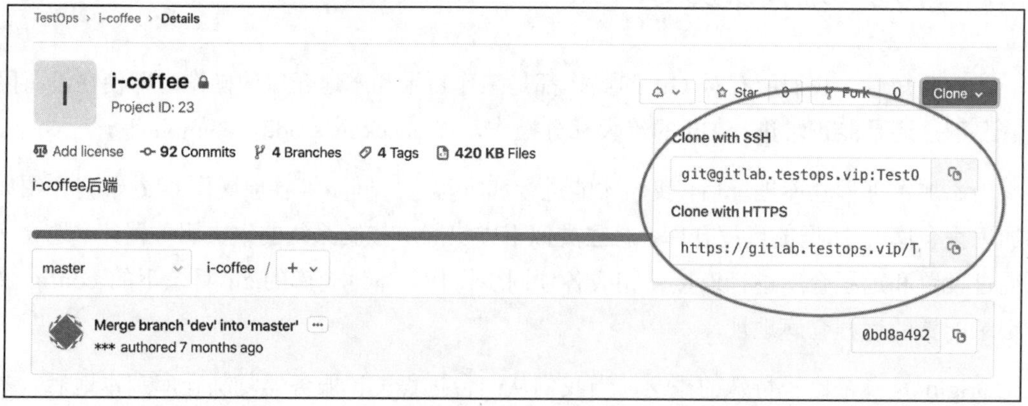

图 4-5

在默认情况下，只能使用 HTTPS。在使用 HTTPS，每次进行与远程相关的操作时，需要输入用户名和密码进行身份的验证。如果要开启 Git 协议（SSH），就需要在自己的服务端账户中设置 SSH Keys，如图 4-6 所示。

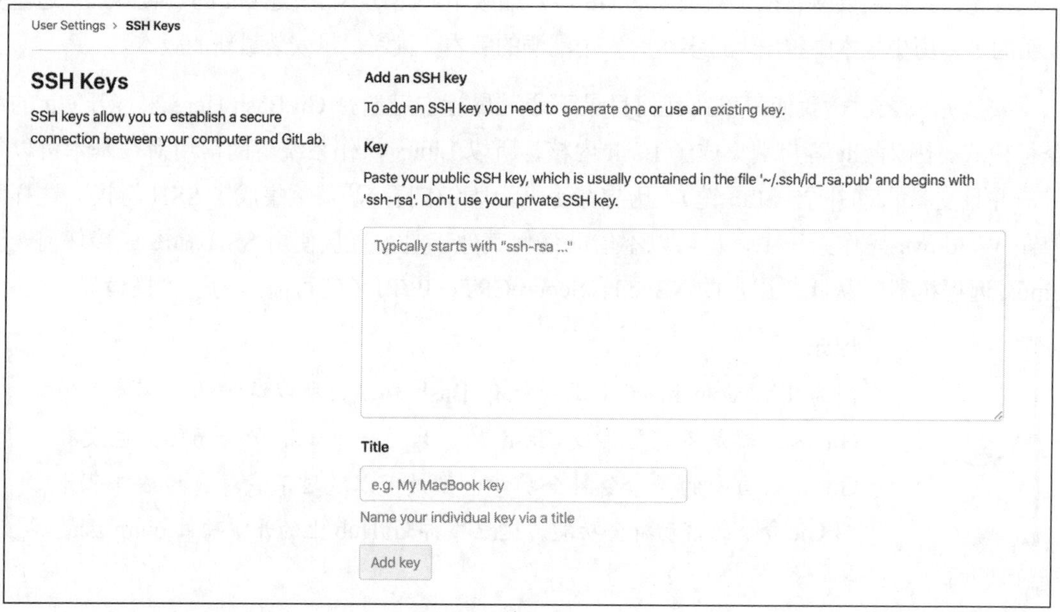

图 4-6

为了能获取 ssh-rsa 公钥，我们需要在本机上执行 ssh-keygen 命令。如果使用的是 Windows 操作系统，那么需要打开 Git Bash Here 的 Git 命令行，才能执行这个命令；而如果用户使用的是 Linux 或者 macOS，那么直接进入命令行就可以了，因为系统本身就自带了 ssh-keygen 命令，如命令清单 4-1 所示。

命令清单 4-1　　　　　　　　　生成 ssh-rsa 公钥

```
ssh-keygen
```

如果想简单一些，那么可以全部按 Enter 键，生成本机默认的 SSH Keys 以免去添加密码。我们可以在用户目录下的隐藏目录.ssh 中找到 SSH 使用 RSA 算法生成的私钥和公钥文件。

- id_rs：私钥文件。
- id_rsa.pub：公钥文件。

打开 id_rsa.pub 文件，把内容粘贴到账户的 SSH Keys 中即可，这样我们就开启了 Git 协议的支持。后面如果再使用 Git 来连接远程进行任何操作，也不再需要输入用户名和密码了，因为本地的私钥和远程保存的公钥配对，形成了认证模式。私钥和公钥模式，本身要比用户名和密码这样简单的模式要安全得多。

另外，根据官网的介绍，启用 Git 协议进行仓库内容的传输，要比 HTTPS 协议更加高效。

4.6　Git 命令简介

下面我们来介绍一下常用的 Git 命令。

- git init 命令：将当前目录初始化为工作目录，并在其中创建.git 本地仓库目录。
- git clone 命令：将指定的远程仓库复制到本地。
- git add <filenames | directory>命令：将指定的文件（或者整个目录下的文件）加入暂存区（index）。
- git commit -m 命令：将当前暂存区的内容提交到本地仓库，m 参数表示添加注释。需要注意的是，提交时必须有注释，否则是无法成功提交暂存区内容的。
- git branch 命令：显示、创建、删除分支。
- git checkout <branch_name>命令：切换到指定的分支。
- git merge 命令：将指定的分支合并到当前的分支。
- git stash <push | pop>命令：将未提交的变更内容暂时隐藏（push）或者取回（pop）。

- git push 命令：将本地分支推到远程分支。
- git pull 命令：将远程分支拉取到本地。

下面介绍一些常见的使用场景。

场景 1——我在计算机上创建了一个新的开发项目，想把这个项目保存到公司的 GitLab 仓库中。

首先需要在 GitLab 仓库上创建一个项目仓库，假设名字为 demo_project，然后在本地的命令行输入如命令清单 4-2 所示的命令（如果使用的是 Windows 操作系统，那么可使用 Git Bash Here 进入 Git 命令行）。

命令清单 4-2　　　　　　　　　　　更新代码至远程 master 分支

```
# 进入已存在的项目目录
cd exist_project_dir
# 将目录初始化为本地 Git 工作目录
git init
# 设置远程仓库地址
git remote add origin git@gitlab.testops.vip:liudao/demo_project.git
# 将本地的文件全部放入暂存区
git add .
# 将暂存区的文件提交到本地仓库
git commit -m"initial commit"
# 将本地仓库内容推送到远程仓库，并关联本地的 master 分支到远程的 master 分支
git push -u origin master
```

场景 2——别人开发了一个项目，名为 pp，我要基于这个项目的 dev 分支新建一个 dev2 分支以进行自己的开发，如命令清单 4-3 所示。

命令清单 4-3　　　　　　　　　　　切换至新建的 dev2 分支

```
# 从远程仓库复制该项目到本地
git clone git@gitlab.testops.vip:liudao/pp.git
# 进入本地项目仓库
cd pp
# 切换到 dev 分支
git checkout dev
# 从 dev 切换到 dev2 分支（dev2 分支不存在）
git checkout -b dev2
# 经过一段时间的开发后，现在想把本地代码提交到远程，但是远程现在还没有 dev2 分支
# 首先将本地新增的文件加入暂存区
git add .
# 将暂存区的文件提交到本地仓库
```

```
git commit -m"new feature develop"
# 将本地仓库内容推送到远程仓库,并关联本地的 dev2 分支到远程的 dev2 分支,若远程不存在则会自动创建
git push -u origin dev2
```

场景 3——我基于 dev 分支拉出了 featureA 分支进行开发,现在我想把我已经开发完成的 featureA 合并入 dev 分支,但是我不确定 dev 分支是否已经被合并入过新的代码,我现在合并入会不会出现冲突,如命令清单 4-4 所示。

命令清单 4-4　　　　　　　　　　合并分支

```
# 在本地的 featureA 分支已经提交干净的情况下,切换到 dev 分支
git checkout dev
# 从远程拉取最新的 dev 分支
git pull
# 切换回 featureA 分支
git checkout featureA
# 尝试将 dev 分支合并入 featureA 分支
git merge dev
# 此时的 merge 会有两种可能,即成功自动合并或者出现冲突。如果出现冲突,Git 会列出所有冲突的文件,这需要手工一一解决,然后执行一次 git commit 就可以关闭冲突了
# 切换回 dev 分支
git checkout dev
# 将 featureA 分支合并入 dev 分支,此时不会有冲突的可能,因为已经在 featureA 中解决了
git merge featureA
# 将本地仓库推送到远程仓库
git push
```

提示

也许读者会很疑惑,为何不直接把 featureA 分支合并入 dev 分支,在 dev 分支上解决冲突后再直接推送到远程,反而要先把 dev 分支合并入 featureA 分支。这是因为 featureA 分支才是属于我们自己的分支,在 dev 分支上修改,违反我们的分支策略,出于对 dev 分支的"尊重",我们先在 featureA 分支上进行合并的冲突处理,然后将完好的分支合并入 dev 分支,这是一种良好的开发习惯。

场景 4——提交不正确,想撤销这一次的提交,如命令清单 4-5 所示。

命令清单 4-5　　　　　　　　　　撤销提交

```
git reset --hard HEAD^
```

Chapter 5

第5章

GitHub 入门

5.1　初识 GitHub

　　Git 是目前配置管理的常用工具。为何是 Git 呢？从免费的 CVS，到收费的企业级套件——ClearCase、VSS、Perforce 等，再到后来的 SVN 广泛应用于绝大多数公司的配置管理领域，均没有 Git 所展现出来的令人惊艳。Git 不但在性能上表现优异，而且提供了其他工具所不具备的新特性：本地分支、分级区、多线工作流。

　　支持 Git 的服务端也有很多，目前常用的是 GitHub 和 GitLab 两大社区。从社区的繁荣程度上来说，GitHub 更繁荣。"混迹" GitHub 社区的技术人员经常会搜到各种各样的源代码，例如 Go Ethereum 项目，如图 5-1 所示。

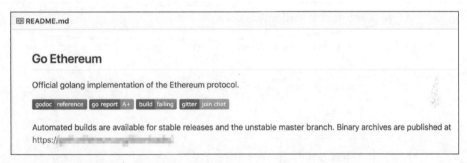

图 5-1

　　Go Ethereum 是什么？感兴趣的读者可以自行到 GitHub 官网搜索并查看。另外，一些小说作家也开始使用 GitHub 优秀的管理功能，例如利用 MarkDown 写小说等。从事互联网技术工作的人很多浏览或使用过 GitHub。

　　如何拥有一个 GitHub 仓库呢？需要注册一个账号。GitHub 首页如图 5-2 所示。

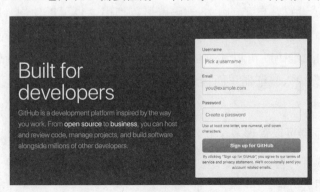

图 5-2

在 GitHub 上注册账号时，只需要填写用户名、邮箱和密码。当然，也必须有邮箱认证。

5.2 账号安全

账号安全使用了目前 Google Chrome 推荐的双因素认证（Two-Factor Authentication），目前支持 3 种验证方式：Google 认证 App、安全密钥，以及短信验证码。当然，双因素认证可以选择性开启，对于一些初级 GitHub 用户，不开启双因素认证也是可以的。如果你对自己的账户安全比较在意，那么可以在个人设置的安全选项中打开双因素认证功能。GitHub 账号安全如图 5-3 所示。

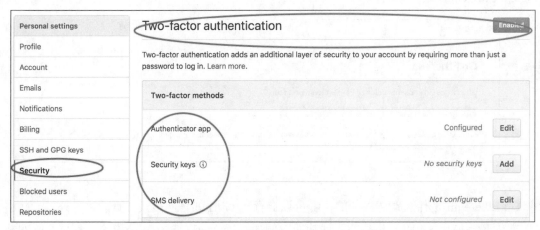

图 5-3

目前比较方便的双因素认证设置是短信验证码（SMS Delivery）。对于短信验证码的验证方式，用户只需要设置好自己的手机号码就可以使用。也可以使用 Google 身份验证器（Authenticator App），读者可以在各大 App 应用商城下载这个 App。下载完成后，用这个 App 扫描 GitHub 提供的二维码就可以和你的账号建立关联关系，之后执行任何关键操作（包括登录），都会要求你输入验证器里面提供的 60s 有效的验证码。Google 身份验证器如图 5-4 所示。

Google 身份验证器可以管理多个软件的验证码，使用非常方便。

安全密钥方式读者可自行尝试，这种方式需要专用的硬件设备，类似于银行的 U 盾，相对来说，使用起来不太方便。

图 5-4

5.3 Repository（仓库）

GitHub 为我们提供了一个在线的版本仓库。如果要使用 GitHub，那么最重要的就是新建一个属于自己的仓库。

首先是仓库的归属，GitHub 允许以下两种类型的仓库归属。

（1）个人仓库（Personal Repository）。

（2）组织仓库（Organization Repository）。

个人仓库适合单人的项目，组织仓库适合团队协作项目。当然，如果要创建组织仓库，那么首先需要创建组织。创建 GitHub 团队的页面如图 5-5 所示。

在图 5-5 所示的页面中单击"+"图标按钮，在弹出的列表中选择创建组织，然后填写组织名称和账单的邮箱地址。Public 类型的开源组织是免费的。3 种组织项目类型如图 5-6 所示。

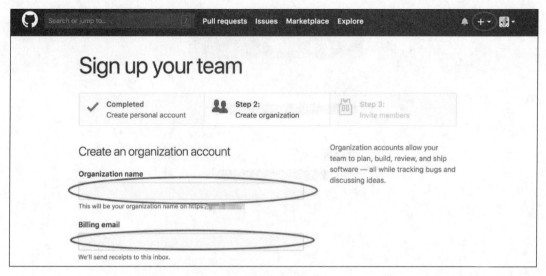

图 5-5

图 5-6

注意，只有收费的组织（Team 类型或者 Business 类型）才可以创建私有仓库，而免费的组织只能创建公开仓库。公司的代码都属于组织资产，均需要创建私有仓库。

创建仓库非常简单，在单击"+"图标按钮后选择新建仓库（New Repository）。创建仓库的页面如图 5-7 所示。

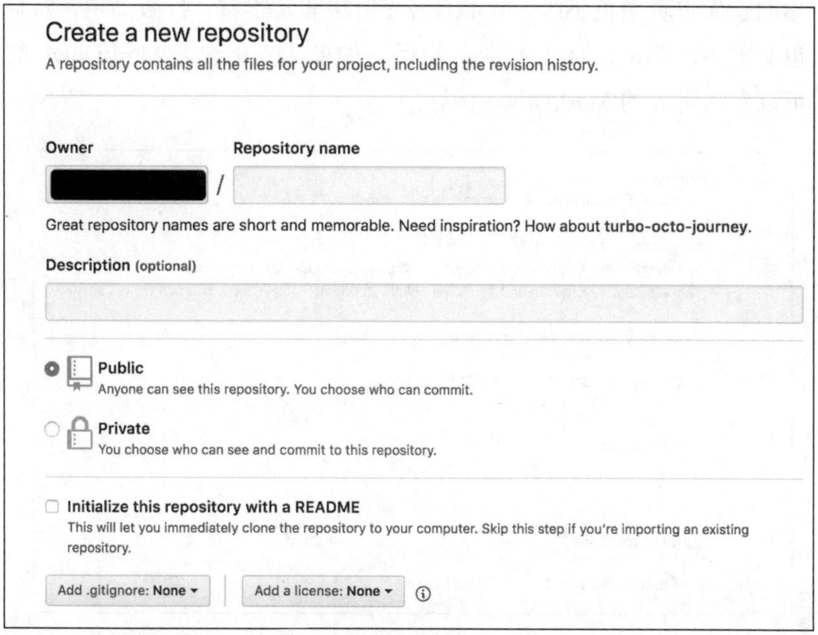

图 5-7

在 Owner 中，可以选择是个人用户的仓库还是之前创建的组织的仓库。其实这两者的区别在于，个人仓库创建完之后，如果想让其他合作者也有权限进行各类操作，那么需要手动添加用户；而因为组织仓库在组织中就已经添加了组织成员，所以创建的组织仓库无须邀请其他用户，这个组织中的所有用户已经默认拥有了访问权限。

GitHub 中提供的免费仓库只有 Public 类型的，也就是任何人（无论是否登录 GitHub）都可以搜索到你的仓库，并且可以查看和下载仓库的内容。因此，对绝大多数企业来说，Public 类型的仓库是无法保证企业信息安全的。Private 类型的仓库则无法被其他人搜索到，只有你授权的用户才可以进行仓库的各项操作（如果是组织仓库，那么只有同一组织的成员才能进行访问）。私有仓库如图 5-8 所示。

在 GitHub 中创建仓库，GitHub 还提供了初始化 README.md 文件的创建、.gitignore 文件的创建、license 文件的创建。

下面简单说明一下这几个文件。

- README.md：GitHub 上 MarkDown 格式的项目说明文件，用于描述当前仓库的内容。例如，5.1 节展示的 Go Ethereum 项目就是一个典型的 README.md。在仓库根目录下的 README.md，GitHub 会默认作为打开文件。因此，这个文件写得出色，能让你的仓库首页增色不少。MarkDown 语法非常丰富，排版简单，而且支持转换的格式也非常多，非常适合嵌入 Web 页面。如果读者想学习 MarkDown 的具体语法，那么可以参考官方的 MarkDown 指导。

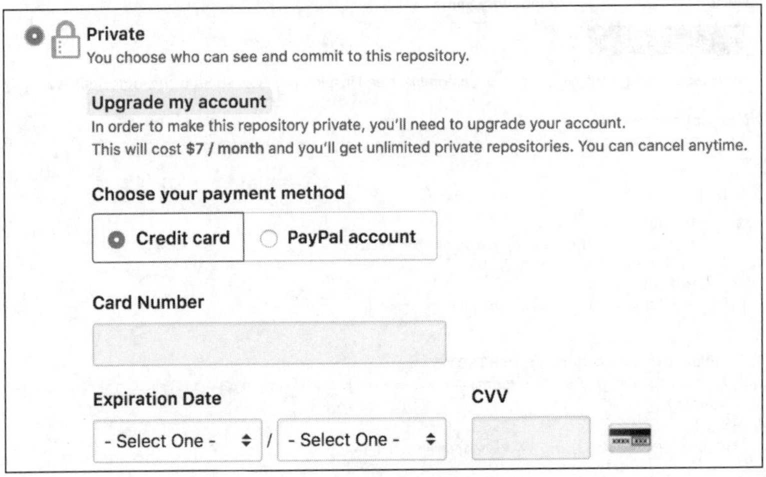

图 5-8

- .gitignore 文件：用于忽略不用进行配置管理的文件。例如，我们用 Eclipse、IDEA 这一类的集成开发环境（Integrated Development Environment，IDE）创建项目时自动生成的项目描述文件，编译项目时自动生成的 target 目录等，这些并不需要进行配置管理，我们可以在这个文件中记录下来，告诉 Git 这些文件或文件夹需要忽略。
- license 文件：用于说明该项目的 license。例如，GitHub 提供了 Apache 开源基金会的 license 2.0、GNU 组织的 license、BSD 组织的 license 等模板。

当项目仓库创建成功后，用户会自动进入自己的项目仓库，URL 地址就是 https://GitHub 官网/ {username | organizationName}/{repositoryName}。此时的仓库是一个空仓库，如果用户在创建时选择了生成 README.md 等这类的文件，则在仓库中会有这几个文件作为仓库的初次提交。

5.4 事务管理

GitHub 不但是一个软件配置管理（Software Configuration Management，SCM）服务器，而且提供了事务（Issue）管理的功能。从事互联网技术工作的人，对 Issue 这个术语一定不陌生，因为我们平时在工作中所经历的需求（Requirement）、变更（Change）、测试用例（TestCase）、缺陷（Bug）、请假（Off-Work）、申请（Application）等，其实均可以归结为Issue。用过JIRA的读者，对这款项目管理工具应该印象深刻，这一款项目管理工具的核心其实就是Issue管理。

当然，GitHub上集成的Issue并不会像JIRA上有那么多的可配置功能，它仅仅是一个简单的事务管理器，我们可以新建一个Issue。Issue的创建如图5-9所示。

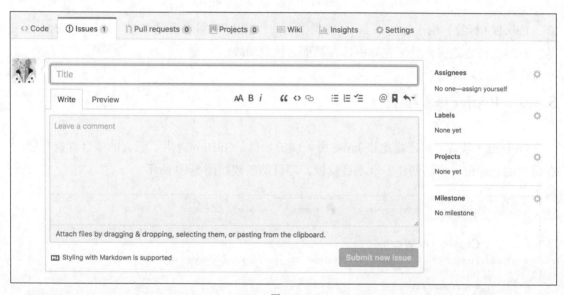

图 5-9

Issue 的内容支持 MarkDown 语法格式，可以插入图片，表现力很丰富。开发人员可以用 Issue 来定义开发任务，如在页面添加商品搜索条；测试人员可以用 Issue 来定义 bug、测试用例。

图 5-9 所示的编辑框右侧的选项非常重要，决定了 Issue 的功能，我们接下来逐一进行介绍。

5.4.1 Assignees（指派人）

Assignees 表示指派人，如果没有选择指派人，则表明指派人是当前用户自己。指派人指定了之后，被指定的用户会在 GitHub 中收到通知——有一项责任人是他的 Issue 等待他去关注和完成。开发经理可以用 Issue 来指定某项开发工作的责任人，测试也可以指定某个 bug 的修改责任人。当责任人收到 Issue 后，可以打开 Issue 查看内容，并可以在下面添加评论（Comment），如该项任务目前的状态、困难等。当该项任务的责任人完成任务后，该责任人可以指定新的责任人去做该 Issue 的下一步工作，例如 bug 修复完后，开发人员指定某测试人员来验证修复。是不是有点类似于缺陷管理流程，或者变更管理流程，抑或是需求管理流程呢？没错，这就是事务管理流程。

5.4.2　Labels（标签）

Labels（标签）用于标注该 Issue 的类型，如"Task""需求变更 CR""Bug""TestCase"等。标签支持自定义，并配有颜色，在界面上区分清晰。

5.4.3　Projects（项目）

Projects（项目）用于指定该 Issue 所关联的项目。GitHub 提供了强大的项目看板功能，在用户的仓库中，可以创建多个项目看板。项目的创建如图 5-10 所示。

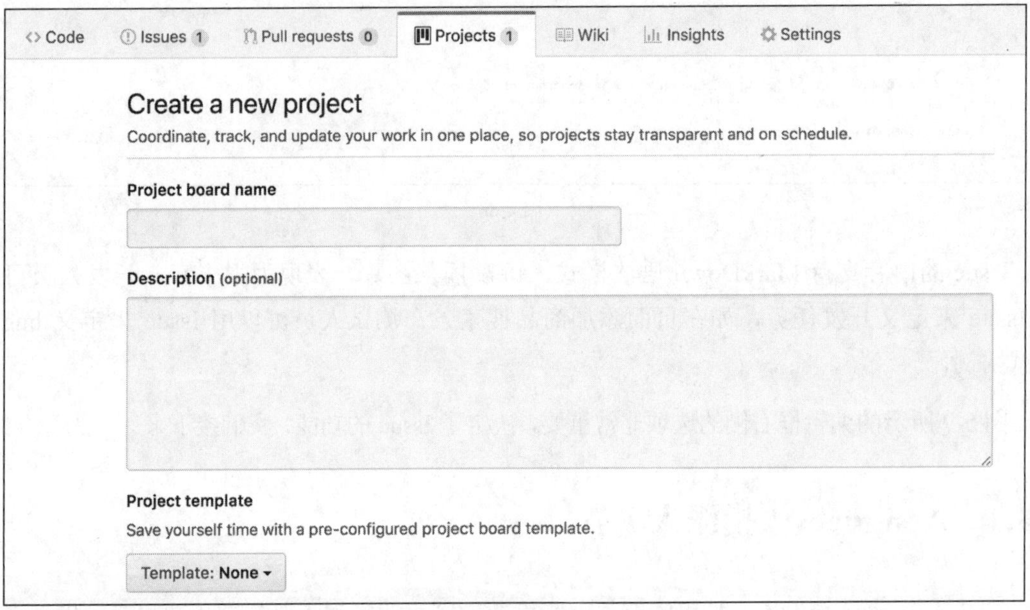

图 5-10

如果是敏捷项目，则可以根据 Sprint 来定义一个 Project Board（每一轮 Sprint 对应一个 Project Board）。GitHub 提供了功能强大的 Project Board 的模板来帮助我们创建 Board。视图模板如图 5-11 所示。

其中，Bug triage 是一个 bug 分类和跟踪状态的模板，不过比较简陋，bug 的优先级只有高、中、低 3 级，状态只有是否关闭。实际进行管理时，我们需要根据公司的项目管理规范来定制。一个创建完成的 Board 如图 5-12 所示。

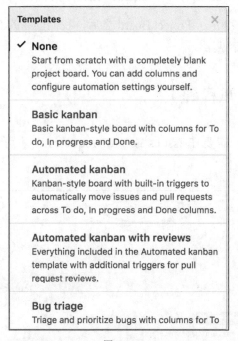

图 5-11

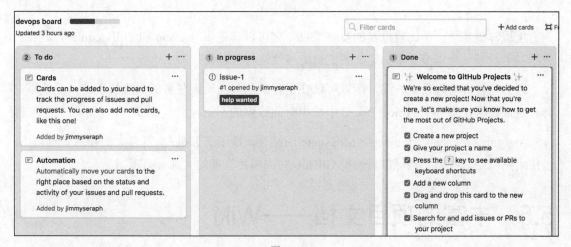

图 5-12

To do、In progress、Done 就是敏捷实践中的迭代看板的样式。了解敏捷开发实践的读者对此应该不会陌生。

这个 Board 是可配置的，每一列的名字可以修改，还可以增加新的列，以满足每家公司不同的项目管理需求。每个 Card 还可以配置满足条件时自动移动而无须鼠标拖动。

一旦我们为一个 Issue 绑定了 Project Board 之后，我们创建的 Issue 就会展示在 Board 中，并用可视化的方式进行问题跟踪。

5.4.4　Milestone（里程碑）

Milestone（里程碑）需要在 Issues 或 Pull requests 中才可以创建。里程碑的创建如图 5-13 所示。

图 5-13

里程碑相当于一个比较重要的发布节点，它可以绑定多个 Issue 和 Pull request，其实也就相当于对某一版本节点事先定义要交付的特性进行汇总。

因为里程碑可以设定时间，所以可以在里程碑的界面看到任务的进度情况，一旦逾期，会有逾期警告，弥补了 Project Board 中缺少时间维度的不足。

Assignees、Labels、Projects、Milestone 的结合，赋予了 Issue 非常强大的项目管理能力，当使用熟练后，我们完全可以只使用 GitHub 完成项目管理的大部分事项。

5.5　丰富的项目文档——Wiki

GitHub 除能对项目进行看板管理，对代码进行配置管理以外，还提供了基于 Wiki 的文档管理功能。我们可以在 Wiki 中分享知识、展示项目的 Roadmap，以及进行各种讨论。下面展示一下 selenium 项目的 Wiki 页面，如图 5-14 所示。

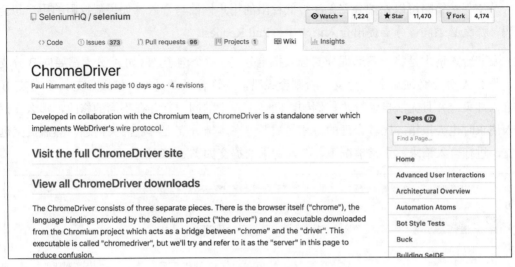

图 5-14

5.6　Pull Request

要了解 Pull Request，首先要了解 Branch。顾名思义，Branch 就是版本分支，在所有的配置管理工具中都具备这个概念。

默认情况下，GitHub 的仓库只有一个 master 分支，当然，根据不同的要求，会创建各种分支。为了防止分支被随意合入而导致版本不稳定，GitHub 可以设置分支的保护策略，如图 5-15 所示。

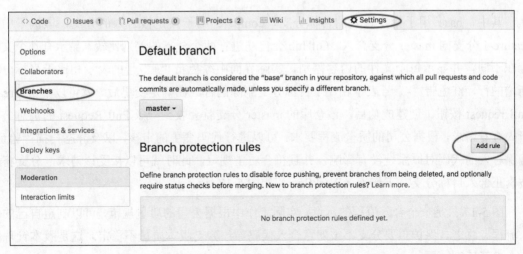

图 5-15

分支保护策略可以保护分支无法被低权限的用户修改与合入。如果低权限的用户想合入代码，那么必须向该分支提出合入请求——Pull Request。

发起合入请求是将一条远程分支合入指定分支。举个例子，假如 A 分支需要向 B 分支合入，那么 A 分支必须新于 B 分支，否则会报错，不许合入。另外，如果分支 A 和分支 B 存在合入冲突，并且无法自动解决，例如，同一文件中的同一行存在不同的修改，那么在提交合入请求时也会报错。比较合理的方法是需要先在本地分支上解决冲突问题，然后提交远程分支，进行合入请求。正常情况下，合入请求的提交如图 5-16 所示。

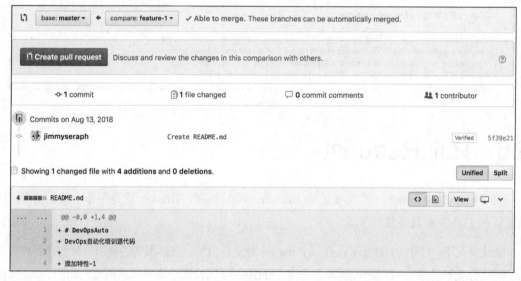

图 5-16

其中，base 用于指定合入的目标分支，compare 用于指定被合入的分支，该例子中是 feature-1 分支向 master 分支合入。GitHub 会自动进行两个分支的差别比较，显示有几个文件存在不同，并显示每个文件的内容差别，实际界面中绿色带"+"号的表示相比于目标分支新增的行，红色带"-"号表示相比于目标分支删除的行。在确定变更后，就可以单击 Create pull request 按钮。创建成功后，该仓库的 master 分支就会收到一条 Pull Request 的消息。负责人查看请求，根据公司的质量流程要求，可以进行代码变更的审核，以及静态扫描等验证，确保合入的代码对原系统没有影响，并且符合质量规范，此时就可以接受该请求，分支将会被真正合入目标分支。工作流（Workflow）如图 5-17 所示。

图 5-17 只是一个合入流程的示意，实际工作中根据公司的质量规范，可以制定自己的合入流程。总之，保护重要分支不被随意合入代码导致分支版本质量不稳定，这是版本管理的一个重要原则。

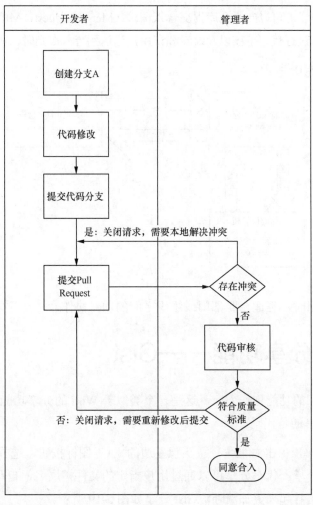

图 5-17

5.7 Fork 功能

GitHub 上的 Fork 功能是将一个仓库中的项目拉取分支到另一个仓库，相当于复制了一份他人的仓库到自己的仓库，我们可以将别人的仓库中的项目当作自己的仓库项目进行修改和使用。也许有的读者会有疑惑，这样不就是剽窃他人工作产品了吗？事实上，你的 Fork 行为会被 GitHub 记录下来。

这个功能非常适合于非营利组织的社区项目。面对社区内众多的程序员合作者，如果无法在一个项目仓库中进行代码管理，那么社区中的程序员可以从主仓库中 Fork 出项目进行自己的开发，当特性开发成熟了，可以向原仓库提交合入请求（Merge Request，MR）以请求合入，主仓库管理者对该分仓库进行代码审核以及编辑和试用，当达到合入准则时，则接受新功能的合入。

整个流程如图 5-18 所示。

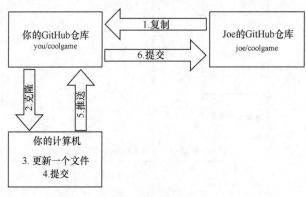

图 5-18

在企业实际应用时，也适合跨部门或组织之间的项目协作。

5.8 代码分享功能——Gist

最后一个要介绍的功能称作 Gist，这是一个类似于 Wiki 的分享功能，但是 Wiki 分享的是文字，而 Gist 分享的是代码。

创建 Gist 很简单，单击右上角登录头像左边的"+"图标按钮，选择 New Gist 选项，就可以创建新的代码分享。代码分享可以通过用户指定的文件扩展名，自动为用户的代码进行着色处理，使得代码看起来更加清晰。Gist 分享如图 5-19 所示。

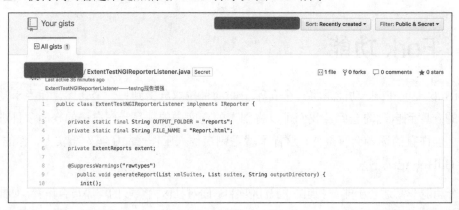

图 5-19

Gist 同样支持公开分享和私有分享，Gist 的私有分享是不收费的。

5.9 GitHub CI/CD

随着 GitLab 等托管仓库提供了 CI/CD 的集成，GitHub 也于 2019 年年中发布了 GitHub 的 CI/CD 功能，并集成在 GitHub 的 Actions 中。目前普通用户并不能在自己的 GitHub 仓库中看到有 Actions 的标签页，这是因为这个功能目前还属于测试（Beta）阶段，需要申请测试资格，才能看到申请 Actions 试用功能的标签页，如图 5-20 所示。

图 5-20

5.9.1 准备代码

为了介绍 GitHub 的 CI/CD 功能，我们需要准备一段演示代码。此处我们并不会对 CI/CD 做比较复杂的处理，仅仅为了提供给读者上手 GitHub 的 CI/CD 功能的基础演示，更详细的 CI/CD 流程，会在 GitLab 和 Jenkins 对应的 CI/CD 中做详细的介绍。我们准备的代码比较简单，为了让代码更具备普遍性，此处我们使用 ReactJS 来做演示。

我们要在本机上安装 Node.js（可以在其官网上获取最新的长期支持版本），安装过程简单，限于篇幅，就不在此处赘述了。Node.js 安装成功后，可以使用 npx 命令来创建 react-app 项目。

接下来我们创建 react-app 项目，命名为 simple-react，如命令清单 5-1 所示。

命令清单 5-1　　　　　　　　　　　　创建 react-app 项目

```
npx create-react-app simple-react
```

然后我们来写一个组件（Component），这个组件的功能是提供用户一个输入框，用户输入一个可以分解为两个素数（质数）的正整数，然后显示所有的分解方法。（这个功能的想法来自一个网友问的问题，正好拿来做个小演示项目。）我们给这个组件命名为 Prime，如代码清单 5-1 所示。

代码清单 5-1　　　　　　　　　　　　Prime.js 源代码

```
import React, { Component } from 'react';

class Prime extends Component {
    constructor(props){
        super(props);
        this.state = { primePairs: [] };
    }

    isPrime = num => {
        for(let i = 2; i <= Math.sqrt(num); i++){
            if(num % i === 0){
                return false;
            }
        }
        return true;
    }

    parseNum = () => {
        const num = parseInt(this.input.value);
        let primes = [];
        for(let i = 2; i <= num / 2; i++){
            let fact_1 = i;
            let fact_2 = num - i;
            if(this.isPrime(fact_1) && this.isPrime(fact_2)) {
                primes.push([fact_1, fact_2]);
            }
        }
        this.setState({primePairs: primes});
    }

    renderOutput = () => {
        const { primePairs } = this.state;
        return(
            <ol>
```

```
                { primePairs && primePairs.map((item, index) => <li key={index}>{item[0]} +
{item[1]}</li>)}
            </ol>
        );
    }

    render(){
        return (
            <div>
                <div>
                    <label>需要分解的正整数：</label>
                    <input type='text' defaultValue='0' ref={input => this.input = input} />
                    <button onClick={this.parseNum}>分解</button>
                </div>
                <div>
                    {this.renderOutput()}
                </div>
            </div>
        );
    }
}

export default Prime;
```

CI/CD 过程必不可少的是单元测试，我们使用 react-app 自带的 Jest 作为测试运行器，为 Prime.js 编写一个单元测试 Prime.test.js，如代码清单 5-2 所示。

代码清单 5-2　　　　　　　　　单元测试代码

```
import React from 'react';
import ReactDOM from 'react-dom';
import Prime from './Prime';

it('test isPrime function', () => {
    let prime = new Prime();
    expect(prime.isPrime(2)).toEqual(true);
    expect(prime.isPrime(10)).toEqual(false);
});

it('renders without crashing', () => {
    const div = document.createElement('div');
    ReactDOM.render(<Prime />, div);
    ReactDOM.unmountComponentAtNode(div);
});
```

这个测试很简单，仅仅是验证 Prime 组件中的 isPrime 方法和 render 方法。我们试着在命令行运行一下测试，如命令清单 5-2 所示。

命令清单 5-2　　　　　　　　　　执行单元测试
```
npm test
```

可以看到 Jest 的运行结果如图 5-21 所示。

图 5-21

其中 App.test.js 是框架自带的测试。从运行结果可以看到，Prime.test.js 运行成功。本地成功了，接下来就要编写 GitHub 的 CI/CD 脚本了。

5.9.2　编写 GitHub CI/CD 脚本

在使用 GitHub 的 CI/CD 功能前，先要进入 Actions 选择合适的工作流，其实就是 GitHub 根据用户在仓库中所使用的编程语言，为用户推荐的工作流。如果用户的 CI/CD 流程比较简单，那么可以直接使用它的推荐，当然也可以自定义工作流。

我们是用 JavaScript 写的代码，于是 GitHub 很智能地推荐了两个 JS 的工作流，如图 5-22 所示。

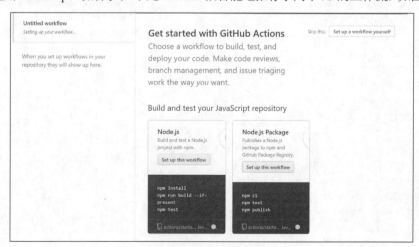

图 5-22

我们选择第一个工作流，GitHub 会在项目的根目录下生成 .github/workflow 目录，并创建了一个 nodejs.yml 文件来描述工作流，如代码清单 5-3 所示。

代码清单 5-3　　　　　　　　　　CI 模板

```yaml
name: Node CI

on: [push]

jobs:
  build:

    runs-on: ubuntu-latest

    strategy:
      matrix:
        node-version: [8.x, 10.x, 12.x]

    steps:
    - uses: actions/checkout@v1
    - name: Use Node.js ${{ matrix.node-version }}
      uses: actions/setup-node@v1
      with:
        node-version: ${{ matrix.node-version }}
    - name: npm install, build, and test
      run: |
        npm install
        npm run build --if-present
        npm test
      env:
        CI: true
```

这是模板提供的样例，我们可以根据自己的实际需要进行修改。这里我们仅仅修改了触发规则，即当推送到 master 分支或者 release 分支时才进行触发，忽略其他的分支，如代码清单 5-4 所示。

代码清单 5-4　　　　　　　　　　CI 脚本

```yaml
name: My CI/CD

on:
  push:
    branches:
      - master
      - release/*

jobs:
  build:
```

```yaml
runs-on: ubuntu-latest

strategy:
  matrix:
    node-version: [8.x, 10.x, 12.x]

steps:
- uses: actions/checkout@v1
- name: Use Node.js ${{ matrix.node-version }}
  uses: actions/setup-node@v1
  with:
    node-version: ${{ matrix.node-version }}
- name: npm install, build, and test
  run:
    npm ci
    npm run build --if-present
    npm test
  env:
    CI: true
```

保存后第一次运行就开始了。

5.9.3 运行工作流

现在只要我们有任何 Push 到 master 分支或者 release 分支的行为，就会触发这个 CI/CD 脚本。在 Actions 中，可以看到我们定义的这个工作流——My CI/CD，以及历次运行的结果。工作流状态如图 5-23 所示。

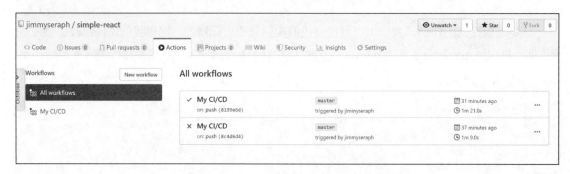

图 5-23

GitHub 是不是很强大呢？事实也确实如此，很多公司在面试测试人员或者开发人员的过程中，已经开始参考候选人在技术钻研方面的一些成绩，如是否在 GitHub 上有自己的仓库，有多少内容以及热度。

第 6 章
微服务

6.1 为什么要微服务

微服务是一种将单应用程序作为一套小型服务开发的方法,每种应用程序都在自己的进程中运行,并与轻量级机制(通常是 HTTP 资源的 API)进行通信。这些服务是围绕业务功能构建的,可以通过全自动部署机制进行独立部署。

为了便于理解,我们可以先看看传统的应用是什么样的(这里所指的应用是后端应用,也就是服务端)。为了能和前端顺利进行交互,应用服务需要支持 HTTP(S),因此,无论使用哪一种语言编写代码,必须将代码部署到 HTTP 容器中。以 Java 为例,容器有 Tomcat、JBoss、WebLogic 等。我们通常需要首先部署一台服务器,安装某种 HTTP 容器,然后在容器中部署我们所开发的应用。想象一下,我们写了一个 Java 的 WAR 包,然后用 Tomcat 容器进行部署。这样好像一切都很美好,也许很多学习 Java Web 开发的读者也是这么学习的。但考虑到维护,在我们需要向应用中添加新功能或者修改旧功能的时候,我们不得不停止整个应用来进行升级,对于互联网来说,维护时的损失可不小啊!

于是,我们很自然地就会想到:为何不把应用拆开?原来在一个 WAR 包中,我们写了多个服务(或者说是请求的入口)来处理不同的请求。现在我们把这些服务拆成多个独立的 WAR 包,并部署在一个容器中,当有服务需要维护时,只需要重新部署这一个服务,不需要所有服务都下线。

这样貌似已经解决了主要问题,但又带来了一个新问题,那就是所有的服务集中在一个容器中,这个容器本身的能力可能就会成为整个应用的核心瓶颈。那么,为了进一步优化,我们就会想能否将容器和应用程序直接绑定在一起呢?每个分割出来的服务单独绑定一个容器,当然,这个容器不能是一个完整版本的容器,因为一个应用服务并不需要一个容器的全部功能。因此,可以精简出一个最小功能版本的容器,将它和应用服务绑定在一起,并独立运行,这就是一个微服务。

6.2 微服务架构

微服务架构如图 6-1 所示。

如图 6-1 所示,我们使用云环境来部署微服务和所需的数据库服务。每一个微服务独立运行在云环境中,并不需要外部再提供额外的 HTTP 容器,这样只要云服务能提供足够的运行资源,就可以无限扩充微服务集群的性能。

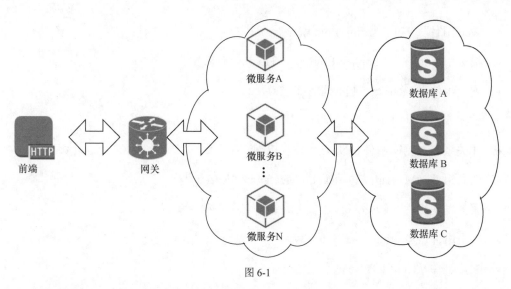

图 6-1

在微服务集群外,我们使用网关(Gateway)收紧外来的请求。如果集群很大,那么还可以使用负载均衡(Load Balance)来提供更好的性能表现。

6.3 微服务实例

实现微服务的方式有很多种,我们以 Java 为例,来介绍一组微服务的实现。当然,这不是为了让读者学习编程,因为本书也不是一本 Java 微服务编程指南,这个例子是为了能从源代码层面让读者更好地理解微服务,并在此基础上了解 CI/CD,由此衍生的测试也就自然而然地整合到其中了。

6.3.1 Spring Cloud 简介

本书将会以 Java 中的 Spring Cloud 作为例子来实现微服务。为了让读者能够更容易理解本书,我们先对 Spring Cloud 做简单介绍。

Spring Cloud 使用 Spring Boot 快速构建,支持分布式、微服务化,只需要通过几个简单的配置,就能构建主要的服务。

Spring Cloud 是基于 Spring 框架实现的云服务框架,这套框架整合了很多特性组件,主要有以下组件。

- 核心组件(Core)。

- Web 组件（Web，spring-mvc 就整合在其中）。
- 模板引擎组件（Template Engines，Thymeleaf 就整合在其中）。
- 安全组件（Security，自带 OAuth 2.0）。
- 数据库组件（SQL）。
- 非关系型数据库组件（NoSQL，如 Redis）。
- 消息组件（Message，如 Rabbit Message 和 Kafka 等）。
- 服务发现组件（Discovery，如 Eureka、ZooKeeper）。
- 路由组件（Routing，如 Gateway）。
- 配置组件（Config）。

很多 Java 开发人员将 Spring Cloud 亲切地称为"Spring Cloud 全家桶"。这么多的组件并不是都要用上，而是需要架构师根据公司实际需求来组合这些组件（甚至第三方组件，如阿里巴巴公司的 Dubbo），以设计出整个基于 Spring Cloud 的微服务架构。

6.3.2　快速构建 Spring Cloud 项目

由于 Spring Cloud 基于 Spring Boot 项目，因此我们可以用 Spring Boot 来快速创建项目。本书将介绍 4 种常用的方式来创建 Spring Cloud 项目。

1．使用 start.spring.io 服务

Spring 网站提供了一个快速生成 Spring Boot 项目的页面，Spring 启动项目如图 6-2 所示。

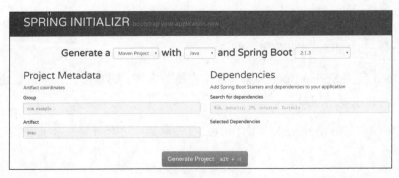

图 6-2

这个网页支持 Maven 和 Gradle 两种项目。在 Dependencies 下的文本框中，直接写上所需的组件名（几个关键字就行，有自动提示），就能在项目中自动添加组件依赖。填完后，单击 Generate Project 按钮会提示下载一个 ZIP 压缩包，这个压缩包解压缩后，就是一个 Spring Boot 项目的模板，并且已经在项目描述文件中添加了依赖信息。

以 Maven 为例，POM 文件内容如代码清单 6-1 所示。

代码清单 6-1　　　　　　　　　　POM 文件内容

```xml
<?xml version="1.0" encoding="UTF-8"?>
<project xmlns="http://maven.apache.org/POM/4.0.0"
    xmlns:xsi="http://www.w3.org/2001/XMLSchema-instance"
    xsi:schemaLocation="http://maven.apache.org/POM/4.0.0 http://maven.apache.org/xsd/maven-4.0.0.xsd">
    <modelVersion>4.0.0</modelVersion>

    <parent>
        <groupId>org.springframework.boot</groupId>
        <artifactId>spring-boot-starter-parent</artifactId>
        <version>2.1.0.RELEASE</version>
        <relativePath/> <!-- lookup parent from repository -->
    </parent>

    <groupId>com.liudao.demo</groupId>
    <artifactId>Demo</artifactId>
    <version>1.0-SNAPSHOT</version>
    <packaging>jar</packaging>

    <name>demo</name>
    <description>Spring Cloud Demo</description>

    <properties>
        <project.build.sourceEncoding>UTF-8</project.build.sourceEncoding>
        <project.reporting.outputEncoding>UTF-8</project.reporting.outputEncoding>
        <java.version>1.8</java.version>
        <spring-cloud.version>Finchley.SR2</spring-cloud.version>
    </properties>

    <dependencies>
        <dependency>
            <groupId>org.springframework.cloud</groupId>
            <artifactId>spring-cloud-config-server</artifactId>
        </dependency>
        <dependency>
            <groupId>org.springframework.boot</groupId>
```

```xml
            <artifactId>spring-boot-starter-security</artifactId>
        </dependency>
        <dependency>
            <groupId>org.springframework.boot</groupId>
            <artifactId>spring-boot-starter-test</artifactId>
            <scope>test</scope>
        </dependency>
    </dependencies>

    <dependencyManagement>
        <dependencies>
            <dependency>
                <groupId>org.springframework.cloud</groupId>
                <artifactId>spring-cloud-dependencies</artifactId>
                <version>${spring-cloud.version}</version>
                <type>pom</type>
                <scope>import</scope>
            </dependency>
        </dependencies>
    </dependencyManagement>

    <build>
        <plugins>
            <plugin>
                <groupId>org.springframework.boot</groupId>
                <artifactId>spring-boot-maven-plugin</artifactId>
            </plugin>
        </plugins>
    </build>

    <repositories>
        <repository>
            <id>spring-milestones</id>
            <name>Spring Milestones</name>
            <url>https://repo.spring.io/milestone</url>
            <snapshots>
                <enabled>false</enabled>
            </snapshots>
        </repository>
    </repositories>

</project>
```

这里对 POM 文件稍作介绍。parent 节点指定了 Spring 定义的父类装配 POM，这样可以方便引入 Spring Cloud 的相关依赖。dependencyManagement 节点用于集中管理所有的依赖版本，因此，在 dependencies 节点中，不再需要提供版本信息。

spring-cloud-config-server 组件是 Spring Cloud 的配置服务组件，它提供了一个配置中心，并支持热修改（不需要重启服务就能使配置参数生效）。

spring-boot-starter-security 组件是安全服务组件，它提供了访问其他 Spring 服务时的认证要求，需要指定安全认证的方式，如用户名、密码或者密钥。

spring-boot-starter-test 是测试组件，它提供了 Spring 的 JUnit 模块，用于编写基于 Spring 的单元测试代码。

2．使用 Eclipse 创建 Spring Cloud 项目

Eclipse 其实对 Spring Cloud 的支持并不好，它对 Spring 的支持来自插件 Spring Tool Suite（STS）。

首先，我们需要安装 Eclipse 的 Java EE 版本，读者可在 Eclipse 官网下载最新版本。Eclipse 下载页面如图 6-3 所示。

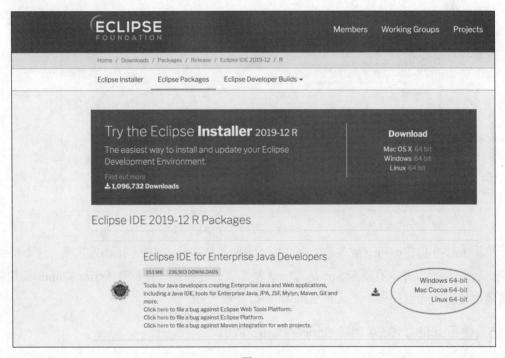

图 6-3

这里我们根据操作系统类型选择合适的 Java EE 版本。

Eclipse 目前有两种方式下载，一种是从官网直接下载可执行的安装包，这个安装包其实并不是一个完整的包，仅仅是一个在线安装工具包，下载后直接双击运行，就可以在它的引导（Setup Wizard）下一步步地安装合适的 Eclipse 版本。在引导中，它会让用户选择安装哪个类型的 Eclipse（例如，图 6-3 所示的 Java EE 版 Eclipse 就是其中之一），然后根据用户的选择，从服务器下载对应的版本并安装到用户指定的目录中，最后生成用户目录。安装过程无须用户操心，但在实际使用过程中，由于 Eclipse 的官网服务器在国外，对国内的用户来说，安装过程中极易出现连接超时的现象，而且下载速度较慢。另一种方式是使用图 6-3 所示的下载页面，直接下载 Eclipse 的压缩包（Package）。下载之后的文件是一个 ZIP 压缩包，解压缩后直接运行 Eclipse 可执行文件就能使用。

> **注意**
> Eclipse 由 Java 开发，需要有对应的 JDK 才能正常运行，请读者自行下载 Oracle JDK 或者 OpenJDK。值得注意的是，如果读者下载了 64 位的 Eclipse，那么请确保你的 JDK 也是 64 位的。

打开 Eclipse 后，我们在 Help→Eclipse Marketplace 中搜索 STS，找到插件（Marketplace 中的 STS），如图 6-4 所示。

图 6-4

单击 Install 按钮即可下载安装。完成后，需要重新启动 Eclipse 让插件生效。这个插件支持 Spring 框架，但并没有集成 Spring Cloud 项目模板，因此，在创建 Spring Cloud 项目前，还需要创建初始项目模板，然后在 Eclipse 中打开就可以了。

3．使用 InteliJ IDEA 创建 Spring Cloud 项目

InteliJ IDEA 是 Java IDE 中使用广泛的一款开发工具，读者可以自行在官网下载。需要注意的是，IDEA 分为免费的社区版（Community Edition）和收费的旗舰版（Ultimate Edition）。

社区版没有 Spring 框架模板的支持，如果想要使用 IDEA 提供的 Spring Cloud 的 Initializr 功能，就需要购买旗舰版。读者可根据自身经济能力自由选择。

当使用旗舰版 IDEA 时，可以在新建项目时选择 Spring Initializr，如图 6-5 所示。

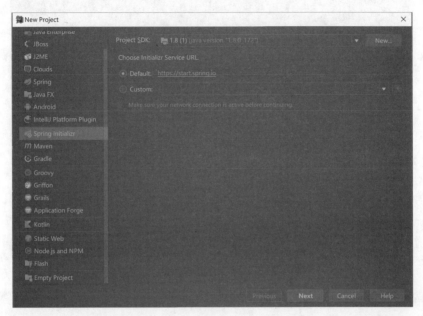

图 6-5

其实这个 Spring Initializr 等价于到 Start 网页上创建 Spring 项目。单击 Next 按钮，填写 Maven 的基本信息。这一部分就不过多介绍了，但需要注意，此时必须能访问 https://start.spring.io/ 页面，否则会报错。

继续单击 Next 按钮，开始选择用户需要的 Spring Cloud 组件。Spring Cloud 组件选择如图 6-6 所示。

这种选择组件的方式比在 Start 网页上通过关键字来选择组件的方式更适合初学者。选择完成后，单击 Next 按钮就能生成一个 Spring Cloud 项目了。

4．使用 Visual Studio Code 创建 Spring Cloud 项目

Visual Studio Code 是微软推出的一款免费的 IDE 工具，类似于 GNU 下的 Ecmas 和 Vim。Visual Studio Code 不局限于任何一种语言，只需要安装合适的插件，几乎可以支持目前所有的编程语言。虽然 Visual Studio Code 一开始并不被广大程序员看好，但是这几年来微软大力推广插件社区，使得 Visual Studio Code 下的插件种类越来越丰富和成熟。Visual Studio Code

目前已经成为了程序员最爱的 IDE 之一。

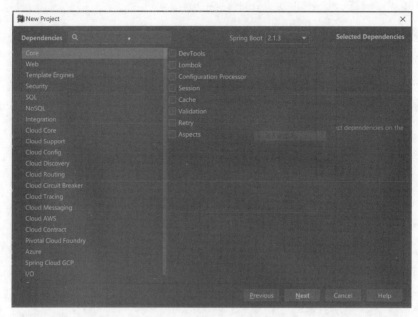

图 6-6

Visual Studio Code 可以在官网直接下载，支持 Windows、Linux、macOS 等操作系统。Visual Studio Code 界面如图 6-7 所示。

图 6-7

成功安装 Visual Studio Code 后，可以在插件管理界面搜索 "spring initializr"，就可以找到 Initializr 插件。该插件的用法与在 InteliJ IDEA 中的用法一样，可以直接生成 Spring Cloud 项目框架。Visual Studio Code Spring Initializr 插件如图 6-8 所示。

图 6-8

在创建演示项目之前，我们先做项目设计，以便让读者对整个项目有一个概念。在这个演示项目中，我们将会设计一个咖啡点单系统的后台微服务，需要提供用户注册、登录服务，用户身份验证服务，咖啡品种查询、下单服务等。这些服务以 API 的形式展现。Spring Cloud 结构的演示项目如图 6-9 所示。

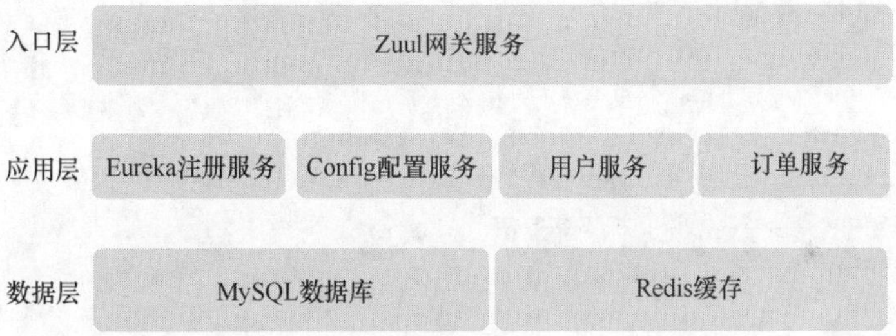

入口层	Zuul网关服务			
应用层	Eureka注册服务	Config配置服务	用户服务	订单服务
数据层	MySQL数据库		Redis缓存	

图 6-9

我们将要用到 Spring Cloud 的 Zuul 网关服务、Eureka 注册服务、Config 配置服务等组件。数据层使用 MySQL 数据库，并使用 Redis 缓存提供数据缓存服务。我们开发的服务主要是用户服务和订单服务，其他的服务不再赘述，因为这两个服务已经具备了典型性和代表性。

6.3.3 Spring Cloud 演示项目的实现

1. 项目结构

项目本身很自由，可以为每个服务单独创建一个项目，也可以使用子模块的方式。这里为了更容易表现，我们采用子模块的组织形式，即首先创建一个 Maven 父类项目，然后每个服务作为其子模块。

本书中我们以 InteliJ IDEA 作为标准编码 IDE 来进行开发。首先利用 Spring Initializr 创建一个标准 Spring Cloud 项目，这里不需要添加任何组件，因为这只是一个父类项目，用于管理子模块，没有任何有效代码。

项目的 POM 文件如代码清单 6-2 所示。

代码清单 6-2　　　　　　　　　　　POM 文件

```xml
<?xml version="1.0" encoding="UTF-8"?>
<project xmlns="http://maven.apache.org/POM/4.0.0"
         xmlns:xsi="http://www.w3.org/2001/XMLSchema-instance"
         xsi:schemaLocation="http://maven.apache.org/POM/4.0.0 http://maven.apache.org/xsd/maven-4.0.0.xsd">
    <modelVersion>4.0.0</modelVersion>

    <groupId>com.testops.coffee</groupId>
    <artifactId>icoffee</artifactId>
    <version>1.0-SNAPSHOT</version>
    <packaging>pom</packaging>
    <name>i-coffee</name>

    <parent>
        <groupId>org.springframework.boot</groupId>
        <artifactId>spring-boot-starter-parent</artifactId>
        <version>2.1.3.RELEASE</version>
        <relativePath/>
    </parent>

    <properties>
        <project.build.sourceEncoding>UTF-8</project.build.sourceEncoding>
        <project.reporting.outputEncoding>UTF-8</project.reporting.outputEncoding>
        <java.version>1.8</java.version>
        <spring-cloud.version>Greenwich.RELEASE</spring-cloud.version>
    </properties>

    <build>
        <plugins>
            <plugin>
                <groupId>org.springframework.boot</groupId>
                <artifactId>spring-boot-maven-plugin</artifactId>
            </plugin>
        </plugins>
```

```xml
        </build>

    <dependencyManagement>
        <dependencies>
            <dependency>
                <groupId>org.springframework.cloud</groupId>
                <artifactId>spring-cloud-dependencies</artifactId>
                <version>${spring-cloud.version}</version>
                <type>pom</type>
                <scope>import</scope>
            </dependency>
        </dependencies>
    </dependencyManagement>

    <repositories>
        <repository>
            <id>spring-milestones</id>
            <name>Spring Milestones</name>
            <url>https://repo.spring.io/milestone</url>
        </repository>
    </repositories>
</project>
```

2. Config 模块

在这个父类下面,我们创建第一个子模块,这里我们不需要使用 Spring Initializr,直接创建一个 Maven Module——Config 模块。这个模块用于控制项目的所有子服务配置信息,包括一些参数。

创建成功后,我们可以在 POM 中看到关于模块的定义,如代码清单 6-3 所示。

代码清单 6-3　　　　　　　　　　模块定义

```xml
<modules>
    <module>config</module>
</modules>
```

Config 模块的 POM 文件描述如代码清单 6-4 所示。

代码清单 6-4　　　　　　　Config 模块的 POM 文件描述

```xml
<?xml version="1.0" encoding="UTF-8"?>
<project xmlns="http://maven.apache.org/POM/4.0.0"
         xmlns:xsi="http://www.w3.org/2001/XMLSchema-instance"
         xsi:schemaLocation="http://maven.apache.org/POM/4.0.0 http://maven.apache.org/
         xsd/maven-4.0.0.xsd">
```

```xml
<parent>
    <artifactId>icoffee</artifactId>
    <groupId>com.testops.coffee</groupId>
    <version>1.0-SNAPSHOT</version>
</parent>
<modelVersion>4.0.0</modelVersion>

<artifactId>config</artifactId>
<packaging>jar</packaging>
<name>config</name>
<description>Spring Cloud Config Server for i-coffee</description>

<dependencies>
    <dependency>
        <groupId>org.springframework.cloud</groupId>
        <artifactId>spring-cloud-config-server</artifactId>
    </dependency>
    <dependency>
        <groupId>org.springframework.boot</groupId>
        <artifactId>spring-boot-starter-security</artifactId>
    </dependency>

    <dependency>
        <groupId>org.springframework.boot</groupId>
        <artifactId>spring-boot-starter-test</artifactId>
        <scope>test</scope>
    </dependency>
</dependencies>

</project>
```

核心依赖是 spring-cloud-config-server 组件，这个组件提供了 Spring Cloud 的配置中心功能，能够统一管理所有微服务的配置参数。Config 微服务会对外提供一个 HTTP 的 API，其他的微服务通过访问这个 API，获取对应的配置数据（JSON 格式）。

配置参数文件可以存放在 Config 模块能够访问的某一指定目录中，也可以存放在 Git 仓库中，从配置管理的角度来说，存放在 Git 仓库中更适合管理参数。每个微服务对应一个配置文件，并且 Config 模块支持热修改。所谓热修改，就是指在微服务允许过程中，如果需要修改配置参数，那么修改完参数后不需要重启微服务，可以直接使参数生效。

我们需要创建一个 Git 仓库，在这里我们使用 GitLab 作为我们的仓库服务器。在 GitLab 中，先创建一个名为 icoffee-configures 的仓库，准备存放配置文件。

接下来，我们需要在 Config 模块中配置这个仓库，让其他微服务可以通过 Config 模块获取配置信息。在 src/main/resources 中创建一个 application.yml 文件（原本有一个 application.properties 文件，但 Spring Cloud 项目支持多种扩展名的配置文件，且 yml 文件结构更清晰，树状结构更容易理解），内容如代码清单 6-5 所示。

代码清单 6-5　　　　　　　　　　　配置文件内容

```yaml
spring:
  cloud:
    config:
      server:
        git:
          uri: git@gitlab.testops.vip:TestOps/icoffee-configures.git

  profiles:
    active: dev,local,test

  security:
    user:
      name: liudao
      password: 123456

server:
  port: 10001
```

通过 spring.cloud.config.server.git.uri 指定了 Git 的仓库地址，profiles 用于指定不同环境的配置文件（这个在后面做持续构建时会用到）。端口指定为 10001，这样不容易和系统的一些端口冲突。在启动类（ConfigApplication）中，添加 EnableConfigServer，如代码清单 6-6 所示。

代码清单 6-6　　　　　　　　在启动类中添加 EnableConfigServer

```java
@SpringBootApplication
@EnableConfigServer
public class ConfigApplication {
    public static void main(String[] args) {
        SpringApplication.run(ConfigApplication.class, args);
    }
}
```

至此，我们的 Config 配置服务大功告成，是不是很简单？这就是 Spring Cloud 的特点，框架为我们提供了方便的代码结构，简单的配置就构建了一个微服务组件。

3. Discovery 模块

我们使用 Eureka 作为服务注册组件。首先创建一个名为 Discovery 的子模块，其 POM

文件如代码清单 6-7 所示。

代码清单 6-7　　　　　　　　　Discovery 模块的 POM 文件

```xml
<?xml version="1.0" encoding="UTF-8"?>
<project xmlns="http://maven.apache.org/POM/4.0.0"
         xmlns:xsi="http://www.w3.org/2001/XMLSchema-instance"
         xsi:schemaLocation="http://maven.apache.org/POM/4.0.0 http://maven.apache.org/xsd/maven-4.0.0.xsd">
    <parent>
        <artifactId>icoffee</artifactId>
        <groupId>com.testops.coffee</groupId>
        <version>1.0-SNAPSHOT</version>
    </parent>
    <modelVersion>4.0.0</modelVersion>

    <artifactId>discovery</artifactId>
    <packaging>jar</packaging>
    <name>discovery</name>
    <description>Spring Cloud eureka Server for i-coffee</description>

    <dependencies>
        <dependency>
            <groupId>org.springframework.cloud</groupId>
            <artifactId>spring-cloud-starter-config</artifactId>
        </dependency>
        <dependency>
            <groupId>org.springframework.cloud</groupId>
            <artifactId>spring-cloud-starter-netflix-eureka-server</artifactId>
        </dependency>
        <dependency>
            <groupId>org.springframework.boot</groupId>
            <artifactId>spring-boot-starter-test</artifactId>
            <scope>test</scope>
        </dependency>
    </dependencies>
</project>
```

其中的核心依赖是 spring-cloud-starter-netflix-eureka-server，这是一个 Eureka 的微服务，用于其他 Eureka 客户端向其注册。

在 src/main/resources 下创建 bootstrap.yml 配置文件，如代码清单 6-8 所示。

代码清单 6-8　　　　　　　　　配置文件

```
spring:
```

```yaml
application:
  name: discovery
cloud:
  config:
    uri: http://127.0.0.1:10001
    fail-fast: true
    username: liudao
    password: 123456
    profile: local
    label: master
```

这里不可以使用 application.yml，因为我们将会把配置文件放在 config 的仓库中。为了不和 application 配置冲突，我们在本地只能采用优先级更高的 bootstrap 配置文件。

在这个配置文件中，我们仅仅定义了微服务的名字，以及 config 模块的访问地址，当 Eureka Server 微服务启动时，会首先读取这个配置文件，找到 config 的访问地址，然后根据 config 下传的配置文件进行进一步配置。这里的 profile 指定了我们要读取的仓库中对应配置文件的扩展名，label 说明了将从配置仓库的 master 分支读取配置文件。而应用的名字，则对应了仓库中配置文件的名字，Spring Cloud 会根据微服务名来区分不同微服务的配置文件。

现在，在配置仓库的 master 分支上创建一个 Eureka Server 的配置文件 discovery-local.yml，内容如代码清单 6-9 所示。

代码清单 6-9　　　　　　　　　　远程配置文件内容

```yaml
server:
  port: 10002

security:
  user:
    name: icoffee_discovery_local
    password: local123
  basic:
    enabled: true

eureka:
  instance:
    prefer-ip-address: true
  client:
    fetch-registry: false
    register-with-eureka: false
    serviceUrl:
      defaultZone: http://icoffee_discovery_local:local123@127.0.0.1:${server.port}/eureka/
```

第 6 章 微服务

在这个文件中，定义了微服务注册的地址 http://127.0.0.1:10002/eureka。Discovery 微服务同样不需要多少代码，仅需要在 Eureka 启动类中添加如代码清单 6-10 所示的代码。

代码清单 6-10　　　　　　　　　　　Eureka 启动类

```
@SpringBootApplication
@EnableEurekaServer
public class DiscoveryApplication {
    public static void main(String[] args) {
        SpringApplication.run(DiscoveryApplication.class, args);
    }
}
```

注册服务组件也已经完成了，这时可以启动微服务，看看能否和 Config 一起工作。启动微服务同样简单，首先启动 Config 微服务启动类，直接执行 main 就可以，我们可以看到 Config 的启动场景如图 6-10 所示。

图 6-10

在整个启动过程中，我们会看到有一个嵌入式的 Tomcat 随着项目启动，这是 Spring Cloud 的默认容器。因为一个精简版的 Tomcat 会被直接打包到 JAR 包中，所以 Spring Cloud 微服务并不需要像别的 Java EE 项目放在容器中运行，而是可以直接运行。这样的独立运行能力就是微服务的优点之一。

Config 模块启动完成后，我们就可以启动 Discovery 模块了，同样直接运行启动类就行了。在启动过程中，我们可以看到 Discovery 从指定的 Config 模块中获取配置文件，获取成功后，Discovery 模块就可以成功启动了。打开浏览器并访问 http://localhost:10002，就可以看到 Eureka Server 提供的微服务注册的页面，如图 6-11 所示。

现在还没有任何微服务在上面注册，下面就要正式编写微服务了。

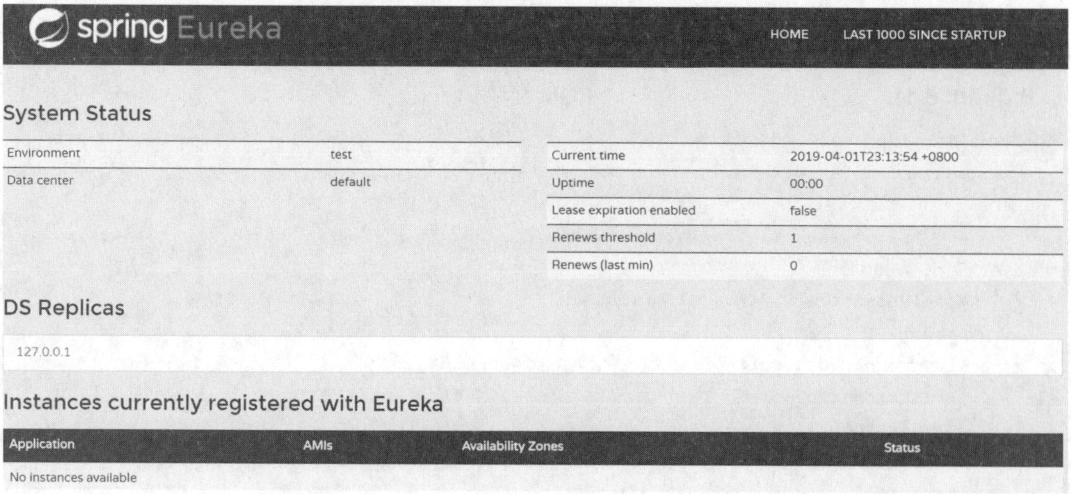

![图 6-11 Spring Eureka 界面]

图 6-11

4．Account 模块

我们定义 Account 模块用于管理所有和账号相关的服务，包括账号的注册、验证、密码修改，以及获取 Token 和验证 Token。在这个模块中，我们需要使用 MySQL 数据库来实现数据的持久化，而 Token 和 Code 都是有时效性的，于是使用 Redis 来进行缓存。另外，数据库的连接我们不直接使用原生的 JDBC，而是使用目前主流的对象关系映射（Object Relation Mapping，ORM）——MyBatis，数据源使用阿里巴巴开源给 Apache 开源基金会的可监控式数据源 Druid。由于模块需要处理 HTTP，因此我们还需要加上 Web 组件，需要从 Config 配置中心获取配置信息并向 Eureka 注册中心注册。这样一来，我们所需的组件依赖如下所示。

- MySQL connector。
- JDBC。
- MyBatis。
- Druid。
- Redis。
- Web。
- Spring Config。
- Eureka Client。

POM 文件如代码清单 6-11 所示。

代码清单 6-11　　　　　　　　　　　POM 文件

```xml
<?xml version="1.0" encoding="UTF-8"?>
<project xmlns="http://maven.apache.org/POM/4.0.0" xmlns:xsi="http://www.w3.org/2001/XMLSchema-instance"
         xsi:schemaLocation="http://maven.apache.org/POM/4.0.0 http://maven.apache.org/xsd/maven-4.0.0.xsd">
    <modelVersion>4.0.0</modelVersion>
    <parent>
        <groupId>org.springframework.boot</groupId>
        <artifactId>spring-boot-starter-parent</artifactId>
        <version>2.1.3.RELEASE</version>
        <relativePath/> <!-- lookup parent from repository -->
    </parent>
    <groupId>com.testops.coffee</groupId>
    <artifactId>account</artifactId>
    <version>1.0-SNAPSHOT</version>
    <name>account</name>
    <description>Demo project for Spring Boot</description>

    <properties>
        <java.version>1.8</java.version>
        <spring-cloud.version>Greenwich.SR1</spring-cloud.version>
    </properties>

    <dependencies>
        <dependency>
            <groupId>org.springframework.boot</groupId>
            <artifactId>spring-boot-starter-data-redis</artifactId>
        </dependency>
        <dependency>
            <groupId>org.springframework.boot</groupId>
            <artifactId>spring-boot-starter-jdbc</artifactId>
        </dependency>
        <dependency>
            <groupId>org.springframework.boot</groupId>
            <artifactId>spring-boot-starter-web</artifactId>
        </dependency>
        <dependency>
            <groupId>org.mybatis.spring.boot</groupId>
            <artifactId>mybatis-spring-boot-starter</artifactId>
            <version>2.0.0</version>
        </dependency>
        <dependency>
```

```xml
            <groupId>org.springframework.cloud</groupId>
            <artifactId>spring-cloud-starter-config</artifactId>
        </dependency>
         <dependency>
            <groupId>com.alibaba</groupId>
            <artifactId>druid-spring-boot-starter</artifactId>
            <version>1.1.14</version>
        </dependency>

        <dependency>
            <groupId>mysql</groupId>
            <artifactId>mysql-connector-java</artifactId>
            <scope>runtime</scope>
        </dependency>
        <dependency>
            <groupId>org.projectlombok</groupId>
            <artifactId>lombok</artifactId>
            <optional>true</optional>
        </dependency>
        <dependency>
            <groupId>org.springframework.boot</groupId>
            <artifactId>spring-boot-starter-test</artifactId>
            <scope>test</scope>
        </dependency>
    </dependencies>

    <dependencyManagement>
        <dependencies>
            <dependency>
                <groupId>org.springframework.cloud</groupId>
                <artifactId>spring-cloud-dependencies</artifactId>
                <version>${spring-cloud.version}</version>
                <type>pom</type>
                <scope>import</scope>
            </dependency>
        </dependencies>
    </dependencyManagement>

    <build>
        <plugins>
            <plugin>
                <groupId>org.springframework.boot</groupId>
                <artifactId>spring-boot-maven-plugin</artifactId>
            </plugin>
        </plugins>
```

```
        </build>

</project>
```

Spring Cloud 的本地配置文件 bootstrap.yml 和本节的 Discovery 模块类似，此处就不再赘述了。在配置仓库中，我们新增一个 account-local.yml 远程配置文件，内容如代码清单 6-12 所示。

代码清单 6-12　　　　　　　　　　　远程配置文件内容

```
    server:
      port: 10003

    data:
      datasource:
        url: jdbc:mysql://127.0.0.1:3306/coffeedb?serverTimezone=GMT&useSSL=false&characterEncoding=utf8
        username: coffee
        password: Coffee123!
        druid:
          initial-size: 5
          max-active: 20
          min-idle: 1
          max-wait: 60000
          max-open-prepared-statements: 20
          validation-query: select 1
          validation-query-timeout: 2000
          test-on-borrow: false
          test-on-return: false
          test-while-idle: true
          time-between-eviction-runs-millis: 60000
          min-evictable-idle-time-millis: 300000
          filters: stat

          web-stat-filter:
            enabled: true
            url-pattern: /*
            profile-enable: true

          stat-view-servlet:
            enabled: true
            url-pattern: /druid/*
            login-username: liudao
            login-password: 123456

    spring:
      redis:
```

```
    host: 127.0.0.1
    port: 6379
    jedis:
      pool:
        min-idle: 2
        max-idle: 10
        max-active: 10
```

这里我们指定了 MySQL 数据库的库名是 coffeedb。关于 Druid 数据源的配置说明，请读者参考 https://github.com/alibaba/druid/wiki/。关于 Redis 的配置，请读者参考 Spring-Redis 帮助文档。

> **注意**
>
> 这里的数据库和 Redis 都采用了本地配置，而目前 Redis 不支持 Windows 系统，因此，使用 Windows 系统进行实践的读者，请将 Redis 的 URL 指向可以安装 Redis 的系统（macOS 或 Linux 系统）。

Account 模块的启动类和 Discovery 模块类似，只是其中增加了数据源的配置部分，如代码清单 6-13 所示。

代码清单 6-13　　　　　　　　　　数据源配置

```
@Bean
@ConfigurationProperties("data.datasource")
public DataSource dataSource(){
    return DruidDataSourceBuilder.create().build();
}
```

在 Account 微服务中，我们设计如下几个 API：注册服务（register）、登录服务（login）、交换 Token 服务（token）、Token 验证服务（authorize）。与读者常见的认证服务非常接近，未注册用户可以通过注册服务注册账户；注册用户通过登录服务登录，如果登录成功，则获取一个有效时间为 10min 的 code；拥有 code 的客户端可以通过 Token 服务用 code 交换有效时间为 30min 的 token；其他服务可以通过 Token 验证服务验证用户身份，每验证成功一次，则会刷新 Token 的有效时间，如果用户 30min 内没有活动，则 Token 失效，需要重新登录。

对于代码，我们采用 MVC 的模式，其中 controller 部分负责接受客户端的 HTTP 请求。以 login 为例，其方法如代码清单 6-14 所示。

代码清单 6-14　　　　　　　　　　login 方法

```
/**
 * login api for user to login
 * @param requestAccountLogin login request post body
 * @return json object
```

```java
*/
@PostMapping("/login")
@ResponseBody
public ResponseEntity login(
    @RequestBody RequestAccountLogin requestAccountLogin
){
    ResponseEntity responseEntity = new ResponseEntity();
    /*
    check username
    */
    if(StringUtils.isEmptyOrNull(requestAccountLogin.getUsername())){
        responseEntity.setRetCode(2001);
        responseEntity.setRetMsg("account cannot be null");
        return responseEntity;
    }
    /*
    check password
    */
    if(StringUtils.isEmptyOrNull(requestAccountLogin.getPassword())){
        responseEntity.setRetCode(2001);
        responseEntity.setRetMsg("password cannot be null");
        return responseEntity;
    }
    accountService.doLogin(
        requestAccountLogin.getUsername(),
        requestAccountLogin.getPassword(),
        responseEntity);
    return responseEntity;
}
```

这是典型的 RESTful 结构，请求方法定义为 POST，body 部分为 JSON 结构。

```
{
    "username": "xxxx",
    "password": "xxxx"
}
```

首先检查 JSON 串中 username 和 password 是否为空，如果通过参数检查，则进入 Service 层进行登录处理——读者可以看到，最后调用了 accountService 的 doLogin 方法。

再来看一下 doLogin 方法，如代码清单 6-15 所示。

代码清单 6-15　　　　　　　　　　　　doLogin 方法

```java
/**
* login service is used to do the login request.
* if login success, the service will return the temporary code
```

```java
 * @param username login username
 * @param password login password
 * @param responseEntity return entity
 */
public void doLogin(String username, String password, ResponseEntity responseEntity){
    /*
    check the username whether exists
    */
    AccountDTO accountDTO = accountMapper.getUserByName(username);
    if(accountDTO == null){
        responseEntity.setRetCode(3001);
        responseEntity.setRetMsg("username or password is invalid");
        log.info("username " + username + " is not exist");
        return;
    }
    /*
    check the password whether is right
    */
    try {
        password = EncodeUtil.digest(password + accountDTO.getSalt(), "SHA-256");
    } catch (Exception e) {
        responseEntity.setRetCode(4001);
        responseEntity.setRetMsg("system error while checking the password");
        log.error("system error while checking the password", e);
        return;
    }
    if(!password.equals(accountDTO.getPassword())){
        responseEntity.setRetCode(3001);
        responseEntity.setRetMsg("username or password is invalid");
        log.info("password is invalid");
        return;
    }
    /*
    update the last login time
    */
    accountDTO.setLastLoginTime(new Date());
    try{
        if(accountMapper.updateAccountById(accountDTO) != 1){
            responseEntity.setRetCode(3001);
            responseEntity.setRetMsg("update account info failed");
            log.error("update account error");
            return;
        }
    }catch(Exception e){
        responseEntity.setRetCode(4001);
```

```java
        responseEntity.setRetMsg("system error");
        log.error("system error while updating account info", e);
        return;
    }
    log.info("update account " + accountDTO.getAccountName() + " success");
    // saving code to redis
    try {
        String code = EncodeUtil.digest(accountDTO.getAccountName() + System.
        currentTimeMillis(), "MD5");
        ObjectMapper objectMapper = new ObjectMapper();
        String jsonString = objectMapper.writeValueAsString(accountDTO);
        stringRedisTemplate.opsForValue().set(code, jsonString, 10L, TimeUnit.MINUTES);
        Calendar calendar = Calendar.getInstance();
        calendar.setTime(new Date());
        calendar.add(Calendar.MINUTE, 10);
        ResponseDataCode responseDataCode = new ResponseDataCode();
        responseDataCode.setCode(code);
        responseDataCode.setExpire(calendar.getTime());
        responseEntity.setRetCode(1000);
        responseEntity.setRetMsg("login success");
        responseEntity.setData(responseDataCode);
    } catch (Exception e) {
        responseEntity.setRetCode(4001);
        responseEntity.setRetMsg("system error");
        log.error("system error while generating code", e);
    }
}
```

此方法首先检查用户名和密码是否正确，如果正确，则使用 MD5 摘要算法根据用户名和当前时间戳生成 code 字符串。将 code 和用户信息组成 Key-Value 存入 Redis，并设置有效时间为 10min。

其他 API 就不再一一介绍了。

作为一个完整的核心模块，我们还要对其设计单元进行测试，确保功能的正确性。优秀的程序员有在编码的同时完成单元测试用例的好习惯，这是一项非常重要的编码核心规范。Spring Cloud 提供了以 JUnit 为核心的单元测试框架，并且内置了 Mockito 作为 Mock 框架。

我们在 test 目录中创建 AccountApplicationTests 类，对 Service 层进行单元测试，如代码清单 6-16 所示。

代码清单 6-16　　　　　　　　　测试类

```java
@RunWith(SpringRunner.class)
@SpringBootTest
```

```java
public class AccountApplicationTests {
    @InjectMocks
    @Autowired
    private AccountService accountService;

    @Mock
    private AccountMapper accountMapper;


    @Before
    public void setup(){
        MockitoAnnotations.initMocks(this);
    }

    @Test
    public void testRegister() {
        ResponseEntity responseEntity = new ResponseEntity();
        AccountDTO accountDTO = new AccountDTO();
        accountDTO.setAccountName("liudao001");
        accountDTO.setPassword("123456");
        accountDTO.setGender(0);
        accountDTO.setCellphone("12345678912");
        accountDTO.setSalt("123456");
        accountDTO.setCreateTime(new Date());
        Mockito.when(accountMapper.addAccount(accountDTO)).thenReturn(1);
        accountService.doRegister(accountDTO, responseEntity);
        System.out.println(responseEntity);
        Assert.assertEquals(1000, responseEntity.getRetCode());
    }

    @Test
    public void testLogin(){
        String username = "liudao001";
        String salt = "123456";
        String password = "123456";
        String password2 = "";
        try {
            password2 = EncodeUtil.digest(password+salt, "SHA-256");
        } catch (NoSuchAlgorithmException e) {
            e.printStackTrace();
        } catch (UnsupportedEncodingException e) {
            e.printStackTrace();
        }
        ResponseEntity responseEntity = new ResponseEntity();
        AccountDTO accountDTO = new AccountDTO();
```

```
            accountDTO.setAccountName(username);
            accountDTO.setPassword(password2);
            accountDTO.setGender(0);
            accountDTO.setCellphone("12345678912");
            accountDTO.setSalt(salt);
            Mockito.when(accountMapper.getUserByName(username)).thenReturn(accountDTO);
            Mockito.when(accountMapper.updateAccountById(accountDTO)).thenReturn(1);
            accountService.doLogin(username, password, responseEntity);
            System.out.println(responseEntity);
            Assert.assertEquals(1000, responseEntity.getRetCode());
        }

}
```

在这个单元测试中,我们使用 Mockito 来 Mock 数据库的部分,这是因为单元测试并不需要真正地连接数据库,也不需要将测试数据写入库。执行测试前,需要将 Config 模块和 Discovery 模块运行起来,并且需要启动数据库和 Redis 服务,这样单元测试才能正常运行。如果一切正常,则可以看到如下测试结果。

```
[INFO]
[INFO] Results:
[INFO]
[INFO] Tests run: 2, Failures: 0, Errors: 0, Skipped: 0
[INFO]
[INFO] ------------------------------------------------------------------------
[INFO] BUILD SUCCESS
[INFO] ------------------------------------------------------------------------
[INFO] Total time: 56.333 s
[INFO] Finished at: 2019-05-10T21:38:59+08:00
[INFO] ------------------------------------------------------------------------
```

5. Order 模块

我们定义 Order 模块用于处理与咖啡订单相关的服务,包括新建订单、查询订单、查询订单详情、修改订单这些常见的 CURD 操作。该模块所需要的依赖和 Account 模块类似,因此此处不再重复。略有不同的是,Order 模块的所有 API 都要求在 HTTP 请求头中添加 Access-Token 作为用户凭证,只有在校验通过的情况下,才能正常获得返回值。

实现时每个请求都需要检查头部是否包含 Access-Token,并将 token 值作为参数向 Account 模块中的 authorize 接口发起请求,要求验证 token 是否有效,如果有效,就会继续下面的逻辑。但是如果每个 API 都写一段这样的逻辑,未免有些冗余,于是我们采用了 Servlet 过滤器(Filter)的方式来对指定的请求进行拦截,如代码清单 6-17 所示。

代码清单 6-17　　　　　　　　　　拦截器

```java
package com.testops.coffee.order.filters;

import com.testops.coffee.order.entities.DTO.AccountDTO;
import com.testops.coffee.order.entities.VTO.ResponseAuth;
import com.testops.coffee.order.entities.VTO.ResponseEntity;
import com.testops.coffee.order.utils.StringUtils;
import lombok.extern.slf4j.Slf4j;
import org.springframework.beans.factory.annotation.Value;
import org.springframework.core.annotation.Order;
import org.springframework.web.client.RestTemplate;

import javax.servlet.*;
import javax.servlet.annotation.WebFilter;
import javax.servlet.http.HttpServletRequest;
import javax.servlet.http.HttpServletResponse;
import java.io.IOException;

@WebFilter(urlPatterns = "/order/*")
@Order(1)
@Slf4j
public class AuthFilter implements Filter {

    private RestTemplate restTemplate = new RestTemplate();

    @Value("${icoffee.auth-server-url}")
    private String auth_server_url;

    @Value("${icoffee.auth-server-port}")
    private String auth_server_port;

    @Override
    public void init(FilterConfig filterConfig) throws ServletException {
        log.info("init auth filter...");
    }

    @Override
    public void doFilter(ServletRequest servletRequest, ServletResponse servletResponse,
    FilterChain filterChain) throws IOException, ServletException {
        HttpServletRequest request = (HttpServletRequest) servletRequest;
        HttpServletResponse response = (HttpServletResponse) servletResponse;
        log.info("checking the token");
        String token = request.getHeader("Access-Token");
        ResponseEntity responseEntity = new ResponseEntity();
        if(StringUtils.isEmptyOrNull(token)){
```

```java
            responseEntity.setRetCode(2001);
            responseEntity.setRetMsg("access-token cannot be null");
            request.setAttribute("responseEntity", responseEntity);
            request.getRequestDispatcher("/auth/error").forward(request, response);
            log.error("access-token is null");
            return;
        }
        String url = "http://" + auth_server_url + ":" + auth_server_port + "/account/authorize?token=" + token;
        log.info("send request to account service: " + url);
        ResponseAuth resp = restTemplate.getForObject(url, ResponseAuth.class);
        log.info("get response: " + resp);
        if(resp.getRetCode() != 1000){
            request.setAttribute("responseEntity", responseEntity);
            request.getRequestDispatcher("/auth/error").forward(request, response);
        }else{
            log.info("authorize success");
            AccountDTO accountDTO = resp.getData();
            request.setAttribute("accountDTO", accountDTO);
            filterChain.doFilter(request, response);
        }
    }

    @Override
    public void destroy() {
        log.info("destroy filter...");
    }
}
```

这是一段标准的 Java Servlet 的过滤器代码,通过注解的方式指定 WebFilter 过滤/order 为路径下的所有 API。过滤器将获取 token 值,并通过 restTemplate 发往 Account 的 authorize 接口进行校验,如果校验通过,则从 Redis 中获取该用户的信息,并将用户基本信息存入当前的 request 属性中,执行过滤链,向后发送请求。

至于其他的模块,与 Account 模块类似,也是使用 MVC 设计模式,在此处就不展示了。

最后,别忘了单元测试,如代码清单 6-18 所示。

代码清单 6-18　　　　　　　　　　　　单元测试

```java
@Test
public void testCreateOrder() {
    /*
    param account prepare
    */
```

```
    AccountDTO accountDTO = new AccountDTO();
    accountDTO.setAccountId(1);
    /*
    param RequestOrderCreate prepare
    */
    RequestOrderItem requestOrderItem = new RequestOrderItem();
    requestOrderItem.setCoffeeId(1);
    requestOrderItem.setAmount(1);
    RequestOrderItem[] items = new RequestOrderItem[]{
        requestOrderItem
    };
    RequestOrderCreate requestOrderCreate = new RequestOrderCreate();
    requestOrderCreate.setAddress("上海");
    requestOrderCreate.setOrderItems(items);
    /*
    param ResponseEntity prepare
    */
    ResponseEntity responseEntity = new ResponseEntity();

    /*
    mock the mappers
    */
    Mockito.when(orderMapper.addOrder(Mockito.any())).thenReturn(1);
    Mockito.when(orderItemMapper.addOrderItem(Mockito.any())).thenReturn(1);
    /*
    call the service
    */
    orderService.doCreateOrder(accountDTO, requestOrderCreate, responseEntity);

    Assert.assertEquals(1000, responseEntity.getRetCode());
}
```

运行测试，可以看到测试通过。

```
[INFO]
[INFO] Results:
[INFO]
[INFO] Tests run: 1, Failures: 0, Errors: 0, Skipped: 0
[INFO]
[INFO] ------------------------------------------------------------------------
[INFO] BUILD SUCCESS
[INFO] ------------------------------------------------------------------------
[INFO] Total time: 48.218 s
[INFO] Finished at: 2019-05-10T21:42:34+08:00
[INFO] ------------------------------------------------------------------------
```

6. Gateway 模块

Gateway 模块主要用来给微服务提供统一的网关服务。由于每个微服务都位于不同的端口，并且开发规范可能不同，因此如果需要进行统一的命名规范管理，可以通过网关服务来实现。网关服务同样可以执行全局的一些拦截、转发等操作。在这个例子中，我们仅仅使用它来实现一个 API 统一入口的命名规范。这个模块与 Discovery 模块类似，几乎没有有效代码，仅仅是配置，如代码清单 6-19 所示。

代码清单 6-19　　　　　　　　　　　网关配置

```
server:
  port: 20000

zuul:
  sensitive-headers: true
  add-host-header: true
  prefix: /icoffee/api/v1.0
  routes:
    api-account-url:
      path: /account/**
      serviceId: account
      stripPrefix: false
    api-order-url:
      path: /order/**
      serviceId: order
      stripPrefix: false

eureka:
  instance:
    prefer-ip-address: true
    lease-renewal-interval-in-seconds: 5
    lease-expiration-duration-in-seconds: 10
  client:
    healthcheck:
      enabled: true
    registry-fetch-interval-seconds: 5
    serviceUrl:
      defaultZone: http://icoffee_discovery_local:local123@127.0.0.1:10002/eureka/
```

注意其中的 zuul 属性，在这个属性节点下，配置了所有微服务的固定路径前缀/icoffee/api/v1.0。在这个路径下面有两个微服务：一个是 account，在/account 路径下；另一个是 order，在/order 路径下。

至此，我们的演示项目已经编码完成。

6.3.4 验证微服务

1. 数据库表初始化

我们的演示项目到底能不能正常工作呢?下面我们来验证。首先我们需要创建数据库中的表,并插入一些基础数据。一共需要 4 张表来支撑我们的程序。

(1) t_account 表。

```sql
drop table if exists coffeedb.t_account;
create table coffeedb.t_account(
    `accountId` bigint auto_increment primary key comment '账号系统ID',
    `accountName` varchar(20) not null unique comment '账户名',
    `salt` char(6) not null comment '密码加密用词缀',
    `password` char(64) not null comment 'sha256摘要后的密码',
    `cellphone` varchar(20) comment '手机号',
    `gender` smallint comment '性别',
    `createTime` datetime comment '账号创建时间',
    `lastLoginTime` datetime comment '最后登录时间'
) CHARACTER SET 'utf8mb4' comment '账户信息表';
```

(2) t_coffee 表。

```sql
drop table if exists coffeedb.t_coffee;

create table coffeedb.t_coffee(
    coffeeId bigint auto_increment primary key comment '咖啡商品ID',
    coffeeName varchar(20) not null comment '咖啡名称',
    price decimal(5,2) comment '咖啡价格'
) CHARACTER SET 'utf8mb4' comment '咖啡商品表';

insert into coffeedb.t_coffee values
    (null, '拿铁', 29.00),
    (null, '香草拿铁', 32.00),
    (null, '焦糖拿铁', 32.00),
    (null, '卡布奇诺', 33.00),
    (null, '馥芮白', 34.00),
    (null, '美式咖啡', 20.00),
    (null, '意式浓缩', 21.00);
```

(3) t_order 表。

```sql
drop table if exists coffeedb.t_order;

create table coffeedb.t_order(
    orderId bigint auto_increment primary key comment '订单ID',
```

```
    orderNbr char(21) not null unique comment '订单号',
    orderStatus smallint comment '0-未付款, 1-已付款, 2-已发货, 3-已签收完成',
    buyerId bigint comment '购买者 ID',
    address varchar(50) comment '寄送地址',
    createTime datetime comment '订单创建时间',
    updateTime datetime comment '订单更新时间'
) CHARACTER SET 'utf8mb4' comment '订单信息表';
```

（4）t_order_item 表。

```
drop table if exists coffeedb.t_order_item;

create table coffeedb.t_order_item(
    itemId bigint auto_increment primary key comment '订单项 ID, 系统自增主键',
    coffeeId bigint not null comment '咖啡商品 ID',
    amount int comment '商品数量',
    orderId bigint comment '订单 ID',
    foreign key (coffeeId) references t_coffee(coffeeId) on delete cascade,
    foreign key (orderId) references t_order(orderId) on delete cascade
) CHARACTER SET 'utf8mb4' comment '订单商品表';
```

2．启动微服务

现在我们需要启动全部微服务。启动的方式有很多种，最简单的是在 IDE 中逐个执行各个模块的 main 方法。需要注意模块的启动顺序，必须先启动 Config，然后是 Discovery，而 Account、Order、Gateway 没有特别的顺序。

3．检查注册服务

现在打开浏览器，输入 URL 地址 http://localhost:10002/，如果看到图 6-12 所示的 Discovery 模块页面，就说明注册服务一切正常。

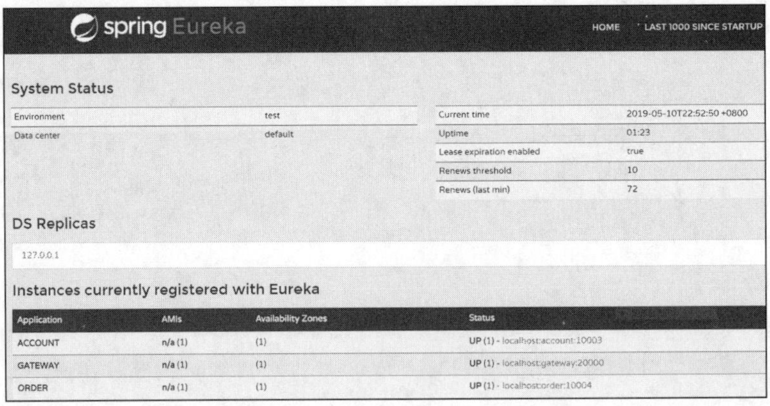

图 6-12

在 Discovery 模块中，我们可以看到当前有 3 个微服务实例注册在 Eureka 中。在企业实际应用中，每个微服务会以多节点的方式注册在 Eureka 中。

4．检查微服务

现在我们要通过网关服务来检查微服务接口是否可用。在这里，我们使用 Postman 测试 API 服务。

读者可自行在官网下载 Postman 最新版本。

在 Postman 中创建一个 Post 请求，请求地址为 http://localhost:20000/icoffee/api/v1.0/account/register。请求的 body 部分如下所示。

```
{
    "username": "testops01",
    "password": "12345678",
    "password2": "12345678",
    "gender": "M",
    "cellphone": "135000000X1"
}
```

如果服务正常，那么可以收到成功的响应。

```
{
    "retCode": 1000,
    "retMsg": "register success"
}
```

再测试一下登录服务，创建一个 Post 服务，请求地址为 http://localhost:20000/icoffee/api/v1.0/account/login。请求的 body 部分如下所示。

```
{
    "username": "testops01",
    "password": "12345678"
}
```

收到登录成功的响应。

```
{
    "retCode": 1000,
    "retMsg": "login success",
    "data": {
        "code": "b314a3be1ae723386d8afd8491765276",
        "expire": "2019-05-10T16:41:58.820+0000"
    }
}
```

我们成功获取了 code。在 code 失效之前，我们发起了一个 Get 请求，地址为 http://localhost:20000/icoffee/api/v1.0/account/token?code=b314a3be1ae723386d8afd8491765276，可以获取交换来的 token 值。

```
{
    "retCode": 1000,
    "retMsg": "get token success",
    "data": {
        "token": "eyJhbGciOiJIUzI1NiJ9.eyJhdWQiOiJ0ZXN0b3BzMDEiLCJleHAiOjE1NTc1MDgwMjZ9.99xrjr_FbNIHpw8gado0VklMW5S4TAeeIx7qTInJHtE",
        "expire": "2019-05-10T17:07:06.690+0000"
    }
}
```

接下来我们就可以来测试 Order 模块了。让我们新建一个 Post 请求来预订两杯咖啡，请求地址为 http://localhost:20000/icoffee/api/v1.0/order/new，请求 body 如下所示。

```
{
    "address": "人民广场1001号401",
    "orderItems": [
        {
            "coffeeId": 1,
            "amount": 2
        },
        {
            "coffeeId": 2,
            "amount": 3
        }
    ]
}
```

由于 Order 模块需要验证用户身份，因此我们需要在头部添加 Access-Token，值为 eyJhbGciOiJIUzI1NiJ9.eyJhdWQiOiJ0ZXN0b3BzMDEiLCJleHAiOjE1NTc1MDgwMjZ9.99xrjr_FbNIHpw8gado0VklMW5S4TAeeIx7qTInJHtE。发送该请求，我们应该收到成功创建订单的响应。

```
{
    "retCode": 1000,
    "retMsg": "add new order success"
}
```

其他 API 我们就不再验证了。通过上述的验证，我们证明了演示项目能够成功运行，并可以提供正确的服务。

6.4　API 管理

在公司实践中，接口有多种管理方式，可以是 Word 文档，也可以是一些在线的 API 管理工具，如"去哪儿"网提供的开源 API 管理工具 YAPI。YAPI 接口管理平台如图 6-13 所示。

图 6-13

此外，还有 EOLinker，EOLinker 接口管理平台如图 6-14 所示。

图 6-14

如果喜欢使用在线的方式，那么可以选择 Oracle 的 Apiary，只需要使用 GitHub 账号，就可以免费使用该平台。

这些接口管理平台均需要手工录入,于是带来一个问题——额外增加了开发的任务,并且在代码发生变更时,如何才能保证 API 文档也同步更新。这里提供一个参考方案,可以使用 Swagger 来提供 API 文档的自动生成。Swagger 有支持 Spring Cloud 的框架,可以直接嵌入 Spring Cloud。我们只需要在 Account 和 Order 两个模块的 POM 文件中添加 Swagger 的框架组件,如代码清单 6-20 所示。

代码清单 6-20　　　　　　　　　　Swagger 依赖

```xml
<dependency>
    <groupId>io.springfox</groupId>
    <artifactId>springfox-swagger2</artifactId>
</dependency>
<dependency>
    <groupId>io.springfox</groupId>
    <artifactId>springfox-swagger-ui</artifactId>
</dependency>
```

然后,在启动类中,添加@EnableSwagger2 注解,并定义 Swagger 的 Bean。这里以 Account 模块为例,如代码清单 6-21 所示。

代码清单 6-21　　　　　　　　　　Swagger 实例化

```java
@Bean
public Docket createRestApi(){
    return new Docket(DocumentationType.SWAGGER_2)
        .apiInfo(apiInfo())
        .select()
        .apis(RequestHandlerSelectors.basePackage("com.testops.coffee.account.controllers"))
        .paths(PathSelectors.any())
        .build();
}

private ApiInfo apiInfo(){
    return new ApiInfoBuilder()
        .title("Testops demo microservice - Account Service APIs")
        .description("This is demo service.")
        .termsOfServiceUrl("https://localhost:10003")
        .contact(new Contact("liudao", "https://zone.testops.vip","jimmyseraph@163.com"))
        .version("1.0")
        .build();
}
```

这样,Swagger 框架就可以自动扫描指定的 package 下的类,识别出所有的接口定义。

在 Account 和 Order 模块都启动后，我们可以通过服务的根目录下的/swagger-ui.html 来访问 Swagger 在线文档。Swagger-ui 接口管理平台如图 6-15 所示。

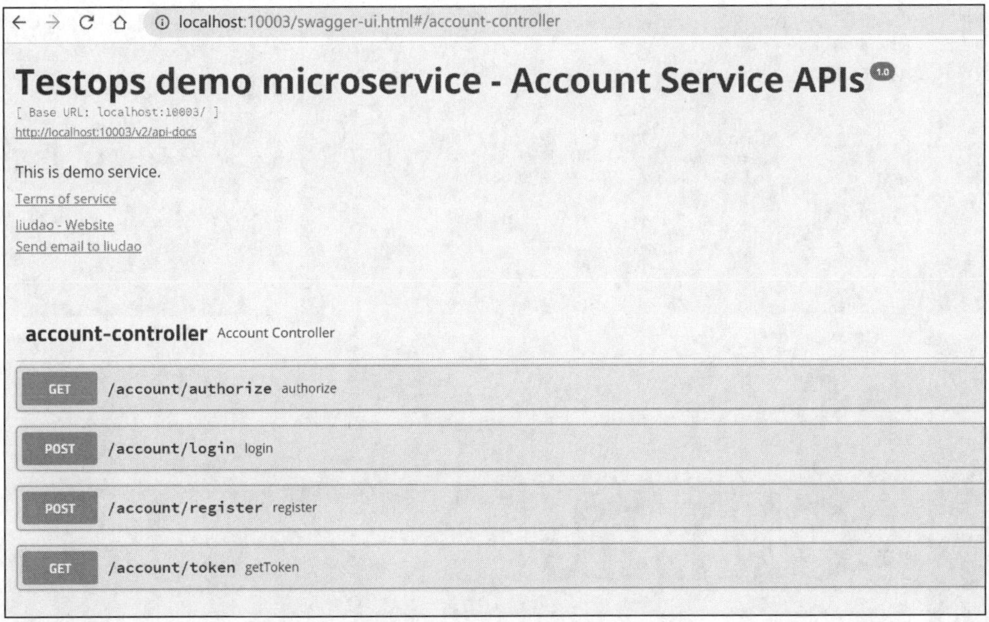

图 6-15

这样的 API 文档不会给开发人员添加额外的工作量，而且当接口代码发生变更时，Swagger-ui 的在线文档也会同步变更。

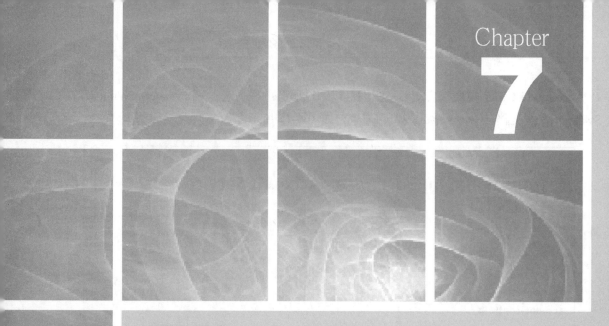

第 7 章

GitLab

GitLab 是另一个与 GitHub 并驾齐驱的社区,提供了和 GitHub 类似的功能。当然,这两者的概念有所不同,GitHub 本身是一个代码管理平台,国内也有类似的平台,如码云等,我们可以直接使用而不需要担心平台本身的维护;GitLab 则是一款软件产品。

企业可以使用 GitLab 在内网搭建代码管理平台,使得不用通过国际互联网而直接使用内网就可以进行代码管理,安全性和可靠性都由公司自己负责,自主性更高。

7.1 GitLab 的安装

接着我们将带领读者在本地完成 GitLab 的部署安装,为后续的持续交付体系提供平台基础。

7.1.1 硬件要求

在安装 GitLab 前需要确保具备合适的硬件资源,避免安装失败和使用中的性能不足等问题。

1. 存储空间

GitLab 安装时并不需要很大的硬盘空间,但是如果用户在 GitLab 平台上创建的代码仓库数量越来越多,GitLab 就会要求越来越多的空余存储空间。因此,要么一开始就规划好需要的磁盘容量,直接分配一个较大的磁盘给 GitLab 使用;要么就是根据官方的推荐,使用逻辑卷管理(Logical Volume Manager,LVM)来动态扩容。关于 LVM 的内容已经偏离了本书的主题,且限于篇幅,这里就不去讨论 LVM 的实现和操作了。

因为 GitLab 服务的主要操作是磁盘读写,磁盘的读写速度对 GitLab 服务的性能影响比较大,所以为了提高 GitLab 服务的访问速度,推荐使用读写速度至少为 7200 转的大容量硬盘或 SSD 硬盘。

2. 内存

GitLab 对内存要求也比较高,最少需要 8GB 的可编址(Addressable)内存。这一内存包括了物理内存和交换内存(RAM+Swap)。因此,从理论上来说,对于物理内存为 4GB 的系统,设置 4GB 的交换内存,就可以运行 GitLab,但是仅能支持 100 个以下的用户使用,而且体验将会非常差。

GitLab 官方推荐配置 8GB 的物理内存,能很好地支持 100 个用户的使用。不同大小的物理内存支持不同量级的用户数,可以参考如下数据。

- 16GB RAM 支持 2 000 个用户。
- 32GB RAM 支持 4 000 个用户。
- 64GB RAM 支持 8 000 个用户。
- 128GB RAM 支持 16 000 个用户。
- 256GB RAM 支持 32 000 个用户。

3. CPU

CPU 的核心数对并发的任务处理影响很大，GitLab 服务是由 Ruby 实现的，使用的服务器是 Unicorn，Unicorn 使用配置的 Worker 来处理任务。Worker 的数量与 CPU 核心数成正比，如果 CPU 核心数少，那么在处理多任务时，就可能形成较长的任务队列，导致响应变慢。

GitLab 推荐至少 2 核，可以支持最多 500 个用户访问，更大的用户数量可以参考如下数据。

- 4 核支持 2 000 个用户。
- 8 核支持 5 000 个用户。
- 16 核支持 10 000 个用户。
- 32 核支持 20 000 个用户。
- 64 核支持 40 000 个用户。

7.1.2 操作系统

GitLab 支持大部分的操作系统，但是 GitLab 系统本身就是为 UNIX 系统开发的，不支持 Windows 系列的操作系统，并且也没有计划要支持 Windows 系统，所以使用 Windows 系统的读者可考虑使用 Linux 虚拟机来安装 GitLab。

（1）支持的操作系统有以下几种。

- Ubuntu。
- Debian。
- CentOS。
- openSUSE。

- Red Hat Enterprise Linux。
- Scientific Linux。
- Oracle Linux。

（2）不支持综合安装包自动安装 GitLab 的操作系统有以下几种。

- Arch Linux。
- Fedora。
- FreeBSD。
- Gentoo。
- macOS。

虽然这些系统不支持综合安装包的一键安装，但是可以通过源代码安装的方式进行安装。

7.1.3 综合安装包安装

下面的安装我们在 CentOS 7.4 中进行，这里的 CentOS 默认是最小安装包，当然，选择开发者平台安装会更方便一些（很多组件，如 curl 等，就不需要提前安装了）。

（1）安装并配置必要的依赖包，如命令清单 7-1 所示。

命令清单 7-1　　　　　　　　　　安装依赖包

```
sudo yum install -y curl policycoreutils-python openssh-server
sudo systemctl enable sshd
sudo systemctl start sshd
sudo firewall-cmd --permanent --add-service=http
sudo systemctl reload firewalld
```

如果用户的 CentOS 上已经开启了 sshd 服务（远程控制服务，该服务提供了 SSH 协议的支持，能够使用户通过 SSH 协议客户端远程控制 CentOS 的计算机，如 SecureCRT、XShell 等软件），那么可以忽略 sshd 的安装和防火墙的打开。

命令清单 7-1 中第 4 行、第 5 行命令用于设置防火墙，允许 HTTP 的访问，如果用户的 CentOS 上已经配置了防火墙允许 HTTP，或者直接关闭了防火墙，那么这一项也可以忽略。

（2）安装邮件发送软件 Postfix。

现在按照如下命令行安装 Postfix 软件，如命令清单 7-2 所示。

命令清单 7-2　　　　　　　　　安装 Postfix 软件

```
sudo yum install postfix
sudo systemctl enable postfix
sudo systemctl start postfix
```

安装 Postfix 的过程中，会出现一些需要用户填写信息（如服务器地址）的提示，按照提示填写即可。

Postfix 是 GitLab 默认的发送通知邮件的插件，如果用户想使用其他软件来进行通知邮件的发送，可以直接跳过这一步。在 GitLab 安装后，可以在图形化界面配置外部 SMTP 服务来配置发送邮件的功能。

（3）添加资源包仓库。

首先在系统中添加 GitLab 资源包的仓库，如命令清单 7-3 所示。

命令清单 7-3　　　　　　　安装 GitLab 资源包仓库

```
curl https://packages.gitlab.com/install/repositories/gitlab/gitlab-ee/script.rpm.sh | sudo bash
```

添加仓库成功后，我们就可以使用 Shell 前端软件包管理器（YUM）来安装 GitLab 了，如命令清单 7-4 所示。

命令清单 7-4　　　　　　　　　　安装 GitLab

```
sudo EXTERNAL_URL="http://gitlab.example.com" yum install -y gitlab-ee
```

EXTERNAL_URL 设置了 GitLab 安装后的访问域名，这个域名必须是真实可访问的。如果仅仅是需要在内网环境访问，那么可以在公司的网关服务器上配置 DNS，为 GitLab 添加一个易记的域名，当然，直接用 IP 地址也是可以的。如果需要配置 Internet 访问，则需要申请一个域名。

当安装 GitLab 时，YUM 需要下载一个比 1GB 稍大一点的安装包，需要保持网络访问畅通。GitLab 的综合安装包会自动安装所有的组件并进行配置，不需要进行任何操作，等待安装完成即可。当看到如图 7-1 所示的提示时，GitLab 就安装成功了。

现在 GitLab 已经可以通过输入 http://192.168.251.128 进行访问了。GitLab 登录页面如图 7-2 所示。

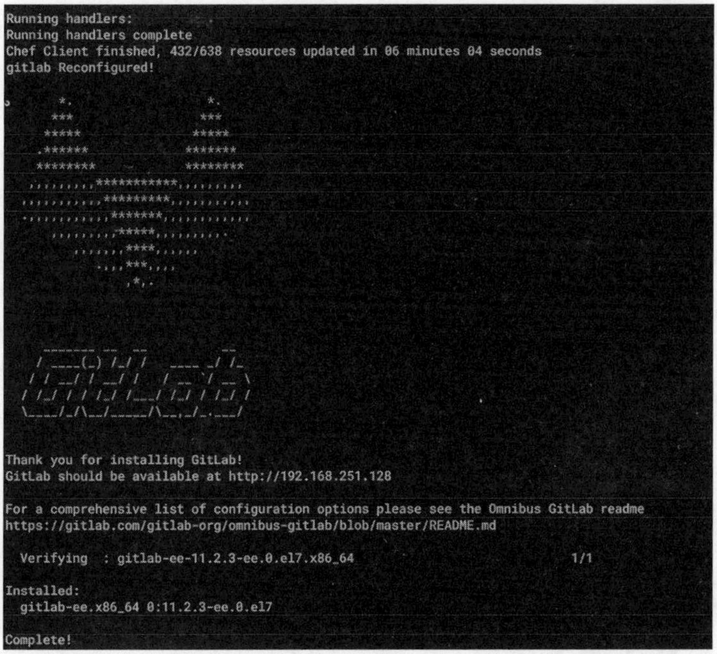

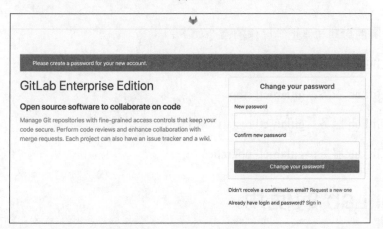

图 7-1

图 7-2

7.2 GitLab 的配置与启动

7.2.1 修改 GitLab 服务端口

在默认情况下，因为 GitLab 的各项服务会占据 9xxx 的各种端口，所以服务器上的其他软件尽量让出 9xxx 的端口。另外，内置的 Unicorn 服务会占用 8080 端口，与我们常用的 Tomcat（默认占用 8080）服务会有冲突。在/etc/gitlab/gitlab.rb 文件中查找关键字 unicorn，找到如下注释，然后新增一行，自行指定没有冲突的端口，如配置清单 7-1 所示。

配置清单 7-1

```
# unicorn['port'] = 8080
unicorn['port'] = 6080
```

GitLab 服务默认将 80 端口作为网站访问的端口，它使用 Nginx 反向转发到 Unicorn 服务上，配置文件为/var/opt/gitlab/nginx/conf/gitlab-http.conf。如果想变更 80 端口，那么可以在 server 的 listen 节点进行端口设置，如配置清单 7-2 所示。

配置清单 7-2

```
listen 80;
```

为了方便使用，并不推荐修改 80 端口。

7.2.2 启动与停止服务

GitLab 服务的启动与停止等操作的命令如下。

- 启动 GitLab 服务：gitlab-ctl start。
- 停止 GitLab 服务：gitlab-ctl stop。
- 重启 GitLab 服务：gitlab-ctl restart。
- 升级 GitLab 服务：gitlab-ctl upgrade。

7.3 GitLab 的使用

7.3.1 系统管理

我们首次打开 GitLab 页面时，看到的是提交密码的页面，这是为 GitLab 的系统管理员设置密码，请一定记住这个密码。GitLab 的管理员登录后，页面中会比一般用户多出一个 Admin Area 选项，这是系统管理员的网站管理功能。

（1）Overview：概览功能，可以在这里管理项目（新建、删除、修改）、管理用户（新建用户、删除用户和修改用户信息)、管理群组(新建群组、修改群组和删除群组)、管理构建任务(重运行或者暂停任务)、管理运行器(删除或者添加运行器)、统计活跃用户、统计会话开发等。

(2) Monitoring：监控信息包括系统信息(CPU、内存消耗、磁盘占用、启动时间)、后台任务、系统日志信息、系统健康检查、请求配置信息等。

(3) Messages：用于设置网站广播消息。

(4) System Hooks：系统钩子。一旦设置了系统钩子，当创建新用户或者项目时，系统会根据填入的 URL 发送消息。该功能用于和其他的工具进行集成。

(5) Applications：用于设置进行开放式认证的其他项目。一旦设置了应用程序，该应用就可以和 GitLab 进行直接交互，而不需要额外的认证操作。

(6) Abuse Reports：滥用报告，用于汇报一些恶意操作。

(7) License：管理 GitLab 的 License。免费版的 GitLab 不需要任何许可证，但是功能是受限的；收费版分为初级版和豪华版，根据用户数量按年收费。

(8) Push Rules：设置 git push 的规则，该功能在免费版的 GitLab 中不可用。

(9) Geo Nodes：设置全球化节点，类似于镜像功能，便于全球各地的团队进行合作开发。在不同的地区设置只读镜像，有利于提高访问仓库的速度。该功能只有在豪华版中才能使用。

(10) Deploy Keys：用于管理 SSH Key(添加或者删除)。该键用于认证用户。

(11) Service Templates：用于设置 GitLab 和其他第三方服务的一些整合功能。

(12) Labels：设置一些公用标签，方便进行检索。

(13) Appearance：外观设置，可以自定义网站的图标、页眉页脚信息、登录页信息、新建项目的页面信息等。

(14) Settings：设置项，可以对以下功能进行配置。

- Visibility and access controls。

  设置 Private、Internal、Public 这 3 种属性的可视性和访问权限。

- Account and limit settings。

  账户限制设置，设置一个账号可以创建的最多的项目数量、附件大小等。

- Sign-up restrictions。

  用户注册设置，可以设置是否允许用户注册、白名单、黑名单等。

- Sign-in restrictions。

  登录安全设置，指定是否强制使用双因素认证，以及未登录用户自动跳转页和登录用户跳转页。

- Terms of Service and Privacy Policy。

  设置服务条款和隐私策略，这只是一段显示给用户看的文字。

- Help page。

  设置帮助页面。

- Pages。

  设置最大页面大小。

- Continuous Integration and Deployment。

  设置持续集成和持续部署相关的一些值，如启用自动部署，并设置域名等。

- Metrics-Influx。

  度量设置，启用并配置 InfluxDB。

- Metrics-Prometheus。

  设置是否启用普罗米修斯度量。

- Profiling-Performance bar。

  启用性能条，如果在 GitLab 中使用了持续集成和部署，那么该功能可以让用户看到语句执行的性能。

- Background jobs。

  配置后台的 Sidekiq 任务处理机制。

- Spam and Anti-bot Protection。

  配置 CAPTCHA。

- Abuse reports。

配置滥用报告的通知邮件。

- Error Reporting and Logging。

错误报告日志管理器的配置，GitLab 使用 Sentry 管理错误报告和日志。如果要启用该配置，则需要从 getsentry 网站进行下载安装。

- Repository storage。

配置仓库存储相关属性。

- Repository maintenance。

仓库维护设置。

- PlantUML。

设置 PlantUML 服务器的地址。PlantUML 是一个开源项目，支持快速绘制时序图、流程图、活动图、状态图、用例图、类图等，开发人员通过简单直观的语言来定义这些示意图。

- Usage statistics。

设置是否启用统计。

- Email。

设置是否使用 HTML 邮件。

- Gitaly。

设置 Gitaly 相关属性。Gitaly 是一个 Git RPC 服务，用于处理 GitLab 发出的所有 git 调用。

- Web terminal。

设置 Web 终端的会话超时时间，0 表示无超时。

- Real-time features。

实时特性设置，设置触发的间隔时间倍数，0 表示禁用。

- Performance optimization。

性能优化设置，允许使用 SSH Key 对仓库进行访问。

- User and IP Rate Limits。

用户和 IP 访问频率设置。

- Outbound requests。

  设置是否允许服务以及钩子对本地网络的请求。

- Repository mirror settings。

  是否允许使用镜像仓库。

7.3.2　GitLab 基本使用

GitLab 的基本使用和 GitHub 类似，此处不再赘述，仅仅在术语上有所区别：Snippet 就是 GitHub 中的 Gist，也就是代码片段分享功能；Merge Request 等价于 GitHub 中的 Pull Requests，也就是合入代码的请求。

7.3.3　运行器（Runner）

GitLab 还增加了持续集成和持续部署的功能，这项功能需要首先在 GitLab 系统中注册运行器。运行器有两种类型：专用运行器和共享运行器。

运行器本质上是一个后台进程服务，需要在一台服务器上安装，可以在 GitLab 所在的服务器本地，也可以在远程，甚至可以是一个应用容器引擎（Docker）。安装的方式很简单，可以参考官方的说明文档。

下面是在 Linux 系统上安装 GitLab Runner 的步骤。

（1）下载 GitLab Runner 安装包，根据系统选择下载，如命令清单 7-5 所示。

命令清单 7-5　　　　　　　下载 GitLab Runner 安装包

```
# Linux x86-64
sudo wget -O /usr/local/bin/gitlab-runner https://gitlab-runner-downloads.s3.amazonaws.com/latest/binaries/gitlab-runner-linux-amd64
```

因为没有多余的服务器，所以此处我们安装的 Runner 放在 GitLab 所在的服务器上。此处，匹配之前安装的 CentOS 7.4-64，下载对应的 Linux x86-64。

（2）设置运行权限，如命令清单 7-6 所示。

命令清单 7-6　　　　　　　　　设置运行权限

```
sudo chmod +x /usr/local/bin/gitlab-runner
```

（3）添加 GitLab 持续集成的执行用户，如命令清单 7-7 所示。

命令清单 7-7　　　　　　　　　添加执行用户

```
sudo useradd --comment 'GitLab Runner' --create-home gitlab-runner --shell /bin/bash
```

（4）安装并作为服务运行，如命令清单 7-8 所示。

命令清单 7-8　　　　　　　　　安装服务

```
sudo gitlab-runner install --user=gitlab-runner --working-directory=/home/gitlab-runner
sudo gitlab-runner start
```

（5）将 GitLab Runner 注册到 GitLab 中，如命令清单 7-9 所示。

命令清单 7-9　　　　　　　　　注册服务

```
sudo gitlab-runner register
```

执行该命令后 Runner 将会让用户输入 GitLab 的 URL 地址。

```
Please enter the gitlab-ci coordinator URL (e.g. https://gitlab.com )
https://gitlab.com
```

输入 Runner 注册的 Token。Token 来自 GitLab，例如仓库的 Owner 可以设置专用 Runner，系统管理员则可以设置共享 Runner。在配置 Runner 的页面中，可以看到当前可用的 Token。

共享 Runner 如图 7-3 所示。

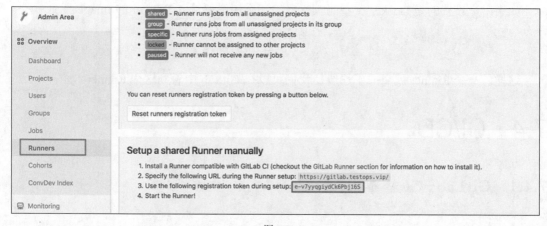

图 7-3

专用 Runner 如图 7-4 所示。

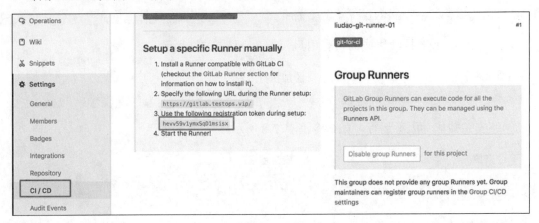

图 7-4

然后输入 Runner 的名字。

```
Please enter the gitlab-ci description for this runner
[hostame] my-runner
```

输入和该 Runner 绑定的标签。

```
Please enter the gitlab-ci tags for this runner (comma separated):
my-tag,another-tag
```

设置 Runner 的执行器类型。

```
Please enter the executor: ssh, docker+machine, docker-ssh+machine, kubernetes, docker,
parallels, virtualbox, docker-ssh, shell:
docker
```

如果用户设置的是 Docker 类型的执行器,那么还需要输入 Docker 的 Image。

```
Please enter the Docker image (eg. ruby:2.1):
alpine:latest
```

这样,一个 Runner 就完成了注册,我们可以在 GitLab 中看到这个 Runner。

7.4　CI/CD

7.4.1　GitLab-CI 基本用法

GitLab 使用 Pipeline 来运行 CI/CD,运行的 Pipeline 如图 7-5 所示。

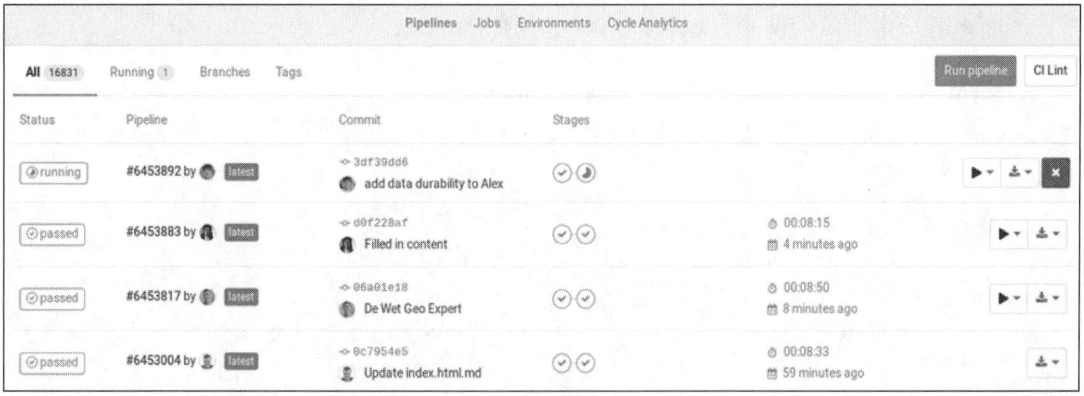

图 7-5

每个 Pipeline 的 Stage 都可以单独查看日志，单击 Stages 下面的那个钩子，可以看到有哪些 Job，再单击 Job 就可以看到任务的运行日志。Job 运行日志如图 7-6 所示。

图 7-6

如果要使用 Pipeline，那么只需要在项目的根目录中添加一个.gitlab-ci.yml 文件。这个文件是一个描述性文件，需要遵守 GitLab 自定义的关键字。

在介绍该文件的编写之前，首先认识一个概念：Stage。关于 Stage 的中文意思，我更愿意把它称为阶段。在一个 Stage 中，我们会执行多个脚本或者命令，以完成一组特定的工作，如编译构建。默认情况下，GitLab 内置了 3 个 Stage，分别是 Build、Test、Deploy。当然，我们可以通过 stages 关键字在.gitlab-ci.yml 文件中自定义。

下面查看一个简单的例子,如代码清单 7-1 所示。

代码清单 7-1　　　　　　　　　　.gitlab-ci.yml 文件

```yaml
stages:
  - build_test
  - run_test
  - collect_report

build_test_job:
  stage: build_test
  tags:
    - ci-run
  script:
    - echo "hello, now building..."

run_test1_job:
  stage: run_test
  tags:
    - ci-run
  script:
    - echo "hello, now running test1..."

run_test2_job:
  stage: run_test
  tags:
    - ci-run
  script:
    - echo "hello, now running test2..."

collect_report_job:
  stage: collect_report
  tags:
    - ci-run
  script:
    - echo "hello, now collecting report..."
```

在代码清单 7-1 中,我们定义了 3 个具备先后顺序的 Stage,分别是 build_test、run_test、collect_report。

之后定义了 4 个 Job,分别是 build_test_job、run_test1_job、run_test2_job、collect_report_job。Job 的名字是什么其实不重要,只要可读性强就行,关键在于属性 stage: xxxx,该属性用于指定该 Job 属于哪一个 Stage。在 Job 中的 script 属性,用于指定运行的 Shell 脚本。这个例子比较简单,只用了 Shell 的 echo 命令。tags 用于给这个 CI 打标签,这个标签会被注册的 Runner

发现，如果该 Runner 具有该标签，就会来执行这个 Job，反之则不会。简单来说，标签是用来指定执行 Job 的 Runner 的。

下面来看一段比较复杂的构建配置，如代码清单 7-2 所示。

代码清单 7-2　　　　　　　　　较为复杂的 YML 文件

```
services:
  - postgres:9.3
  - redis:latest
before_script:
  - which ssh-agent || if [[ `cat /etc/issue` =~ "Amazon" ]]; then yum install openssh-clients -y;else apt-get update -y && apt-get install openssh-client git -y; fi
  - eval $(ssh-agent -s)
  - echo "$SSH_PRIVATE_KEY_QA" | tr -d '\r' | ssh-add - > /dev/null
  - mkdir -p ~/.ssh
  - chmod 700 ~/.ssh
  - ssh-keyscan gitlab.testops.vip >> ~/.ssh/known_hosts
  - chmod 644 ~/.ssh/known_hosts
  - ([[ -f /.dockerenv ]] && echo -e "Host *\n\tStrictHostKeyChecking no\n\tServerAliveInterval 120\n\n" > ~/.ssh/config)
variables:
  POSTGRES_DB: bookstore
  POSTGRES_USER: postgres
  POSTGRES_PASSWORD: ""
  DB: postgres
  RAILS_ENV: test
  RAKE_ENV: test

stages:
  - build_release
  - test
  - deploy
  - scale_up
  - smoke_test_web
  - test_web
  - scale_down
  - deploy_prod
  - do_precompile_test

use_image_testting:
  image: docker:latest
  stage: do_precompile_test
  cache:
    paths:
```

```yaml
      - ./tmp
      - ./gems
    script:
      - apk add --no-cache curl
      - apk add --update py-pip
      - pip install docker-compose
      - docker-compose -f docker-compose-ci.yml down --remove-orphans
      - docker-compose -f docker-compose-ci.yml build rails
      - docker-compose -f docker-compose-ci.yml build test-google-chrome
      - docker-compose -f docker-compose-ci.yml up --abort-on-container-exit
      - docker rmi $(docker images -f "ready=true" -q) -f 2>/dev/null || true
    tags:
      - docker-privilieged
      - heavy-load
    only:
      - /^test-ciDocker.*/

code_quality:
    image: testops.vip/testops_build:latest
    stage: test
    allow_failure: false
    variables:
      GIT_DEPTH: "100"
    script:
      - ./script/run_pronto.sh
    tags:
      - docker
    when: manual
    except:
      - master
      - /^HFrelease-.*/
      - /^RCrelease-.*/

test_unit:
    image: testops.vip/testops_build:latest
    stage: test
    allow_failure: false
    variables:
      TEST_SUITE: unit
      GIT_DEPTH: "3"
    script:
      - ./script/test_script.sh
    tags:
      - docker
      - heavy-load
```

```yaml
    when: manual
    except:
      - /^HFrelease-.*/
      - /^RCrelease-.*/

test_integration:
  image: testops.vip/testops_build:latest
  stage: test
  allow_failure: false
  variables:
    TEST_SUITE: integration
    GIT_DEPTH: "3"
  script:
    - ./script/test_script.sh
  tags:
    - docker
    - heavy-load
  when: manual
  except:
    - /^HFrelease-.*/
    - /^RCrelease-.*/

##### build and deploy block
build_release:
  stage: build_release
  retry: 2
  variables:
    PRODUCT_NAME: bookstore
    GIT_DEPTH: "3"
  script:
    - ./script/build_script.sh
  artifacts:
    paths:
      - ./target
  tags:
    - docker
  only:
    - /^HFrelease-.*/
    - /^RCrelease-.*/
  except:
    - branches
```

这只是企业实际应用的一部分 Demo，其中展示了一部分 Job 的定义，整个过程使用了很多 Docker。.gitlab-ci.yml 的属性很丰富，GitLab 官网给出的属性清单如表 7-1 所示。

表 7-1

关键字	是否必需	描述
script	是	定义被运行的 Shell 脚本
image	否	使用 Docker 镜像
services	否	使用 Docker 服务
stage	否	定义一项工作（Job）的 stage（默认：test）
type	否	Stage 的别名
variables	否	在工作（Job）级别下定义变量
only	否	定义 Git 的哪些 refs 才会触发该项工作（Job）
except	否	定义 Git 的哪些 refs 不会触发该项工作（Job）
tags	否	定义标签（tags）来选择由哪些运行器来运行
allow_failure	否	允许该任务（Job）可以失败，如果失败，不会影响本次提交
when	否	定义合适运行任务（Job），值可以是 on_success、on_failure、always 或者 manual
dependencies	否	定义是否当前任务（Job）依赖其他任务，依赖的任务间可以传递产出物（artifacts）
artifacts	否	定义任务的产出物（artifacts）
cache	否	定义需要缓存的文件
before_script	否	定义在任务（Job）运行前的脚本
after_script	否	定义在任务（Job）运行后的脚本
environment	否	定义一个部署完成后的环境名称
coverage	否	定义代码覆盖率设置
retry	否	定义当任务运行失败时的重试次数

读者可以根据表 7-1 结合上面的实际案例来快速学习 GitLab 的 CI 配置语法。

7.4.2 CI/CD 实战

现在我们借助一个微服务项目来实现 GitLab 的 CI/CD 功能。首先我们定义一个 CI/CD 流程。

开发人员在 dev 分支上进行开发，不断会有新代码合入 dev 分支，这个分支并不做保护（Protected）处理，每次有代码合入 dev 分支时，都会触发一次持续集成来运行单元测试和代码质量分析，便于开发组长检视成员合入的代码质量。而 master 分支则被保护起来，在 GitLab 中，只有 master 和 Owner 用户可以将代码合入 master 分支。如果开发人员想将 dev 分支的代码合入 master 分支，则需要由开发组长（Team Leader）首先在 dev 分支上创建一个 Merge Request（MR），开发经理（或者版本经理，总之是项目开发的负责人）将评估该 MR 是否可以接受，而评估的依据是根据这个 MR 所触发的 CD 结果。如果有自动化测试的环节，那么也可以加入其中。总之，在一切质量评估合格后，MR 就可以允许合入了。一旦合入 master 分支，测试人员开始对部署的测试环境进行手工测试（功能、非功能）。当测试通过后，可以由版本经理创建一个版本的基线（Tag），将该 Tag 编译打包后就可以交付给运维向生产环境部署。一般来说，生产环境的部署基本是手动触发，很少自动触发，原因请各位读者仔细想想。

这里我们实现 dev 提交和 MR 创建时自动触发的 CI/CD 这一段。我们需要在项目的根目录下创建一个.gitlab-ci.yml 文件，内容如代码清单 7-3 所示。

代码清单 7-3　　　　　　　　演示项目的.gitlab-ci.yml 文件内容

```yaml
stages:
    - quality
    - build
    - deploy-config
    - deploy-discovery
    - deploy-gateway
    - deploy-account
    - deploy-order

account-quality:
    stage: quality
    image: maven:3.6.1-jdk-8
    script:
        - cd account
        - mvn --settings ../setting/settings.xml --batch-mode test sonar:sonar -Dsonar.host.url=${SONAR_HOST_URL} -Dsonar.login=${SONAR_LOGIN} -Dsonar.gitlab.project_id=$CI_PROJECT_ID
    tags:
        - testops-docker-ci
    only:
        refs:
            - dev
        changes:
            - account/**/*

order-quality:
    stage: quality
    image: maven:3.6.1-jdk-8
    script:
        - cd order
        - mvn --settings ../setting/settings.xml --batch-mode test sonar:sonar -Dsonar.host.url=${SONAR_HOST_URL} -Dsonar.login=${SONAR_LOGIN} -Dsonar.gitlab.project_id=$CI_PROJECT_ID
    tags:
        - testops-docker-ci
```

```yaml
      only:
        refs:
          - dev
        changes:
          - order/**/*

build-config-service:
    stage: build
    image: maven:3.6.1-jdk-8
    script:
        - cd config
        - mvn package --settings ../setting/settings.xml
        - mv target/config*.jar target/config.jar
    artifacts:
        paths:
            - config/target/config.jar

    tags:
        - testops-docker-ci
    only:
        refs:
            - merge_requests
        changes:
            - config/**/*

deploy-config-service:
    image: ubuntu:18.04
    stage: deploy-config

    before_script:
        - 'which ssh-agent || ( apt-get update -y && apt-get install openssh-client -y )'
        - eval $(ssh-agent -s)
        - echo "$SSH_PRIVATE_KEY" | tr -d '\r' | ssh-add - > /dev/null
        - mkdir -p ~/.ssh
        - chmod 700 ~/.ssh
        - ssh-keyscan ${DEPLOY_HOST} >> ~/.ssh/known_hosts
        - chmod 644 ~/.ssh/known_hosts
    script:
        - ls config/target/*
        - scp config/target/config.jar root@${DEPLOY_HOST}:/root/microservices/config.jar
        - bash ./script/deploy.sh -h"${DEPLOY_HOST}" -f"config"
    dependencies:
        - build-config-service
    tags:
        - testops-docker-ci
    only:
```

```yaml
            refs:
                - merge_requests
            changes:
                - config/**/*

build-discovery-service:
    stage: build
    image: maven:3.6.1-jdk-8
    script:
        - cd discovery
        - mvn package --settings ../setting/settings.xml
        - mv target/discovery*.jar target/discovery.jar
    artifacts:
        paths:
            - discovery/target/discovery.jar

    tags:
        - testops-docker-ci
    only:
        refs:
            - merge_requests
        changes:
            - discovery/**/*

deploy-discovery-service:
    image: ubuntu:18.04
    stage: deploy-discovery

    before_script:
        - 'which ssh-agent || ( apt-get update -y && apt-get install openssh-client -y )'
        - eval $(ssh-agent -s)
        - echo "$SSH_PRIVATE_KEY" | tr -d '\r' | ssh-add - > /dev/null
        - mkdir -p ~/.ssh
        - chmod 700 ~/.ssh
        - ssh-keyscan ${DEPLOY_HOST} >> ~/.ssh/known_hosts
        - chmod 644 ~/.ssh/known_hosts
    script:
        - ls discovery/target/*
        - scp discovery/target/discovery.jar root@${DEPLOY_HOST}:/root/microservices/discovery.jar
        - bash ./script/deploy.sh -h"${DEPLOY_HOST}" -f"discovery" -a"-Dspring.cloud.config.uri=${CONFIG_URL} -Dspring.cloud.config.profile=dev"
    dependencies:
        - build-discovery-service
    tags:
        - testops-docker-ci
```

```yaml
        only:
            refs:
                - merge_requests
            changes:
                - discovery/**/*

    build-gateway-service:
        stage: build
        image: maven:3.6.1-jdk-8

        script:
            - cd gateway
            - mvn package --settings ../setting/settings.xml
            - mv target/gateway*.jar target/gateway.jar
        artifacts:
            paths:
                - gateway/target/gateway.jar

        tags:
            - testops-docker-ci
        only:
            refs:
                - merge_requests
            changes:
                - gateway/**/*

    deploy-gateway-service:
        image: ubuntu:18.04
        stage: deploy-gateway

        before_script:
            - 'which ssh-agent || ( apt-get update -y && apt-get install openssh-client -y )'
            - eval $(ssh-agent -s)
            - echo "$SSH_PRIVATE_KEY" | tr -d '\r' | ssh-add - > /dev/null
            - mkdir -p ~/.ssh
            - chmod 700 ~/.ssh
            - ssh-keyscan ${DEPLOY_HOST} >> ~/.ssh/known_hosts
            - chmod 644 ~/.ssh/known_hosts
        script:
            - ls gateway/target/*
            - scp gateway/target/gateway.jar root@${DEPLOY_HOST}:/root/microservices/gateway.jar
            - bash ./script/deploy.sh -h"${DEPLOY_HOST}" -f"gateway" -a"-Dspring.cloud.config.uri=${CONFIG_URL} -Dspring.cloud.config.profile=dev -DEUREKA_URL=${EUREKA_URL}"
        dependencies:
            - build-gateway-service
        tags:
```

```yaml
        - testops-docker-ci
    only:
        refs:
            - merge_requests
        changes:
            - gateway/**/*

build-account-service:
    stage: build
    image: maven:3.6.1-jdk-8

    script:
        - cd account
        - mvn package --settings ../setting/settings.xml
        - mv target/account*.jar target/account.jar
    artifacts:
        paths:
            - account/target/account.jar

    tags:
        - testops-docker-ci
    only:
        refs:
            - merge_requests
        changes:
            - account/**/*

deploy-account-service:
    stage: deploy-account
    image: ubuntu:18.04

    before_script:
        - 'which ssh-agent || ( apt-get update -y && apt-get install openssh-client -y )'
        - eval $(ssh-agent -s)
        - echo "$SSH_PRIVATE_KEY" | tr -d '\r' | ssh-add - > /dev/null
        - mkdir -p ~/.ssh
        - chmod 700 ~/.ssh
        - ssh-keyscan ${DEPLOY_HOST} >> ~/.ssh/known_hosts
        - chmod 644 ~/.ssh/known_hosts
    script:
        - ls account/target/*
        - scp account/target/account.jar root@${DEPLOY_HOST}:/root/microservices/account.jar
        - bash ./script/deploy.sh -h"${DEPLOY_HOST}" -f"account" -a"-DREDIS_HOST=${REDIS_HOST} -DREDIS_PORT=${REDIS_PORT} -Dspring.cloud.config.uri=${CONFIG_URL} -Dspring.cloud.config.profile=dev -DEUREKA_URL=${EUREKA_URL}"
    dependencies:
```

```yaml
        - build-account-service
      tags:
        - testops-docker-ci
      only:
        refs:
          - merge_requests
        changes:
          - account/**/*

build-order-service:
    stage: build
    image: maven:3.6.1-jdk-8

    script:
      - cd order
      - mvn package --settings ../setting/settings.xml
      - mv target/order*.jar target/order.jar
    artifacts:
      paths:
        - order/target/order.jar

    tags:
      - testops-docker-ci
    only:
      refs:
        - merge_requests
      changes:
        - order/**/*

deploy-order-service:
    stage: deploy-order
    image: ubuntu:18.04

    before_script:
      - 'which ssh-agent || ( apt-get update -y && apt-get install openssh-client -y )'
      - eval $(ssh-agent -s)
      - echo "$SSH_PRIVATE_KEY" | tr -d '\r' | ssh-add - > /dev/null
      - mkdir -p ~/.ssh
      - chmod 700 ~/.ssh
      - ssh-keyscan ${DEPLOY_HOST} >> ~/.ssh/known_hosts
      - chmod 644 ~/.ssh/known_hosts
    script:
      - ls order/target/*
      - scp order/target/order.jar root@${DEPLOY_HOST}:/root/microservices/order.jar
      - bash ./script/deploy.sh -h"${DEPLOY_HOST}" -f"order" -a"-DREDIS_HOST=${REDIS_HOST} -DREDIS_PORT=${REDIS_PORT} -Dspring.cloud.config.uri=${CONFIG_URL} -Dspring.cloud.config.
```

```
profile=dev -Dicofee.auth-server-url=${AUTH_SERVER_URL} -Dicoffee.auth-server-port=${AUTH_
SERVER_PORT} -DEUREKA_URL=${EUREKA_URL}"
      dependencies:
          - build-order-service
      tags:
          - testops-docker-ci
      only:
          refs:
              - merge_requests
          changes:
              - order/**/*
```

这个CI脚本已经包含了我们之前提到的CI和CD的全部内容，仔细阅读脚本，可以看到一共定义了3种类型的Stages。

- quality。
- build。
- deploy。

quality在dev分支有新代码合入时触发，主要进行模块的单元测试和质量静态检查，检查的结果将会直接显示在GitLab中，而Readme中也会由徽章（Badges）来显示。如何显示徽章不在我们的描述范围内，有兴趣的读者可以直接在Readme的源代码中看到Badges的语法。

现在我们对代码做一些修改，然后提交到dev分支。这时，可以在项目的Pipelines页面中看到有一个Pipeline已经启动了，并且可以单击每一个Stage看到Job，单击进入Job后可以看到Job的运行详情。Job运行日志如图7-7所示。

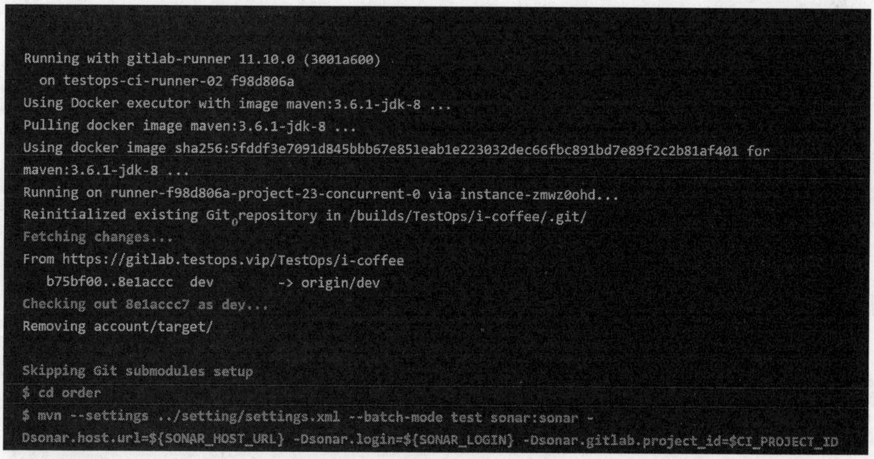

```
Running with gitlab-runner 11.10.0 (3001a600)
  on testops-ci-runner-02 f98d806a
Using Docker executor with image maven:3.6.1-jdk-8 ...
Pulling docker image maven:3.6.1-jdk-8 ...
Using docker image sha256:5fddf3e7091d845bbb67e851eab1e223032dec66fbc891bd7e89f2c2b81af401 for
maven:3.6.1-jdk-8 ...
Running on runner-f98d806a-project-23-concurrent-0 via instance-zmwz0ohd...
Reinitialized existing Git repository in /builds/TestOps/i-coffee/.git/
Fetching changes...
From https://gitlab.testops.vip/TestOps/i-coffee
   b75bf00..8e1accc  dev        -> origin/dev
Checking out 8e1accc7 as dev...
Removing account/target/

Skipping Git submodules setup
$ cd order
$ mvn --settings ../setting/settings.xml --batch-mode test sonar:sonar -
Dsonar.host.url=${SONAR_HOST_URL} -Dsonar.login=${SONAR_LOGIN} -Dsonar.gitlab.project_id=$CI_PROJECT_ID
```

图7-7

当看到任务成功后，我们可以在 sonarQube 平台上看到模块的质量情况，生成的报告如图 7-8 所示。

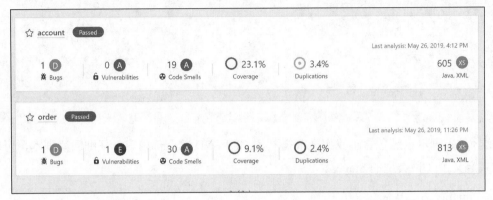

图 7-8

然后，我们从 dev 分支创建一个 MR，按模板创建的 MR 如图 7-9 所示。

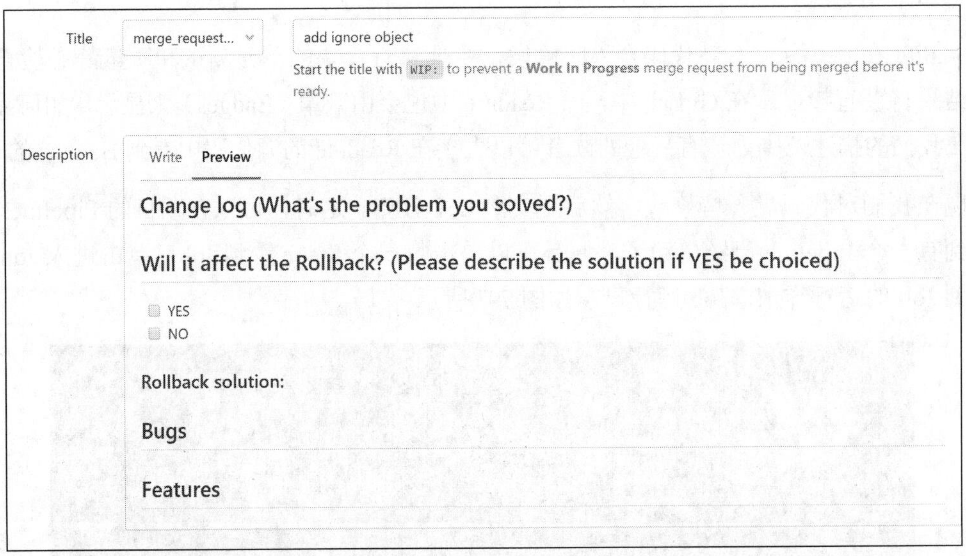

图 7-9

我们需要填入标题，描述中需要说明本次的 Change log，以及是否会影响回归、回滚方案。另外，本次合入需要说明修复的 Bug 和新增的特性，可以在此处贴上 Bug 的链接和新特性的链接，方便审核人员查看。当然，这个描述是使用的模板，模板使用 Markdown 文档格式，需要存放在项目的根目录下的.gitlab/merge_request_templates 目录下，公司可以根据自己的需要来定制 MR 的模板。

填写完 MR 的描述后，选定审核人，就可以提交了。此时的审核人会收到邮件通知——有一则 MR 需要处理。审核人进入 MR 页面后，可以看到相关选择。MR 审核页面如图 7-10 所示。

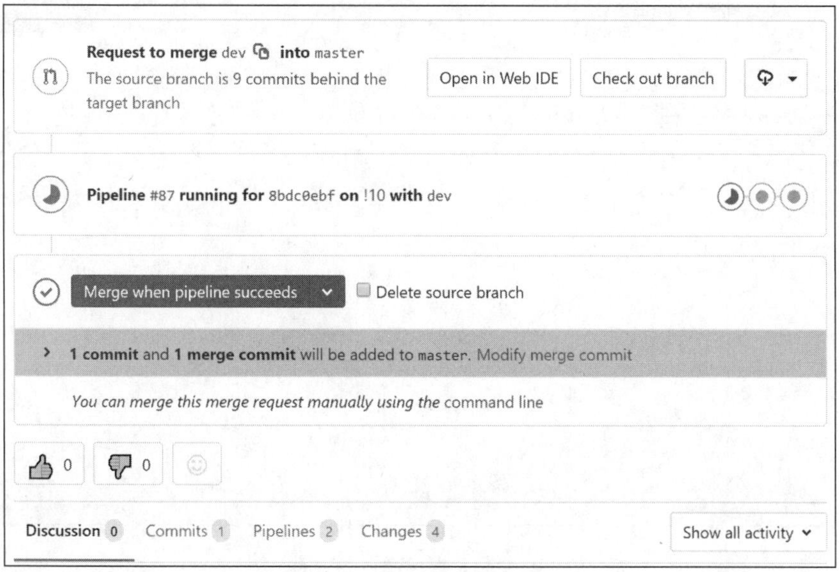

图 7-10

在审核页面中，可以看到 MR 的描述以及 dev 合入 master 时的变更代码，如果此时触发了 Pipeline，还能看到 Pipeline 正在运行。可以选择等待 Pipeline 成功后手工合入，也可以选择 Pipeline 成功后自动合入。

CD 的 Figure Pipeline 详情如图 7-11 所示。

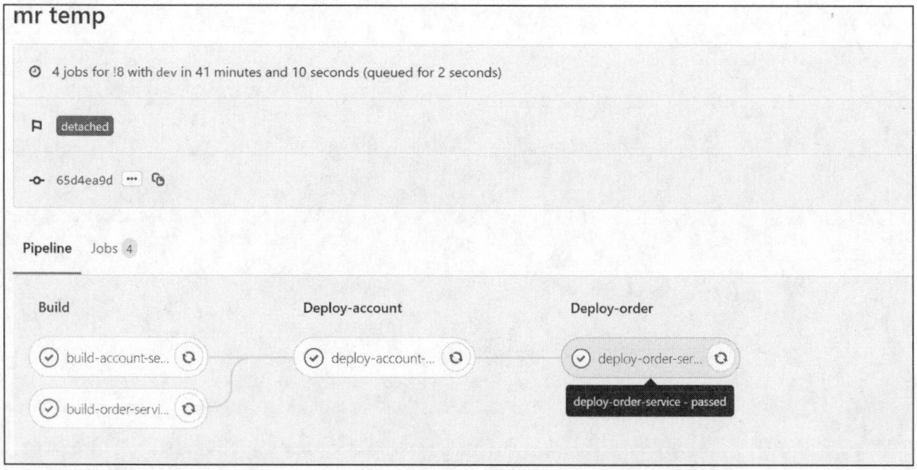

图 7-11

部署是否成功？现在让我们用 Postman 来测试一下。Postman 测试如图 7-12 所示。

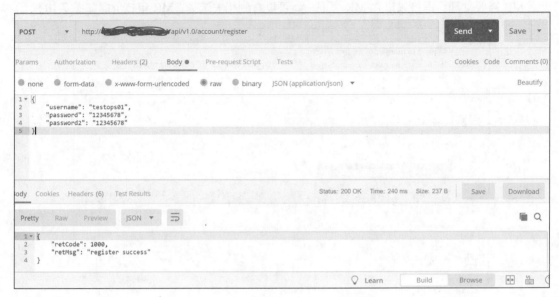

图 7-12

可以看到，account 服务成功部署在测试环境中，并等待测试，说明我们的 CD 过程也成功了。

总的来说，GitLab 的 CI/CD 实现是比较容易的，相对于 Jenkins，GitLab 的 Pipeline 更轻量级，虽然没有丰富的插件支持，只能做命令行的处理，但比较适合中小体量的公司进行持续集成的落地。

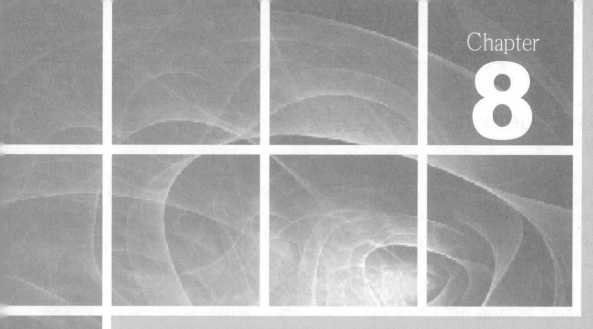

第 8 章

Jenkins

8.1 Jenkins 的持续集成

对于大部分的企业来说，Jenkins 依然是实现持续集成的首选，那么为何不选择 GitLab-CI 呢？正如在 GitLab-CI 中说的，GitLab-CI 比较简单，插件也较少，基本要靠脚本来完成，而 Jenkins 上的功能要强大得多，因此，大部分企业从易用性和可扩展性上来考虑，还是选择了 Jenkins。另外，国内企业接触 Jenkins 更早，对其更熟悉，而对近几年才兴起的 GitLab-CI 不太熟悉。

相信大部分读者对 Jenkins 并不陌生。从 Jenkins 2.X 开始，Jenkins 加入了 Pipeline 的支持，并增加了 BlueOcean 界面，来更好地展示 Pipeline。对于这个特性，并不是很多人熟悉。而在这一章，我们将会使用 Jenkins Pipeline 来实现我们的 CI/CD。

8.2 什么是 Jenkins Pipeline

Jenkins Pipeline 定义了两种语法结构来提供对 CI/CD 的支持，分别是申明式语法（Declarative Pipeline）和脚本式语法（Scripted Pipeline）。与原来的自由风格的任务模式相比，Pipeline 任务提供了更清晰的步骤展示，并且因为有众多的插件支持，所以 Pipeline 能定义丰富多样的操作。

8.3 Jenkins Pipeline 实战

8.3.1 安装 Jenkins

要使用 Pipeline，首先要安装 Jenkins 2.X 及以上版本。关于 Jenkins 的安装，网络上的介绍也很多，这里使用其中的 WAR 包安装方式。

首先从 Jenkins 官网下载 WAR 包（这里我们下载的是长期支持版 LTS 2.176.2）。我们在一台 Linux 服务器上（这里我们使用 CentOS 7.X 版本）安装好 Tomcat（使用的是 Tomcat 8.0，关于 Tomcat 的安装，不在此处赘述），然后只需要将 WAR 包放到 Tomcat 目录的 webapps 目录下就可以了，Tomcat 启动后将会自动部署 Jenkins 的 WAR 包。

这时可以在浏览器中访问 http://your-server-ip:8080/jenkins，就可以看到 Jenkins 的安装界面。

首次登录，需要输入管理员初始密码。管理员初始密码由 Jenkins 在部署过程中随机生成，存放在服务器的当前用户的目录下（$userhome/.jenkins/secrets/initialAdminPassword）。

为了能够使用 Jenkins 的 Pipeline 功能，需要选择对应的插件。

- Pipeline。
- BlueOcean。
- Sonar Quality Gates Plugin。
- GitLab Plugin。

其他的默认安装即可。

8.3.2 定义 CI/CD 流程

与 GitLab-CI 中的实战一样，我们也要先定义一个 CI/CD 流程来实现。类似地，我们也分成提交时的代码质量扫描，以及 Merge 到测试分支时的编译发布和自动化测试这两个流程。

在本地开发时，完成一个特性开发后，可以将代码 Push 到 dev 分支，为了和 GitLab-CI 中的实战区别，取名为 dev-jenkins 分支。这个 Push 会触发代码本身的单元测试和代码质量扫描。当需要发布到测试环境时，需要从 dev-jenkins 分支创建 MR，向 test-jenkins 请求合入。这个 MR 会触发一个 CI/CD 操作，首先是编译后构建成 Docker，然后将 Docker 推入公司的 Registry 私服，随后进行自动化测试环境的部署，将最新的 Docker 部署到自动化测试环境中。这些步骤成功后，API 自动化测试会启动，以检验这次提交测试的版本是否稳定，是否影响已有功能。如果通过自动化测试，则可以接受 MR，合入 test-jenkins 分支，并发布到测试环境中。

至于测试通过后打基线、发布到生产环境等环节，我们在此就不赘述了，操作和前面的相似。当然，每个公司定义的流程都不一样，我们此处只是定义了一个比较常见和通用的流程。如果读者使用过 Jenkins 的自由风格的软件项目任务，那么理解这些操作会更容易一些。

8.3.3 多分支 Pipeline 任务

Jenkins 的 Pipeline 有两种任务模式：一种是普通 Pipeline，另一种是多分支 Pipeline。顾名思义，多分支 Pipeline 就是支持不同分支触发不同的任务，有点类似于 GitLab-CI 的方式。

这里我们采用多分支 Pipeline 的方式实现第一个 CI 任务——当开发人员每次提交代码时，都会触发单元测试和代码质量扫描。

首先在 Jenkins 中新建一个多分支 Pipeline 任务。多分支 Pipeline 如图 8-1 所示。

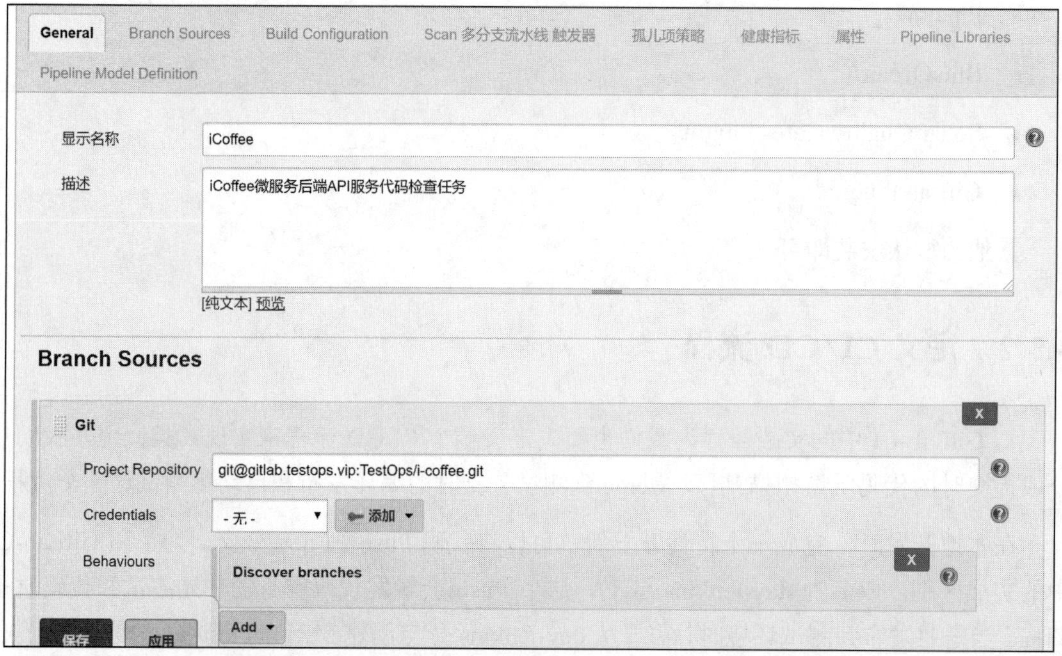

图 8-1

注意，这里配置了 Git 地址，如果要成功连接 GitLab 服务器，就需要 Jenkins 所在的服务器的当前用户将 SSH 公钥保存到 GitLab 对应的项目中。

其他的不需要配置，直接保存该任务。因为多分支 Pipeline 要求指向配置管理库中的 Jenkinsfile 文件来执行任务，所以在 Jenkins 任务配置中没有任何需要配置的步骤。

接下来，我们为微服务项目新建一个 dev-jenkins 分支，并在项目的根目录下新建 Jenkinsfile 文件（注意字母 J 大写），如代码清单 8-1 所示。

代码清单 8-1　　　　　　　　　Jenkinsfile 文件

```
pipeline {

    agent none

    triggers {
        gitlab(
```

```
                triggerOnPush: true
            )
        }

        stages {

            stage('quality-account') {
                agent {
                    docker {
                        image 'maven:3.6.1-jdk-8'
                        args '-v /root/.m2:/root/.m2 -v /root/.sonar:/root/.sonar/'
                    }
                }
                environment {
                    SONAR_HOST_URL = 'https://sonar.testops.vip'
                    SONAR_LOGIN = credentials('sonar_login')
                }
                when {
                    allOf {
                        changelog 'account.*'
                        branch 'dev-jenkins'
                    }

                }
                steps {
                    withSonarQubeEnv("sonarqube"){
                        sh 'cd account; mvn --settings ../setting/settings.xml --batch-mode test sonar:sonar -Dsonar.host.url=${SONAR_HOST_URL} -Dsonar.login=${SONAR_LOGIN}'
                    }
                    timeout(time: 5, unit: 'MINUTES'){
                        script{
                            def qg = waitForQualityGate()
                            if (qg.status != 'OK') {
                                error "Pipeline aborted due to quality gate failure: ${qg.status}"
                            }
                        }
                    }
                }
            }

            stage('quality-order') {
                agent {
                    docker {
                        image 'maven:3.6.1-jdk-8'
                        args '-v /root/.m2:/root/.m2 -v /root/.sonar:/root/.sonar/'
```

```
                    }
                }
                environment {
                    SONAR_HOST_URL = 'https://sonar.testops.vip'
                    SONAR_LOGIN = credentials('sonar_login')
                }
                when {
                    allOf {
                        changelog 'order.*'
                        branch 'dev-jenkins'
                    }

                }
                steps {
                    withSonarQubeEnv("sonarqube") {
                        sh 'cd order; mvn --settings ../setting/settings.xml --batch-mode test sonar:sonar -Dsonar.host.url=${SONAR_HOST_URL} -Dsonar.login=${SONAR_LOGIN}'
                    }
                    timeout(time: 5, unit: 'MINUTES'){
                        script{
                            def qg = waitForQualityGate()
                            if (qg.status != 'OK') {
                                error "Pipeline aborted due to quality gate failure: ${qg.status}"
                            }
                        }
                    }
                }
            }
        }
    }
}
```

Jenkins Pipeline 支持申明式和脚本式两种语法，为了降低读者的上手难度，我们选择使用申明式语法，避免引入 Groovy 脚本。

对于该文件，说明如下：申明式语法必须以 pipeline 开头；agent 节点用于指定在哪个代理上运行下面的步骤，我们在这里写了 none，在下面的具体的 stage 里面指定了 agent；triggers 节点用于指定该脚本何时被触发，这里我们指定了在 GitLab 中有代码 Push 时会触发。

接下来我们定义了两个 Stage，分别为 quality-account 和 quality-order，对应 Account 和 Order 这两个微服务项目模块（因为其他模块并没有实际有效的代码，所以不在此处做代码检查）。在 stage 中，我们指定使用 Docker 作为运行脚本的代理，为了能够构建 Maven 项目，我们指定 docker image 为 Maven 运行环境。在 environment 这一节点，我们指定了两个环境变量（SONAR_HOST_URL 和 SONAR_LOGIN），分别用于保存 SonarQube 的地址和用户登录凭证。因为凭证属于秘密数据，所以不能使用明文方式直接写在 Jenkinsfile 中，而是在使用 Jenkins 的凭证功能时进行保存，并命名为 sonar_login。Jenkins 凭证如图 8-2 所示。

图 8-2

when 节点定义了该 stage 满足什么条件才会执行，不满足则跳过。这里使用了 commit message 的方式来过滤，如果开发人员在写 commit 代码时，commit 注释中写了 account 或者 order 关键字，就会运行对应的 stage。目的在于，如果开发人员仅仅修改了 account 模块的代码，那么仅需要检查 account 模块，没有必要把 order 模块也检查一遍。when 的语法很丰富，不仅仅这一方案可以过滤不同的模块，在后面的语法中我们还会使用其他方案。

在 steps 节点中就是正式的任务执行脚本，我们使用 withSonarQubeEnv 来连接 SonarQube 服务，并在之后使用 waitForQualityGate 方法来等待 SonarQube 返回结果，SonarQube 会根据 quality gate 的设置，返回这次代码扫描的结果是否通过标准，来决定本次构建是否成功。

Jenkinsfile 文件编写完成后，提交到分支上，就可以等待触发了。

我们不妨运行一下，首先在 iCoffee 任务中选择立刻 Scan 多分支 Pipeline。然后修改 account 模块的任意代码，使用 git commit 提交代码时加入 comment:"account changed"，然后 Push 到 GitLab 仓库。这时候我们可以在 Jenkins 中看到 iCoffee 被触发了，并显示了名字 dev-jenkins，这是分支的名字，代表这个分支有任务被触发。为了看得更清晰，我们切换到 Blue Ocean 视图，Blue Ocean iCoffee 流水线任务如图 8-3 所示。

我们在图 8-3 中可以看到这个 Pipeline 有两个 Stage，由于我们提交代码时的注释只带有 account 关键字，因此只有 quality-account 被执行，而另一个 Stage 则被跳过了。构建的状态目前是 Success，下面的则是 Pipeline 的运行日志，可以单击 Stage 来查看每个 Stage 对应的运行日志。Blue Ocean 和 Pipeline 的结合是不是给了你一个全新的 Jenkins 呢？这是较为简单的代码规则检查和单元测试，我们接下来要设计更为复杂的 Pipeline。

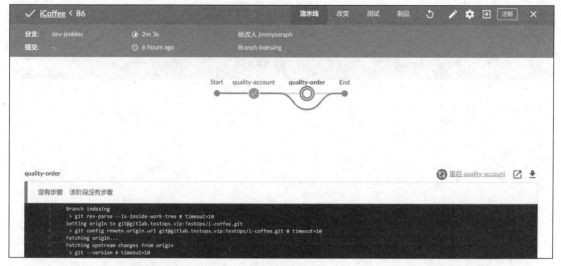

图 8-3

8.3.4　Pipeline 任务进阶

现在我们来完成 CI/CD 流程的第二步，由 MR 触发任务，向自动化测试环境部署。如果要启用 GitLab 的 MR 触发机制，那么必须使用标准 Pipeline 任务，多分支 Pipeline 是不支持的。

首先我们创建一个标准的 Pipeline 任务，设置触发方式为 GitLab 的 MR。Pipeline 任务触发器如图 8-4 所示。

图 8-4

注意，触发器提供了一个 GitLab webhook URL，当 GitLab 向这个 URL 地址发送一个请求时，就会触发这个任务。下面我们需要在 GitLab 中配置这个触发地址。在 GitLab 的 iCoffee

项目中，选择 Settings→Integrations，然后在 URL 中填上触发地址 http://jenkins，用户名为 token@jenkins-ip:8080/jenkins/project/iCoffee_Build，Secret Token 留空不用填，Trigger 勾选 Merge request events。单击保存，我们的 MR 触发就设置好了。

接下来，我们要写 Pipeline 代码了，流水线脚本如图 8-5 所示。

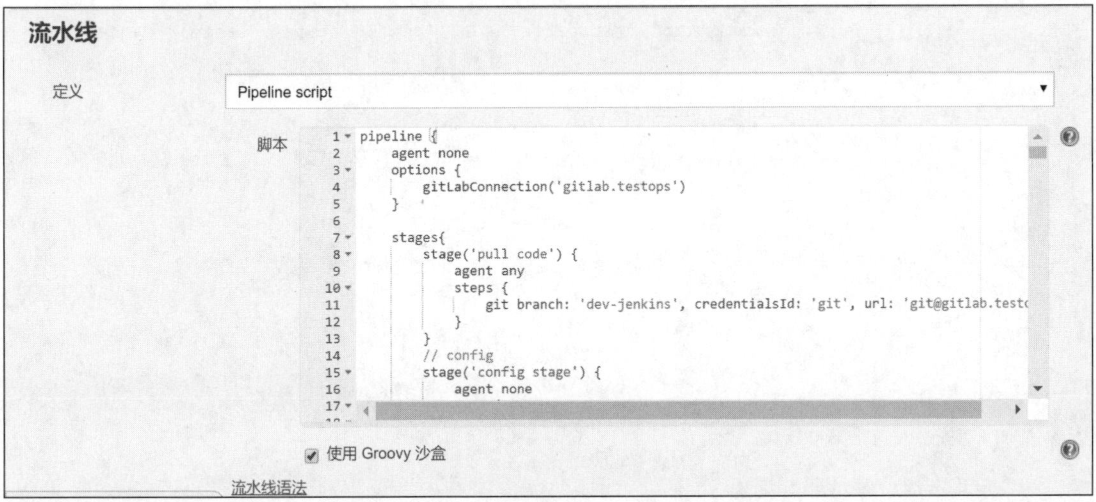

图 8-5

单流水线 Pipeline 脚本如代码清单 8-2 所示。

代码清单 8-2　　　　　　　　　单流水线 Pipeline 脚本

```
pipeline {
    agent none
    options {
        gitLabConnection('gitlab.testops')
    }

    stages{
        stage('pull code') {
            agent any
            steps {
                git branch: 'dev-jenkins', credentialsId: 'git', url: 'git@gitlab.testops.
                vip:TestOps/i-coffee.git'
            }
        }
        // config
        stage('config stage') {
            agent none
            post {
```

```
            failure {
                updateGitlabCommitStatus name: 'config stage', state: 'failed'
            }
            success {
                updateGitlabCommitStatus name: 'config stage', state: 'success'
            }
            aborted {
                updateGitlabCommitStatus name: 'config stage', state: 'canceled'
            }
    }
    when {
        changeset 'config/**/*.java'
    }
    stages {
        stage('build config') {
            agent {
                docker {
                    image 'maven:3.6.1-jdk-8'
                    args '-v /root/.m2:/root/.m2'
                }
            }
            steps {
                updateGitlabCommitStatus name: 'config stage', state: 'running'
                sh 'cd config; mvn --settings ../setting/settings.xml clean package'
                sh 'cd config/target; mv config*.jar config.jar'
            }
        }
        stage('build config image') {
            agent any
            steps {
                sh 'mv config/target/config.jar docker/config/'
                sh 'cd docker/config; docker build -t docker.testops.vip:5000/icoffee-config:v0.1 .'
                echo 'build image success'
                sh 'docker push docker.testops.vip:5000/icoffee-config:v0.1'
                echo 'push image success, delete temporary image in local'
                sh 'docker rmi docker.testops.vip:5000/icoffee-config:v0.1'
            }
        }
        stage('deploy config'){
            agent any
            environment {
                GIT_CREDS = credentials('git-user-pwd')
            }
            steps {
```

```
                        echo 'check if container is running'
                        sh returnStatus: true, script:'service=$(docker ps -f name=config |
grep config); if [ "$service" != "" ]; then docker stop config-test-service;else echo "not
running"; fi'
                        echo "remove container if exists"
                        sh returnStatus: true, script:'container=$(docker ps -af name=
config | grep config); if [ "$container" != "" ]; then docker rm config-test-service; else
echo "not exists" ;fi'
                        echo "start config service"
                        sh 'docker run -d --name config-test-service -p 10001:10001 -e
GIT_USERNAME="${GIT_CREDS_USR}" -e GIT_PASSWORD="${GIT_CREDS_PSW}" docker.testops.vip:5000/
icoffee-config:v0.1'
                    }
                }
            }
        }

        // discovery
        stage('discovery stage') {
            agent none
            when {
                changeset 'discovery/**/*.java'
            }
            post {
                failure {
                    updateGitlabCommitStatus name: 'discovery stage', state: 'failed'
                }
                success {
                    updateGitlabCommitStatus name: 'discovery stage', state: 'success'
                }
                aborted {
                    updateGitlabCommitStatus name: 'discovery stage', state: 'canceled'
                }
            }
            stages {
                stage('build discovery') {
                    agent {
                        docker {
                            image 'maven:3.6.1-jdk-8'
                            args '-v /root/.m2:/root/.m2'
                        }
                    }
                    steps {
                        updateGitlabCommitStatus name: 'discovery stage', state: 'running'
                        sh 'cd discovery; mvn --settings ../setting/settings.xml clean package'
```

```
                    sh 'cd discovery/target; mv discovery*.jar discovery.jar'
                }
            }
            stage('build discovery image') {
                agent any
                steps {
                    sh 'mv discovery/target/discovery.jar docker/discovery/'
                    sh 'cd docker/discovery; docker build -t docker.testops.vip:5000/
                    icoffee-discovery:v0.1 .'
                    echo 'build image success'
                    sh 'docker push docker.testops.vip:5000/icoffee-discovery:v0.1'
                    echo 'push image success, delete temporary image in local'
                    sh 'docker rmi docker.testops.vip:5000/icoffee-discovery:v0.1'
                }
            }
            stage('deploy discovery'){
                agent any
                environment {
                    CONFIG_URL = 'http://47.111.130.216:10001'
                }
                steps {
                    echo 'check if container is running'
                    sh returnStatus: true, script:'service=$(docker ps -f name=discovery | grep discovery); if [ "$service" != "" ]; then docker stop discovery-test-service; else echo "not running"; fi'
                    echo "remove container if exists"
                    sh returnStatus: true, script:'container=$(docker ps -af name=discovery | grep discovery); if [ "$container" != "" ]; then docker rm discovery-test-service; else echo "not exists" ;fi'
                    echo "start discovery service"
                    sh 'docker run -d --name discovery-test-service -p 10002:10002 -e CONFIG_URL="${CONFIG_URL}" docker.testops.vip:5000/icoffee-discovery:v0.1'
                }
            }
        }
    }

    // gateway
    stage('gateway stage') {
        agent none
        when {
            changeset 'gateway/**/*.java'
        }
        post {
            failure {
```

```
                    updateGitlabCommitStatus name: 'gateway stage', state: 'failed'
                }
                success {
                    updateGitlabCommitStatus name: 'gateway stage', state: 'success'
                }
                aborted {
                    updateGitlabCommitStatus name: 'gateway stage', state: 'canceled'
                }
            }
            stages {
                stage('build gateway') {
                    agent {
                        docker {
                            image 'maven:3.6.1-jdk-8'
                            args '-v /root/.m2:/root/.m2'
                        }
                    }
                    steps {
                        updateGitlabCommitStatus name: 'gateway stage', state: 'running'
                        sh 'cd gateway; mvn --settings ../setting/settings.xml clean package'
                        sh 'cd gateway/target; mv gateway*.jar gateway.jar'
                    }
                }
                stage('build gateway image') {
                    agent any
                    steps {
                        sh 'mv gateway/target/gateway.jar docker/gateway/'
                        sh 'cd docker/gateway; docker build -t docker.testops.vip:5000/
                            icoffee-gateway:v0.1 .'
                        echo 'build image success'
                        sh 'docker push docker.testops.vip:5000/icoffee-gateway:v0.1'
                        echo 'push image success, delete temporary image in local'
                        sh 'docker rmi docker.testops.vip:5000/icoffee-gateway:v0.1'
                    }
                }
                stage('deploy gateway'){
                    agent any
                    environment {
                        CONFIG_URL = 'http://47.111.130.216:10001'
                        EUREKA_URL = '47.111.130.216:10002'
                    }
                    steps {
                        echo 'check if container is running'
                        sh returnStatus: true, script:'service=$(docker ps -f name=
gateway | grep gateway); if [ "$service" != "" ]; then docker stop gateway-test-service;else
```

```
echo "not running"; fi'
                        echo "remove container if exists"
                        sh returnStatus: true, script:'container=$(docker ps -af name=
gateway | grep gateway); if [ "$container" != "" ]; then docker rm gateway-test-service;
else echo "not exists" ;fi'
                        echo "start gateway service"
                        sh 'docker run -d --name gateway-test-service -p 20000:20000 -e
CONFIG_URL="${CONFIG_URL}" -e EUREKA="${EUREKA_URL}" docker.testops.vip:5000/icoffee-gateway:v0.1'
                    }
                }
            }
        }

        // account
        stage('account stage') {
            agent none
            when {
                changeset 'account/**/*.java'
            }
            post {
                failure {
                    updateGitlabCommitStatus name: 'account stage', state: 'failed'
                }
                success {
                    updateGitlabCommitStatus name: 'account stage', state: 'success'
                }
                aborted {
                    updateGitlabCommitStatus name: 'account stage', state: 'canceled'
                }
            }
            stages {
                stage('build account') {
                    agent {
                        docker {
                            image 'maven:3.6.1-jdk-8'
                            args '-v /root/.m2:/root/.m2'
                        }
                    }
                    steps {
                        updateGitlabCommitStatus name: 'account stage', state: 'running'
                        sh 'cd account; mvn --settings ../setting/settings.xml clean package'
                        sh 'cd account/target; mv account*.jar account.jar'
                    }
                }
                stage('build account image') {
```

```
            agent any
            steps {
                sh 'mv account/target/account.jar docker/account/'
                sh 'cd docker/account; docker build -t docker.testops.vip:5000/
                icoffee-account:v0.1 .'
                echo 'build image success'
                sh 'docker push docker.testops.vip:5000/icoffee-account:v0.1'
                echo 'push image success, delete temporary image in local'
                sh 'docker rmi docker.testops.vip:5000/icoffee-account:v0.1'
            }
        }
        stage('deploy account'){
            agent any
            environment {
                CONFIG_URL = 'http://47.111.130.216:10001'
                EUREKA_URL = '47.111.130.216:10002'
                REDIS_HOST = '47.111.130.216'
                REDIS_PORT = '6379'
            }
            steps {
                echo 'check if container is running'
                sh returnStatus: true, script:'service=$(docker ps -f name=account | grep account); if [ "$service" != "" ]; then docker stop account-test-service;else echo "not running"; fi'
                echo "remove container if exists"
                sh returnStatus: true, script:'container=$(docker ps -af name=account | grep account); if [ "$container" != "" ]; then docker rm account-test-service; else echo "not exists" ;fi'
                echo "start account service"
                sh 'docker run -d --name account-test-service -p 10003:10003 -e CONFIG_URL="${CONFIG_URL}" -e EUREKA="${EUREKA_URL}" -e REDIS_H="${REDIS_HOST}" -e REDIS_P="${REDIS_PORT}" docker.testops.vip:5000/icoffee-account:v0.1'
            }
        }
    }
}

// order
stage('order stage') {
    agent none
    when {
        changeset 'order/**/*.java'
    }
    post {
        failure {
```

```
                updateGitlabCommitStatus name: 'order stage', state: 'failed'
            }
            success {
                updateGitlabCommitStatus name: 'order stage', state: 'success'
            }
            aborted {
                updateGitlabCommitStatus name: 'order stage', state: 'canceled'
            }
        }
        stages {
            stage('build order') {
                agent {
                    docker {
                        image 'maven:3.6.1-jdk-8'
                        args '-v /root/.m2:/root/.m2'
                    }
                }
                steps {
                    updateGitlabCommitStatus name: 'order stage', state: 'running'
                    sh 'cd order; mvn --settings ../setting/settings.xml clean package'
                    sh 'cd order/target; mv order*.jar order.jar'
                }
            }
            stage('build order image') {
                agent any
                steps {
                    sh 'mv order/target/order.jar docker/order/'
                    sh 'cd docker/order; docker build -t docker.testops.vip:5000/icoffee-order:v0.1 .'
                    echo 'build image success'
                    sh 'docker push docker.testops.vip:5000/icoffee-order:v0.1'
                    echo 'push image success, delete temporary image in local'
                    sh 'docker rmi docker.testops.vip:5000/icoffee-order:v0.1'
                }
            }
            stage('deploy order'){
                agent any
                environment {
                    CONFIG_URL = 'http://47.111.130.216:10001'
                    EUREKA_URL = '47.111.130.216:10002'
                    REDIS_HOST = '47.111.130.216'
                    REDIS_PORT = '6379'
                    AUTH_SERVER_URL = '47.111.130.216'
                    AUTH_SERVER_PORT = '10003'
                }
```

```
                        steps {
                            echo 'check if container is running'
                            sh returnStatus: true, script:'service=$(docker ps -f name=order | grep order); if [ "$service" != "" ]; then docker stop order-test-service;else echo "not running"; fi'
                            echo "remove container if exists"
                            sh returnStatus: true, script:'container=$(docker ps -af name=order | grep order); if [ "$container" != "" ]; then docker rm order-test-service; else echo "not exists" ;fi'
                            echo "start order service"
                            sh 'docker run -d --name order-test-service -p 10004:10004 -e CONFIG_URL="${CONFIG_URL}" -e EUREKA="${EUREKA_URL}" -e REDIS_H="${REDIS_HOST}" -e REDIS_P="${REDIS_PORT}" -e AUTH_URL="${AUTH_SERVER_URL}" -e AUTH_PORT="${AUTH_SERVER_PORT}" docker.testops.vip:5000/icoffee-order:v0.1'
                        }
                    }
                }
            }
        }
    }
}
```

这段脚本相对较长，但是如果读者要真正掌握 Pipeline 语法，这段脚本需要仔细阅读。这段脚本总共包括 5 个处理微服务的模块，每个微服务模块都分成构建 JAR 包、构建 docker image、部署自动化测试环境这 3 个子 stage。这里通过 when 条件判断对应模块目录中是否有 Java 代码变更，有 Java 代码变更才会执行该模块 stage。

我们以第一个模块（config）为例，来说明这段脚本。其对应的 3 个子 stage 分别是 build config、build config image、deploy config。

在 config 模块 stage 中，使用 post 节点定义这一 stage 成功、失败、挂起这 3 种状态，向 GitLab 的 MR 推送一条注释消息，并推送一个构建状态。例如，updateGitlabCommitStatus name: 'config stage', state: 'success'，其中 name 参数代表的是推送给 GitLab 的当前构建 stage 的名字，state 参数表示该 stage 的状态。when 节点使用 changeset 定义了在 config 模块目录下，任何.java 文件如果变更，则为 true。

build config 这一 stage 仅仅是调用 mvn 命令进行模块构建，来生成 JAR 包，然后将 JAR 包命名为 config.jar。

build config image 这一 stage 负责构建一个 image。这里使用了纯粹的 Linux 系统的 Shell 命令，因此，当前的 Linux 系统一定要安装 Docker（Docker 的安装不在此介绍）。构建 docker image 需要有 Dockerfile 描述文件，我们在项目的根目录下新建一个 docker 目录，将 Dockerfile 文件放入其 config 子目录，结构如图 8-6 所示。

图 8-6

config 中的 Dockerfile 文件内容如代码清单 8-3 所示。

代码清单 8-3　　　　　　　　　　Dockerfile 文件内容

```
FROM openjdk:8

RUN mkdir /opt/microservice

COPY config.jar /opt/microservice/

WORKDIR /opt/microservice

ENV GIT_USERNAME 1
ENV GIT_PASSWORD 1

CMD ["java", "-jar", "-Dgitusr=${GIT_USERNAME}", "-Dgitpwd=${GIT_PASSWORD}", "config.jar"]

EXPOSE 10001
```

关于 Dockerfile 的具体语法，请读者自行在 Docker 官网的 Documentation 中进行学习，此处不再赘述。

build config image 这一 stage 中首先将编译好的 config.jar 移动到 docker/config 目录下，然后调用 docker build 命令构建 image。接着调用 docker push 命令将 image 推送到私服 registry。最后别忘了将本地的 image 删除，否则本地的 image 越来越多，存储空间就会吃紧了。

deploy config 这一 stage 将会把 config 微服务的 image 部署到自动化测试环境中。这里由于服务器资源有限，因此将 Jenkins 所在的服务器作为自动化测试环境。在 steps 中，我们需要使用 Shell 命令去判断 config 容器是否已经处于运行状态，如果已经在运行了，则要先停止已运行的 config 容器，然后删除旧的 image，下载新的 image 后，再重新运行 config 容器。

> **提示**
> 这里在调用 Shell 的 if 语法前，我们加上了 returnStatus:true，来强制 if 语句运行后可能返回的失败状态也为真（if 后面的条件为真时，整个语句返回 1，也就是成功状态，否则会返回 0，也就是失败状态）。这是为了防止因为正常的返回状态导致整个脚本停止运行。

其他模块的 stage 也是类似的做法，只是有些细节不同，我们就不再赘述了。

现在我们修改了 discovery 和 gateway 模块的代码，并从 dev-jenkins 分支向 test-jenkins 分支提交 MR。当提交 MR 时，我们可以看到 Jenkins 中的 iCoffee_Build 任务被触发。iCoffee_Build 流水线如图 8-7 所示。

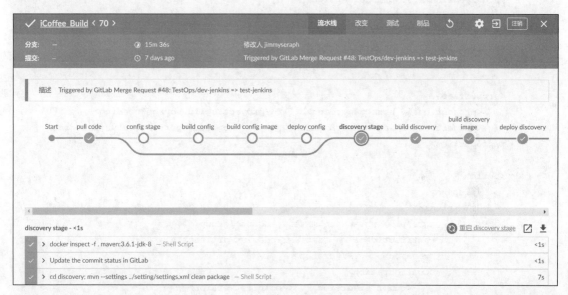

图 8-7

在 Blue Ocean 视图中，我们看到 discovery 的 3 个 stage 和 gateway 的 3 个 stage 都被运行了，而其他模块的 stage 则被跳过了（在图 8-7 中，由于截图限制，因此只显示了被跳过的 config 模块和被执行的 discovery 模块的 stage）。

再次进入 GitLab 的 iCoffee 项目的 MR 界面，可以看到 MR 的注释中增加了 CI 的步骤。

8.4 API 自动化测试

CI/CD 通常还需要加入自动化测试来守护测试环境。当然,我们不是要在此书中介绍 API 自动化测试该怎么做,此处我们以一个简单的框架和案例来介绍 CI/CD 中的自动化测试。

首先我们创建一个 Maven 项目,并添加必要的依赖,POM.xml 文件内容如代码清单 8-4 所示。

代码清单 8-4　　　　　　　　　POM.xml 文件内容

```xml
<?xml version="1.0" encoding="UTF-8"?>
<project xmlns="http://maven.apache.org/POM/4.0.0"
         xmlns:xsi="http://www.w3.org/2001/XMLSchema-instance"
         xsi:schemaLocation="http://maven.apache.org/POM/4.0.0 http://maven.apache.org/xsd/maven-4.0.0.xsd">
    <modelVersion>4.0.0</modelVersion>

    <groupId>testops.vip</groupId>
    <artifactId>icoffee-test</artifactId>
    <version>1.0-SNAPSHOT</version>

    <properties>
        <project.build.sourceEncoding>UTF-8</project.build.sourceEncoding>
        <project.reporting.outputEncoding>UTF-8</project.reporting.outputEncoding>
    </properties>

    <build>
        <plugins>
            <plugin>
                <groupId>org.apache.maven.plugins</groupId>
                <artifactId>maven-compiler-plugin</artifactId>
                <version>3.8.1</version>
                <configuration>
                    <compilerVersion>1.8</compilerVersion>
                    <target>1.8</target>
                    <source>1.8</source>
                </configuration>
            </plugin>
            <plugin>
                <groupId>org.apache.maven.plugins</groupId>
                <artifactId>maven-surefire-plugin</artifactId>
                <version>2.22.2</version>
                <configuration>
```

```xml
                <suiteXmlFiles>
                    <suiteXmlFile>testng.xml</suiteXmlFile>
                </suiteXmlFiles>
            </configuration>
        </plugin>
        <plugin>
            <groupId>io.qameta.allure</groupId>
            <artifactId>allure-maven</artifactId>
            <version>2.10.0</version>
            <configuration>

                <reportVersion>2.8.1</reportVersion>
                <reportDirectory>${project.basedir}/target/allure-report</reportDirectory>
                <resultsDirectory>${project.basedir}/target/allure-results</resultsDirectory>
            </configuration>
        </plugin>
    </plugins>
</build>
<dependencies>
    <dependency>
        <groupId>com.squareup.okhttp3</groupId>
        <artifactId>okhttp</artifactId>
        <version>4.0.1</version>
    </dependency>
    <dependency>
        <groupId>io.cucumber</groupId>
        <artifactId>cucumber-java</artifactId>
        <version>4.5.4</version>
    </dependency>
    <dependency>
        <groupId>io.cucumber</groupId>
        <artifactId>cucumber-testng</artifactId>
        <version>4.5.4</version>
    </dependency>
    <dependency>
        <groupId>com.google.code.gson</groupId>
        <artifactId>gson</artifactId>
        <version>2.8.5</version>
    </dependency>
    <dependency>
        <groupId>io.qameta.allure</groupId>
        <artifactId>allure-cucumber3-jvm</artifactId>
        <version>2.12.1</version>
    </dependency>
    <dependency>
```

```xml
            <groupId>com.jayway.jsonpath</groupId>
            <artifactId>json-path</artifactId>
            <version>2.4.0</version>
        </dependency>
        <!-- log -->
        <dependency>
            <groupId>org.slf4j</groupId>
            <artifactId>slf4j-api</artifactId>
            <version>1.7.26</version>
        </dependency>
        <dependency>
            <groupId>ch.qos.logback</groupId>
            <artifactId>logback-classic</artifactId>
            <version>1.2.3</version>
        </dependency>

    </dependencies>
</project>
```

我们将使用 OkHttp4 来实现 HTTP 的访问，使用 Testng-cucumber 来编写案例，由 Logback 来输出日志，由 Allure 来输出测试报告。

我们来看一下核心代码，首先是 Cucumber 的 Step 定义，如代码清单 8-5 所示。

代码清单 8-5　　　　　　　　　　Step 定义代码

```java
package vip.testops.qa.steps;

import com.google.gson.Gson;
import com.jayway.jsonpath.JsonPath;
import io.cucumber.java.en.And;
import io.cucumber.java.en.Then;
import io.cucumber.java.en.When;
import org.slf4j.Logger;
import org.slf4j.LoggerFactory;
import org.testng.Assert;
import vip.testops.qa.entities.LoginEntity;
import vip.testops.qa.entities.RequestOrderCreate;
import vip.testops.qa.entities.RequestOrderItem;
import vip.testops.qa.pools.VariablePool;
import vip.testops.qa.services.http.EasyRequest;
import vip.testops.qa.services.http.EasyResponse;
import vip.testops.qa.services.http.impl.OkHTTPRequest;
import vip.testops.qa.services.http.impl.OkHTTPResponse;

import java.io.IOException;
```

```java
import java.util.List;

public class ICoffeeTestSteps {

    private final Logger logger = LoggerFactory.getLogger(ICoffeeTestSteps.class);

    private String baseUrl = "http://47.111.130.216:20000";
    private String loginPath = "/api/v1.0/account/login";
    private String tokenPath = "/api/v1.0/account/token";
    private String createOrderPath = "/api/v1.0/order/new";
    private String listOrderPath = "/api/v1.0/order/list";
    private Gson gson = new Gson();

    @When("Sign on to icoffee with {word} and {word}")
    public void sign_in_to_icoffee(String username, String password) throws IOException {
        EasyRequest easyRequest = new OkHTTPRequest();
        logger.info("login....");
        EasyResponse easyResponse = easyRequest.setUrl(baseUrl + loginPath)
                .setMethod("POST")
                .setBody(EasyRequest.JSON, gson.toJson(new LoginEntity(username, password)))
                .addHeader("Content-Type", "application/json")
                .execute();
        logger.info("get response: "+easyResponse.getBody());
        if(easyResponse.getCode() != 200){
            throw new RuntimeException("error sending request to login");
        }
        if(JsonPath.read(easyResponse.getBody(), "$.retCode").equals(1000)){
            String code = JsonPath.read(easyResponse.getBody(), "$.data.code");
            logger.info("get code: " + code);
            VariablePool.put("code", code);
        }else{
            throw new RuntimeException("login failed, "+JsonPath.read(easyResponse.getBody(), "$.retMsg"));
        }
        logger.info("code exchange...");
        easyResponse = new OkHTTPRequest().setUrl(baseUrl + tokenPath)
                .setMethod("GET")
                .addHeader("Content-Type", "application/json")
                .addQueryParam("code", VariablePool.get("code"))
                .execute();
        logger.info("get response: "+easyResponse.getBody());
        if(easyResponse.getCode() != 200){
            throw new RuntimeException("error sending request to code");
        }
        if(JsonPath.read(easyResponse.getBody(), "$.retCode").equals(1000)){
```

```java
            String token = JsonPath.read(easyResponse.getBody(), "$.data.token");
            logger.info("get token: " + token);
            VariablePool.put("token", token);
        }else{
            throw new RuntimeException("get token failed, "+JsonPath.read(easyResponse.
            getBody(), "$.retMsg"));
        }
    }


    @And("Create a new order to {word} with:")
    public void create_new_order(String address, List<String> strList) throws IOException {
        RequestOrderItem[] itemList = new RequestOrderItem[strList.size()];
        for(int i = 0; i < strList.size(); i++){
            String[] arr = strList.get(i).split(",");
            String name = arr[0].trim();
            String num = arr[1].trim();
            long coffeeId = -1;
            switch (name){
                case "拿铁": coffeeId = 0; break;
                case "香草拿铁": coffeeId = 1; break;
                case "焦糖拿铁": coffeeId = 2; break;
                case "卡布奇诺": coffeeId = 3; break;
                case "馥芮白": coffeeId = 4; break;
                case "美式咖啡": coffeeId = 5; break;
                case "意式浓缩": coffeeId = 6; break;
            }
            RequestOrderItem requestOrderItem = new RequestOrderItem();
            requestOrderItem.setCoffeeId(coffeeId);
            requestOrderItem.setAmount(Integer.parseInt(num));
            itemList[i] = requestOrderItem;
        }
        EasyRequest easyRequest = new OkHTTPRequest();
        logger.info("create order...");
        RequestOrderCreate requestOrderCreate = new RequestOrderCreate();
        requestOrderCreate.setAddress(address);
        requestOrderCreate.setOrderItems(itemList);
        EasyResponse easyResponse = easyRequest.setUrl(baseUrl + createOrderPath)
                .setMethod("POST")
                .addHeader("Content-Type", "application/json")
                .addHeader("Access-Token", VariablePool.get("token"))
                .setBody(EasyRequest.JSON, gson.toJson(requestOrderCreate))
                .execute();
        logger.info("get response: "+easyResponse.getBody());
        if(easyResponse.getCode() != 200){
            throw new RuntimeException("error sending request to new order");
```

```java
        }
        VariablePool.put("order-new-response", easyResponse.getBody());
    }

    @And("List all orders")
    public void list_all_orders() throws IOException {
        EasyRequest easyRequest = new OkHTTPRequest();
        logger.info("list all orders...");
        EasyResponse easyResponse = easyRequest.setUrl(baseUrl + listOrderPath)
                .setMethod("POST")
                .addHeader("Content-Type", "application/json")
                .addHeader("Access-Token", VariablePool.get("token"))
                .setBody(EasyRequest.JSON, "{}")
                .execute();
        logger.info("get response: "+easyResponse.getBody());
        if(easyResponse.getCode() != 200){
            throw new RuntimeException("error sending request to list order");
        }
        VariablePool.put("order-list-response", easyResponse.getBody());
    }

    @Then("Create new order success")
    public void create_order_success(){
        int retCode = JsonPath.read(VariablePool.get("order-new-response"), "$.retCode");
        Assert.assertEquals(retCode, 1000);

    }

    @Then("List orders success")
    public void list_orders_success(){
        int retCode = JsonPath.read(VariablePool.get("order-list-response"), "$.retCode");
        Assert.assertEquals(retCode, 1000);
    }
}
```

然后看一下 Cucumber 的案例文件，也就是 Feature 文件，如代码清单 8-6 所示。

代码清单 8-6　　　　　　　　　　　Feature 文件

```
Feature: Test iCoffee micro-service
  This is just a demo for API test
  Designed by Liudao

  Scenario: Test create order api
    When Sign on to icoffee with testops01 and 12345678
    And Create a new order to ShanghaiPudong with:
```

```
    |香草拿铁, 1|
    |馥芮白, 2 |
    Then Create new order success

  Scenario: Test list orders api
    When List all orders
    Then List orders success
```

这里我们只写了两个测试场景用于演示，请读者自行下载完整代码来了解测试框架的其他细节。现在我们将 API 自动化测试代码推入 GitLab 库，并在 Jenkins 中新建一个流水线任务。流水线脚本如代码清单 8-7 所示。

代码清单 8-7　　　　　　　　　流水线脚本

```
pipeline {
    agent {
        docker {
            image 'maven:3.6.1-jdk-8'
            args '-v /root/.m2:/root/.m2'
        }
    }
    triggers {
        upstream (upstreamProjects: 'iCoffee_Build', threshold: hudson.model.Result.SUCCESS)
    }
    stages {
        stage('pull code') {
            steps {
                git branch: 'master', credentialsId: 'git', url: 'git@gitlab.testops.
                vip:TestOps/icoffee-api-test.git'
            }
        }
        stage('test api') {

            steps {
                sh 'mvn --settings settings.xml clean test allure:report'
            }
        }

    }
    post {
        always {
            publishHTML(
                [
                    allowMissing: true,
                    alwaysLinkToLastBuild: true,
```

```
                    keepAll: false,
                    reportName: 'iCoffee API test report',
                    reportDir: 'target/allure-report',
                    reportFiles: 'index.html'
                ]
            )
        }
    }
}
```

注意，我们在脚本中使用了 Trigger，来定义当 iCoffee_Build 任务构建成功时自动触发。在脚本最后，使用了 post 节点定义无论任务成功与否，都会将报告 HTML 复制出来。项目运行的 Allure 报告保存在 target/allure-report 下。Allure 测试报告如图 8-8 所示。

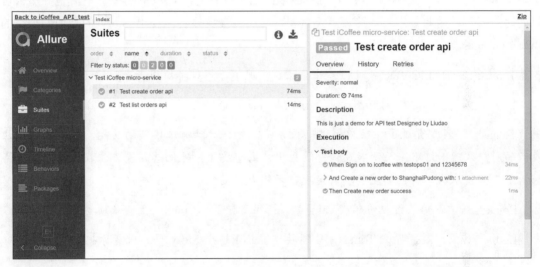

图 8-8

> **注意**
>
> 这里需要注意的一点是，构建后的 HTML 报告并不能正常打开，原因是 Jenkins 内部的沙盒安全保护机制，阻止了 CSS 和 JS 的运行。由于这是防止跨站伪造的一种安全策略，因此 Allure 的页面不能正常显示。我们需要允许跨站才能让报告页面正常显示。
>
> 我们在系统管理→脚本命令运行中运行如下命令：
>
> ```
> System.setProperty("hudson.model.DirectoryBrowserSupport.CSP", "")
> ```
>
> 然后重新执行任务，报告页面就能正常显示了。

8.5 基于敏捷模式的开发实践

可能读者对于这样的 CI/CD 下的敏捷开发还没有一个完整的认识，接下来体会一下敏捷开发。当然，我们会瞄准其中的核心环节，至于管理模式，则会略过。

8.5.1 一切从 Story 开始

Louis 是 iCoffee 项目组的一位软件工程师，Frank 则是他的搭档，今天，他们收到了一个新的 Story，也就是敏捷中常说的用户故事。如果读者对用户故事的概念不清楚，那么可以暂时将其理解为业务需求。这一点不重要，后面慢慢再体会。提出 Story 的是他们小组的 BO——Tomas。

Tomas：我们的 iCoffee 项目核心业务已经实现了，不过对使用者来说，还少了点功能。

Louis：好了 Tomas，别兜圈子了，你需要什么功能？

Tomas：那我就直说了，我觉得订单服务还需要有"取消订单"的功能，我们总不能让我们的用户只能下订单，而不能反悔。这对用户太重要了，他们总是没办法在一开始就想得很清楚，必须承认，用户的主意随时会变，反悔是必要的。

Frank：好吧，你已经把价值（Value）说得很清楚了。Louis，我们必须要做这个。

Louis：这没问题，那么 Tomas，你能具体说一下这个 Story 吗？或者你把它写下来。

Tomas：让我边写边想吧，我想这不难。

Tomas 接过 Louis 递过来的 Story 便利贴，开始写下这个 Story：

Feature No：iCoffee-20190721-f01

Feature Name：取消订单

Detail：用户在创建了咖啡订单后，可以随时取消订单。

Louis：这个 Story 细节太少了，你站在用户角度想想，你会怎么验收这个 Story？

Tomas：嗯，我正打算在背面写验收标准呢。

DoD：用户创建订单后，选择取消订单，订单取消成功后，查询该订单，显示已取消。

Louis：就这么多吗？总觉得缺了点什么。

Frank：用户可不仅仅是下订单的人，我们还要站在使用 iCoffee 服务的商家的角度考虑。如果商家的客人订了咖啡，商家很快准备好了，派送员已经在送订单的路上了，这时候取消订单是不是残酷了点？

Tomas：你说得没错，不可以随时取消，需要制定一个取消订单的规则，例如订单已经在派送过程中，取消订单需要收取一定费用，不能 100%退款。

Louis：不，你忘了吗？我们这一轮迭代没有加入费用结算的部分，制定规则太麻烦了，我们现在还有两天就要交付这一轮迭代，我可不想赶不上。简单一点，如果订单已经处于派送状态，就不能取消。

Tomas：你说得对！我改一下 Story。

> Feature No：iCoffee-20190721-f01
>
> Feature Name：取消订单
>
> Detail：用户在创建了咖啡订单后，在订单派送前可以取消订单。
>
> Value：提供用户反悔的机会。

DoD 如下所示。

（1）用户创建订单后，选择取消订单，订单取消成功后，查询该订单，显示已取消。

（2）用户创建订单，当订单处于派送状态时，用户取消订单会失败。

Louis：这样清楚多了，Tomas，你把 Story 贴到看板上吧。Frank，该我们了，准备一下 Feature 分支。

Frank：来吧。

8.5.2　和谐的结对编程与 TDD

Frank 开始从 dev-jenkins 分支上创建特性分支。

```
git checkout -b feature-icoffee-20190721-f01
```

Frank：还是老规矩，三层分离。Controller 负责定义 API，Service 负责处理订单状态变更，数据访问对象（Data Access Object，DAO）层实现状态持久化。我们只要实现 Service

层核心内容,这个故事就基本完成了。这个 Service 方法该实现哪些功能呢?

Louis:别急,你还是不习惯 TDD 吗?我们应该先创建一个 Service 的测试方法。

Louis 首先在 OrderServiceTest 类中创建了一个测试方法,如代码清单 8-8 所示。

代码清单 8-8　　　　　　　　　　测试代码

```
@Test
public void testCancelOrder(){
    /*
    参数准备
    */
    AccountDTO accountDTO = new AccountDTO();

    /*
    参数准备
    */
    String orderNbr = "1";
    ResponseEntity responseEntity = new ResponseEntity();

    orderService.doCancelOrder(accountDTO, orderNbr, responseEntity);
}
```

然后在 OrderService 类中新增了 doCancelOrder 方法,如代码清单 8-9 所示。

(注:为了描述代码的完善步骤,这是刚给出一个方法的样子。因为 OrderService.java 在 MicroService 那个文档中已经有了介绍,这里就简化给出了新增的方法,而没有列出这个类的全部内容,包括类的定义。)

代码清单 8-9　　　　　　　　新增 doCancelOrder 方法

```
/**
 * 取消订单服务
 * @param accountDTO account 实体
 * @param orderNbr 订单号
 * @param responseEntity 返回对象
 */
public void doCancelOrder(
        AccountDTO accountDTO,
        String orderNbr,
        ResponseEntity responseEntity
){

}
```

Louis：嗯，差不多就是这个样子，测试一下看看。

Louis 运行了该测试，显示为绿色，即表示通过。

Frank "嘲笑"一声：你什么都没写，当然不会有错误。看我的，我们需要给测试方法赋值。

Frank 输入相关代码，如代码清单 8-10 所示。

代码清单 8-10　　　　　　　　测试代码 1

```java
@Test
public void testCancelOrder(){
    /*
    参数准备
    */
    AccountDTO accountDTO = new AccountDTO();
    accountDTO.setAccountId(1);

    /*
    参数准备
    */
    String orderNbr = "1";

    //从订单信息表中获取对象?

    ResponseEntity responseEntity = new ResponseEntity();

    orderService.doCancelOrder(accountDTO, orderNbr, responseEntity);
}
```

Frank：我们需要从数据库获取这个 order 对象吗？

Louis：不，我们暂时还不考虑数据库的问题，让我们把关注点聚焦在 Service 层，先把 DAO 层 Mock 一下。

Frank：好，那我们把数据 Mock 一下。

测试代码如代码清单 8-11 所示。

代码清单 8-11　　　　　　　　测试代码 2

```java
@Test
public void testCancelOrder(){
    /*
    参数准备
    */
    AccountDTO accountDTO = new AccountDTO();
```

```java
accountDTO.setAccountId(1);

/*
参数准备
*/
String orderNbr = "1";

// Mock 对象
OrderDTO orderDTO = new OrderDTO();
orderDTO.setBuyerId(1);
orderDTO.setOrderStatus(0);
Mockito.when(orderMapper.getOrderByOrderNbr(orderNbr))
        .thenReturn(orderDTO);

// Mock 对象
  Mockito.when(
    orderMapper.updateStatusByOrderNbr(
        Mockito.any(),
        Mockito.anyInt(),
        orderNbr))
    .thenReturn(1);

ResponseEntity responseEntity = new ResponseEntity();

orderService.doCancelOrder(accountDTO, orderNbr, responseEntity);

//更新状态
Assert.assertEquals(1000, responseEntity.getRetCode());
}
```

Frank 运行了该测试，果然测试失败了。

Frank：测试未能通过。

Louis：嗯，因为我还没在 doCancelOrder 方法里面写任何代码。你的这个测试很好，主要逻辑已经很清楚了，下面我来实现。

Louis 抢过键盘，开始在 OrderService 中完善 doCancelOrder 方法，如代码清单 8-12 所示。

代码清单 8-12 　　　　　　　　完善 doCancelOrder 方法

```java
/**
 * 取消订单
 * @param accountDTO account 对象
 * @param orderNbr 订单号
 * @param responseEntity 返回对象
```

```
 */
public void doCancelOrder(
    AccountDTO accountDTO,
    String orderNbr,
    ResponseEntity responseEntity
){
    /*
    修改地址
    */
    if(orderMapper.updateStatusByOrderNbr(new Date(), 2, orderNbr) != 1){
        responseEntity.setRetCode(4001);
        responseEntity.setRetMsg("error occurred while updating order status in db");
        return;
    }

    responseEntity.setRetCode(1000);
    responseEntity.setRetMsg("order "+orderNbr+" cancelled");
}
```

Louis 再次运行测试，测试通过。

Louis：这就行了。

Frank：我可不这么想，万一我传给你一个不存在的 orderNbr 呢？

Frank 抢过键盘，又写了一个新的测试方法，如代码清单 8-13 所示。

代码清单 8-13　　　　　　　　　测试代码 3

```
@Test
public void testCancelOrder_invalidOrderNbr(){
    /*
    准备参数
    */
    AccountDTO accountDTO = new AccountDTO();
    /*
    准备参数
    */
    String orderNbr = "1";

    // Mock 对象
    Mockito.when(orderMapper.getOrderByOrderNbr(orderNbr))
        .thenReturn(null);


    ResponseEntity responseEntity = new ResponseEntity();
```

```
        orderService.doCancelOrder(accountDTO, orderNbr, responseEntity);
        Assert.assertEquals(3001, responseEntity.getRetCode());
}
```

Frank：看，这下测试又失败了。

Louis：对，这种情况是有可能的，我把判断加上。

Louis 拿过键盘，开始修改代码，如代码清单 8-14 所示。

代码清单 8-14　　　　　　　　　　修改 OrderService 类

```java
/**
 * 取消订单服务
 * @param accountDTO account 对象
 * @param orderNbr 订单号
 * @param responseEntity 返回对象
 */
public void doCancelOrder(
        AccountDTO accountDTO,
        String orderNbr,
        ResponseEntity responseEntity
){
    /*
    检查订单号是否存在
    */
    OrderDTO orderDTO = orderMapper.getOrderByOrderNbr(orderNbr);
    if(orderDTO == null){
        responseEntity.setRetCode(3001);
        responseEntity.setRetMsg("order number is invalid");
        log.error("order number is invalid");
        return;
    }
    /*
    修改状态
    */
    if(orderMapper.updateStatusByOrderNbr(new Date(), 2, orderNbr) != 1){
        responseEntity.setRetCode(4001);
        responseEntity.setRetMsg("error occurred while updating order status in db");
        return;
    }

    responseEntity.setRetCode(1000);
    responseEntity.setRetMsg("order "+orderNbr+" cancelled");
}
```

Frank：我觉得还有一种异常情况。

Frank 抢过键盘，又写了一个测试方法，如代码清单 8-15 所示。

代码清单 8-15　　　　　　　　　测试代码 4

```java
@Test
public void testCancelOrder_orderNotBelongToAccount(){
    /*
    参数准备
    */
    AccountDTO accountDTO = new AccountDTO();
    accountDTO.setAccountId(1);
    /*
    参数准备
    */
    String orderNbr = "1";

    // Mock 对象
    OrderDTO orderDTO = new OrderDTO();
    orderDTO.setBuyerId(2);
    orderDTO.setOrderStatus(0);
    Mockito.when(orderMapper.getOrderByOrderNbr(orderNbr))
            .thenReturn(orderDTO);

    ResponseEntity responseEntity = new ResponseEntity();
    orderService.doCancelOrder(accountDTO, orderNbr, responseEntity);
    Assert.assertEquals(3002, responseEntity.getRetCode());
}
```

Louis：你考虑了另一种异常，就是这个订单并不是这个用户的，那么他无权取消，这很有意义。

Louis 接过了键盘，继续完善 doCancelOrder 方法，如代码清单 8-16 所示。

代码清单 8-16　　　　　　　　继续完善 doCancelOrder 方法

```java
/**
 * 取消订单服务
 * @param accountDTO account 对象
 * @param orderNbr 订单号
 * @param responseEntity 返回对象
 */
public void doCancelOrder(
        AccountDTO accountDTO,
        String orderNbr,
        ResponseEntity responseEntity
){
    /*
```

```
检查订单号是否存在
*/
OrderDTO orderDTO = orderMapper.getOrderByOrderNbr(orderNbr);
if(orderDTO == null){
    responseEntity.setRetCode(3001);
    responseEntity.setRetMsg("order number is invalid");
    log.error("order number is invalid");
    return;
}

/*
检查订单号是否属于该账号
 */
if(orderDTO.getBuyerId() != accountDTO.getAccountId()){
    responseEntity.setRetCode(3002);
    responseEntity.setRetMsg("order number is invalid");
    log.error("this order is not belong to this account " + accountDTO.getAccountName());
    return;
}

/*
修改状态
*/
if(orderMapper.updateStatusByOrderNbr(new Date(), 2, orderNbr) != 1){
    responseEntity.setRetCode(4001);
    responseEntity.setRetMsg("error occurred while updating order status in db");
    return;
}

responseEntity.setRetCode(1000);
responseEntity.setRetMsg("order "+orderNbr+" cancelled");
}
```

Frank：别忘了，还有一个条件，就是已经处于派送状态的订单不能取消。

Frank 继续写测试方法，如代码清单 8-17 所示。

代码清单 8-17　　　　　　　　　　测试代码 5

```
public void testCancelOrderInDelivery(){
    /*
    参数准备
     */
    AccountDTO accountDTO = new AccountDTO();
    accountDTO.setAccountId(1);
    /*
```

8.5 基于敏捷模式的开发实践

```
参数准备
 */
String orderNbr = "1";

// Mock 对象
OrderDTO orderDTO = new OrderDTO();
orderDTO.setBuyerId(1);
orderDTO.setOrderStatus(1); // order already in delivery
Mockito.when(orderMapper.getOrderByOrderNbr(Mockito.anyString()))
    .thenReturn(orderDTO);

ResponseEntity responseEntity = new ResponseEntity();
orderService.doCancelOrder(accountDTO, orderNbr, responseEntity);
Assert.assertEquals(3003, responseEntity.getRetCode());
}
```

Louis：对，这是在 Story 中明确提出的场景，我加个判断。

具体代码如代码清单 8-18 所示。

代码清单 8-18　　　　　　　　　　添加判断

```
/**
 * 取消订单服务
 * @param accountDTO account 对象
 * @param orderNbr 订单号
 * @param responseEntity 返回对象
 */
public void doCancelOrder(
        AccountDTO accountDTO,
        String orderNbr,
        ResponseEntity responseEntity
){
    /*
    检查订单号是否存在
    */
    OrderDTO orderDTO = orderMapper.getOrderByOrderNbr(orderNbr);
    if(orderDTO == null){
        responseEntity.setRetCode(3001);
        responseEntity.setRetMsg("order number is invalid");
        log.error("order number is invalid");
        return;
    }

    /*
    检查订单号是否属于该账号
```

```
    */
    if(orderDTO.getBuyerId() != accountDTO.getAccountId()){
        responseEntity.setRetCode(3002);
        responseEntity.setRetMsg("order number is invalid");
        log.error("this order is not belong to this account " + accountDTO.getAccountName());
        return;
    }

    /*
    检查订单是否已运送
    */
    if(orderDTO.getOrderStatus() == 1){
        responseEntity.setRetCode(3003);
        responseEntity.setRetMsg("order is in delivery");
        return;
    }

    /*
    修改状态
    */
    if(orderMapper.updateStatusByOrderNbr(new Date(), 2, orderNbr) != 1){
        responseEntity.setRetCode(4001);
        responseEntity.setRetMsg("error occurred while updating order status in db");
        return;
    }

    responseEntity.setRetCode(1000);
    responseEntity.setRetMsg("order "+orderNbr+" cancelled");
}
```

Louis：好了，这些测试都通过了。对于 Service 层，你还有其他能想到的场景吗？

Frank：我暂时想不出了，不过这不重要，我们还可以从 Controller 层进行考虑。我们先把 BO 的 Story 上定义的 Definition of Done 的 Feature 文件写出来吧。

Frank 找来了一台笔记本电脑，将 icoffee-api-test 项目复制下来。

```
git clone git@gitlab.testops.vip:TestOps/icoffee-api-test.git
```

然后，新建了一个 cancel_order.feature 文件，如代码清单 8-19 所示。

代码清单 8-19　　Feature 文件

```
Feature: iCoffee-20190721-f01
  取消订单
  用户在创建了咖啡订单后，在订单派送前可以取消订单
```

```
Scenario: 取消未派送的订单
    When Sign on to icoffee with testops01 and 12345678
    And Create a new order to ShanghaiPudong with:
        |香草拿铁, 1|
        |馥芮白, 2 |
    And Cancel this order
    Then Cancel order success

Scenario: 取消已派送的订单
    When Sign on to icoffee with testops01 and 12345678
    And Create a new order to ShanghaiPudong with:
        |香草拿铁, 1|
        |馥芮白, 2 |
    And Deliver this order
    And Cancel this order
    Then Cancel order failed
```

Louis 看着 Feature 文件思索了一会儿，开始在 iCoffee 项目的 Controller 中添加 cancelOrder 方法，如代码清单 8-20 所示。

代码清单 8-20　　　　　　　　　添加 cancelOrder 方法

```java
/**
 * 获取订单细节
 * @param orderNbr 订单号
 * @param request 请求对象
 * @return response 返回对象
 */
@GetMapping("/{orderNbr}/cancel")
@ResponseBody
public ResponseEntity cancelOrder(
        @PathVariable("orderNbr") String orderNbr,
        HttpServletRequest request
){
    ResponseEntity responseEntity = new ResponseEntity();
    AccountDTO accountDTO = (AccountDTO) request.getAttribute("accountDTO");
    orderService.doCancelOrder(accountDTO, orderNbr, responseEntity);
    return responseEntity;
}
```

Louis：这样应该就可以了，你把 Feature 文件的 StepDefine 类写一下吧，应该没有多少，之前已经有现成的了。

Frank：是的，也就 Cancel this order 和 Cancel order success/failed 需要定义一下。

具体代码如代码清单 8-21 所示。

代码清单 8-21   StepDefine 类

```java
@And("Deliver this order")
public void deliver_order() throws IOException {
    String orderNbr = JsonPath.read(
        VariablePool.get("order-new-response"), "$.data.orderNbr"
    );
    EasyRequest easyRequest = new OkHTTPRequest();
    logger.info("deliver order " + orderNbr);
    EasyResponse easyResponse = easyRequest.setUrl(baseUrl + orderBasePath + "/" +
    orderNbr + "/deliver")
            .setMethod("GET")
            .addHeader("Access-Token", VariablePool.get("token"))
            .execute();
    logger.info("get response: " + easyResponse.getBody());
    if(easyResponse.getCode() != 200){
        throw new RuntimeException("error sending request to new order");
    }
}

@Then("Cancel order {word}")
public void cancel_order_assert(String result){
    int retCode = JsonPath.read(VariablePool.get("order-cancel-response"), "$.retCode");
    if(result.equalsIgnoreCase("success")){
        Assert.assertEquals(retCode, 1000);
    } else if (result.equalsIgnoreCase("fail")){
        Assert.assertNotEquals(retCode, 1000);
    }
}
```

Louis：很好，我们把服务启动一下，用这个 Feature 文件测试一下。

Frank 和 Louis 在本地启动微服务，并运行 Feature 文件，发现测试完全通过了。

8.5.3　特性分支合入

Frank：我们该提交这个特性分支了。你再确定一下，我们这个 Story 还有没完成的细节吗？

Louis：我想过了，没问题了，合入吧。

```
git commit -am"add cancel order"
git checkout dev-jenkins
git pull
git merge feature-icoffee-20190721-f01
git push
```

Louis 和 Frank 打开浏览器并访问 Jenkins 服务器，看到 CI 任务已经在运行，几分钟后，看到任务成功了。

8.5.4　提交测试分支

下午 3 点，Louis 和 Frank 所在的敏捷小组定在这个时间点向测试分支合入。Louis 从 GitLab 的 dev-jenkins 分支上创建了 MR 并向 test-jenkins 提交请求，同时设置审批人为测试小组的负责人。

随着代码 MR 的提交，Jenkins 的 iCoffee_Build 任务被触发，剩下的就是等待完成 Pipeline 了。MR 审批如图 8-9 所示。

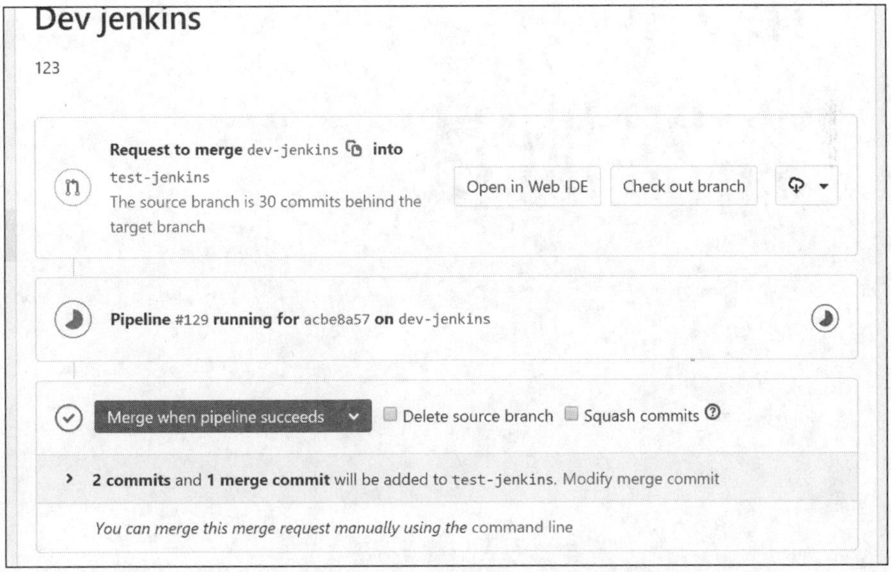

图 8-9

Pipeline 成功后，接着自动触发了 API 自动化测试。测试成功后，被指定的 MR 负责人收到了通知，显示目前有一个 MR 等待审批，并且 Pipeline 已经成功了。

Louis：好了，我们这个 Story 基本可以说是完成了，剩下的就是等待 Tomas 来验收了。趁现在没事，我们喝杯咖啡去？

Frank：行啊，走。

两人顺利完成了任务，一个 Story 被顺利移送到了待验收的环节。

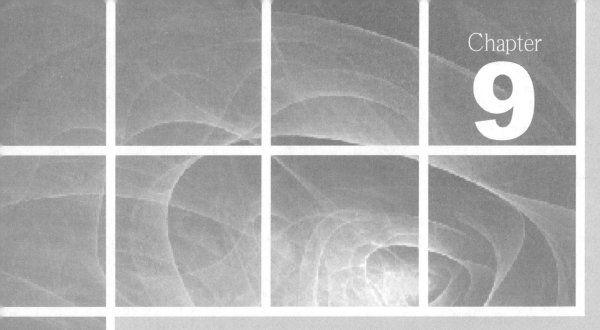

第 9 章
容器概述

在整个 DevOps 体系下，容器化是基础，基于微服务和容器化可以在技术上快速实现环境和高可用性的管理。容器是一种轻量级、可移植、自包含的软件打包技术，使应用程序几乎可以在任何地方以相同的方式运行。

本章将主要讲解以下 3 部分内容。

（1）容器技术栈介绍：首先，对容器的技术栈做了简要介绍，然后以 Docker 为例，介绍 Docker 使用的底层技术等方面的内容。

（2）为什么使用容器技术：主要从容器与虚拟机技术的对比、容器的优势和容器带来的业务价值等几个方面介绍使用容器技术的原因。

（3）Docker 简介：主要是以 Docker 为例对上述的部分技术进行展开，介绍 Docker 平台、引擎、架构和使用到的底层技术。

9.1 容器技术栈介绍

容器技术栈主要包括容器核心技术、容器平台技术和容器支持技术 3 部分。

9.1.1 容器核心技术

容器核心技术是指能让容器在主机上运行的相关技术，主要有容器规范、容器运行时、容器管理工具、容器定义工具、容器仓库和容器操作系统等技术。

（1）容器规范（Specification）。容器厂商很多，生产的容器也很多，如 Docker 公司的 Docker 和 CoreOS 公司的 rkt 等，但没有统一的规范。于是，在 2015 年 6 月，由 Docker 和其他容器厂商共同成立了 Open Container Initiative（OCI）组织，目的是制订一个容器的规范，让不同厂商的镜像可以在其他厂商的运行时（Runtime）上运行，从而保证了容器的可移植性。目前主要有两个规范：Runtime Specification（即 runtime-spec）和 Image Specification（即 image-spec）。

（2）容器运行时。它为容器镜像提供运行环境，依赖于操作系统内核。目前容器运行时有 lxc、runc 和 rkt 等。其中 lxc 是原始的基于 Linux 内核的运行时；runc 是 Docker 开发的容器运行时；而 rkt 是 CoreOS 开发的容器运行时。

（3）容器管理工具。它向下用于与容器运行时进行交互，向上用于提供容器接口。容器管理工具主要有 lxd、docker engine 和 rkt cli 等。其中 lxd 是 lxc 的管理工具；docker engine 是 runc 的管理工具，主要包含后台进程（Daemon）和命令行接口（cli）；rkt cli 是 rkt 的管理工具。

（4）容器定义工具。它用于定义容器的属性，从而保证容器可以被保存、共享和重建。以 Docker 为例，Docker Image 是 Docker 容器的镜像，runc（Docker 容器运行时）依据 Docker Image 创建相应的容器；Dockerfile 是用于创建 Docker Image 的描述文件。

（5）容器仓库。它是统一存放、管理容器镜像的仓库。Docker Hub 是 Docker 提供的公有容器仓库；与 Docker Hub 类似，Quay 是另外一个创建、分析和分发容器的公有容器仓库，主要支持 Docker 和 rkt。除此之外，在企业内部环境，推荐用户构建私有的容器仓库。

（6）容器操作系统。目前的操作系统均支持容器运行时，如 Linux、macOS 和 Windows 等，但这些系统一般比较庞大。容器操作系统是专门定制运行容器的操作系统，因此体积更小、启动更快、效率更高。常见的容器操作系统有 CoreOS、Atomic 和 Ubuntu Core 等。

9.1.2 容器平台技术

如果仅在单个主机上运行容器，则使用容器核心技术即可；如果想要大规模集群在分布式环境中运行容器，则需要使用容器平台技术。容器平台技术主要包括容器编排引擎、容器管理平台和基于容器的 PaaS 平台。

（1）容器编排引擎（Orchestration Engine）。它主要提供容器的管理、调度、集群定义和服务发现等服务功能，用于动态地创建、迁移和销毁容器。常用的容器编排引擎有 Kubernetes、Docker Swarm 和 Mesos+Marathon 等，其中 Kubernetes 是 Google 领导开发的开源容器编排引擎，也是目前主流、应用最多的容器编排引擎之一；Docker Swarm 是 Docker 开发的容器编排引擎；Mesos 是一个通用的集群资源调度平台，Mesos 与 Marathon 一起提供容器编排引擎功能。Docker 官方已在 DockerCon EU 2017 上宣布在 Docker 企业版中支持 Kubernetes。

（2）容器管理平台。它是架构在容器编排引擎之上的一个更为通用的平台，能够支持多种编排引擎，抽象了编排引擎的底层实现细节，为用户提供更方便的功能。容器管理平台有 Rancher 和 ContainerShip 等。

（3）基于容器的 PaaS 平台。它为微服务应用的开发人员和公司提供开发、部署和管理应用的平台，使用户不必关心底层基础设施而专注于应用的开发。基于容器的 PaaS 平台有 OpenShift 和 Flynn 等。

9.1.3　容器支持技术

容器支持技术是主要用于构建、监控、管理大规模容器集群所需要的相关技术，主要有容器网络技术、服务发现、监控、数据管理和日志管理等。

（1）容器网络技术。容器的出现使网络拓扑变得更加动态和复杂，用户需要专门的解决方案来管理容器与容器之间、容器与其他实体之间的连通性和隔离性。目前，容器网络技术主要有 Docker Network、Flannel、Calico、Canal 和 Weave 等。其中 Docker Network 是 Docker 原生的网络解决方案，Flannel、Calico、Canal 和 Weave 是第三方的开源解决方案，它们的设计和实现方式不尽相同，各有优势和特性，需要根据实际情况来选择。

（2）服务发现。它是在动态变化的环境下，让客户端能够知道如何访问容器提供的服务的机制。服务发现会保存容器集群中所有服务最新的信息（如 IP 和端口），并对外提供 API 和服务查询功能。服务发现工具有 etcd、Consul 和 ZooKeeper 等。

（3）监控。监控对于基础架构非常重要，而容器的动态特征对监控提出了更多挑战。Docker ps/top/stats 是 Docker 原生的命令行监控工具；除命令行以外，Docker 也提供了 stats API，用户可以通过 HTTP 请求获取容器的状态信息；sysdig、cAdvisor/Heapster 和 Weave Scope 是其他开源的容器监控方案。

（4）数据管理。要解决容器中的数据存储、持久化，以及跨主机迁移后数据同步等问题，就需要了解与容器数据管理相关的技术。数据管理方式主要有 data volume 和 volume driver 等。

（5）日志管理。日志为问题排查和事件管理提供了重要依据，主要的技术有 docker logs 和 logspout。其中 docker logs 是 Docker 原生的日志工具；而 logspout 对日志提供了路由功能，它可以收集不同容器的日志并转发给其他工具进行后处理。

9.2　为什么使用容器

容器是开发人员和系统管理员用于开发、部署和运行应用的工具，使用容器可以轻松部署应用程序，这个过程称为容器化。

9.2.1　容器与虚拟机技术

容器与虚拟机技术都是为应用提供封装和隔离的技术，容器技术与虚拟机技术的对比如

图 9-1 所示。

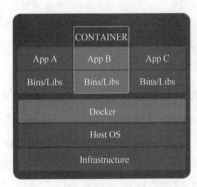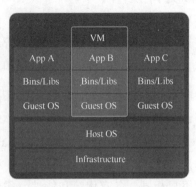

图 9-1

容器在主机操作系统的用户空间中运行，与操作系统的其他进程隔离，这一点显著区别于虚拟机。因为多个容器共享主机操作系统内核，所以容器比虚拟机更轻量。另外，因为启动容器不需要启动整个操作系统，所以容器部署和启动速度更快，开销更小，也更容易迁移。

相比之下，传统虚拟机技术（如 VMWare、KVM、Xen）运行了一个完整的"客户"操作系统，它通过虚拟机管理程序对主机资源进行虚拟访问。通常，虚拟机提供的环境比大多数应用程序需要的资源更多。

9.2.2　容器的优点

使用容器有以下优点。

- 灵活性：即使是很复杂的应用也可以容器化。
- 轻量级：容器利用并共享主机内核。
- 可互换：可以在线部署、更新和升级。
- 易移植：可以在本地构建，然后在本地数据中心、云或其他任何地方运行。
- 可扩展：可以增加并自动分发容器副本。
- 可堆叠：可以在线堆叠服务。

9.2.3　容器的业务价值

对于开发人员和运维人员，容器可以带来不同的业务价值。

对于开发人员，容器意味着环境隔离和可重复性。开发人员只需要为应用创建一次运行环境，然后打包成容器便可在其他计算机上运行。另外，容器环境与所在的主机环境是隔离的，就像虚拟机一样，但更快、更简单。

对于运维人员，只需要配置好标准的运行时环境，服务器就可以运行任何容器。这使得运维人员的工作变得更高效、更一致和可重复。容器解决了开发、测试、生产环境的不一致性问题。

9.3 Docker 简介

通过上面对容器技术的介绍可以看到，容器管理工具有较多的选择，每种工具都是基于一定的规范和约束的，掌握其中的一种即可。本节将会以 Docker 为例对上述的部分技术进行展开。Docker 是一个开发、传输和运行应用程序的开放平台。使用 Docker，可以将应用程序与基础架构分离，以便快速交付软件，也可以像管理应用程序一样管理基础架构。利用 Docker 快速分发、测试、部署等一系列优势，可以大幅度地减少编写代码到上线运行的延迟。

9.3.1 Docker 平台

Docker 提供了一种在隔离环境下打包和运行应用程序的能力。这种隔离性和安全性允许一台主机上同时运行多个容器。容器非常轻量级，因为它不需要额外的管理负载，直接在主机内核中运行。这意味着在相同的硬件环境下可以运行比使用虚拟机时更多的容器，甚至可以直接在虚拟机中运行 Docker 容器。

Docker 提供了工具和平台来管理容器的生命周期。

（1）使用容器开发应用程序及其支持组件。

（2）容器成为分发和测试应用程序的单元。

（3）使用编排服务，可以将应用程序部署到本地数据中心、公有云或者混合云上。

9.3.2 Docker 引擎

Docker 引擎是 C/S 架构的应用程序，主要包含以下几个组件，如图 9-2 所示。

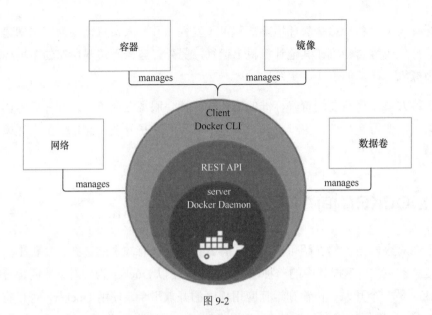

图 9-2

（1）Docker Daemon：一个长期运行的服务端守护进程（dockerd）。它用于创建和管理镜像、容器、网络和卷等一系列 Docker 对象。

（2）REST API：应用程序与守护进程交互的接口。

（3）CLI：命令行界面客户端（docker 命令）。

9.3.3　Docker 架构

Docker 使用 C/S 架构，其中，Docker Daemon 负责构建、运行和分发 Docker 容器，Docker 客户端通过 REST API、UNIX 套接字或网络接口等几种方式向 Docker Daemon 发送请求，两者既可以在同一台物理主机上，又可以在不同的物理主机上。Docker 的核心组件有服务进程（Docker Daemon）、客户端（Client）、镜像仓库（Registry）和对象（Docker Objects），如图 9-3 所示。

1．Docker Daemon

Docker Daemon（dockerd 进程）以后台服务的方式运行在主机上，负责侦听 Docker API 的请求并管理镜像、容器、网络和卷等 Docker 对象。一个节点上的 Daemon 也可以与其他节点上的 Daemon 进行通信，以管理 Docker 服务。

注意，相应的配置文件为/etc/systemd/system/multi-user.target.wants/docker.service。

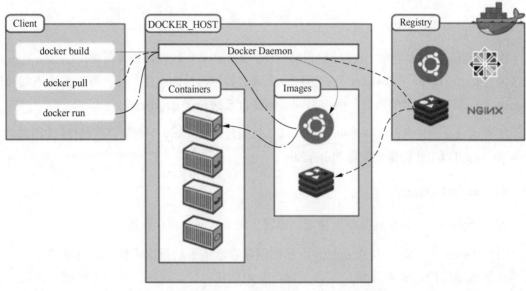

图 9-3

例如，通过 systemctl status docker.service 命令可以查看当前 Docker Daemon 的状态，如代码清单 9-1 所示。

代码清单 9-1　　　　　　　　查看 Docker 服务状态是否正常

```
[root@docker ~]# systemctl status docker.service
● docker.service - Docker Application Container Engine
   Loaded: loaded (/usr/lib/systemd/system/docker.service; enabled; vendor preset: disabled)
  Drop-In: /usr/lib/systemd/system/docker.service.d
           └─flannel.conf
   Active: *active (running)* since 一 2019-01-07 15:26:58 CST; 4 days ago
     Docs: https://docs.docker.com
 Main PID: 878 (dockerd)
    Tasks: 9
```

2. Docker Client

Docker Client（docker 命令）是用户与 Docker 交互的主要方式。当用户使用 docker run 命令运行容器时，客户端会把命令发送给服务进程执行。

例如，通过 docker --version 命令可以查看当前 Docker 的版本信息，如代码清单 9-2 所示。

代码清单 9-2　　　　　　　　　查看 Docker 的版本信息

```
[root@docker ~]# docker --version
Docker version 18.09.0, build 4d60db4
```

3．Docker Registry

Docker Registry 是存放 Docker 镜像的仓库。Registry 分私有和公有两种：Docker Hub 是默认的公有 Registry，由 Docker 公司维护，上面有数以万计的镜像，用户可以自由下载和使用；出于对速度或安全的考虑，用户也可以创建自己的私有 Registry。

使用 docker pull 或者 docker run 命令，可以从配置的 Registry 下载需要的镜像；使用 docker push 命令，可以上传镜像到配置的 Registry。

4．Docker Objects

使用 Docker，可以创建并使用镜像、容器、服务、网络和存储等。

（1）Docker（镜像）：镜像是包含一系列创建容器指令的只读模板，通过镜像可以创建容器。生成镜像的方法有 3 种：①从无到有开始创建镜像，这种方法不太常用，一般是官方维护的镜像；②基于其他镜像创建新的镜像，这是常用的方法之一，通过 Dockerfile 文件对镜像的内容和创建步骤进行描述，很容易实现定制化；③直接下载并使用官方或第三方创建好的镜像。

（2）Docker（容器）：容器是一个镜像的运行实例，不同的容器是相对隔离的。可以通过 API 或者 CLI 启动、停止、移动或删除容器。可以把容器连接到一个或者多个网络上，为容器添加存储，甚至基于容器当前的状态生成镜像。对于应用软件，可以认为镜像是软件生命周期的构建和打包阶段，而容器则是启动和运行阶段。

（3）Docker（服务）：服务可以在多个 Docker Daemon 中平滑扩展容器，这些服务进程以 Swarm 的模式工作在一起，包含有很多的 manager 和 worker。每一个 Swarm 的成员都是一个 Docker Daemon，它们之间通过 API 进行通信。通过服务，可以在所有的 worker 节点上实现负载均衡；可以定义一个在任何时间都必须满足的预期状态（Desired State），如容器的副本数；可以以单一应用的方式呈现给用户。

（4）网络：Docker 的网络子系统是以插件模式运行的，默认提供了 bridge、host、overlay、macvlan 和 none 等网络驱动插件。其中 bridge 插件是默认的网络驱动，主要用于应用运行在单机环境且需要通信的场景；host 插件主要用于单机环境直接使用主机网络的场景；overlay 插件用于集群环境中多 Docker 进程的互相通信；macvlan 插件允许为容器指定一个 MAC 地址；none 插件是关闭所有网络功能，一般用于测试场景。除上述插件之外，还可以安装第三方的网络插件，如 flannel、calico 等。

(5）存储：默认情况下，在容器里面创建的文件都会写到可写容器层（Writable Container Layer），这样会存在几个问题：①数据无法持久化，也很难被容器外其他应用访问；②与容器的可写层耦合严重。因此，可以选择其他两种存储文件的方式：卷和挂载点（Bind Mounts），如果容器运行在 Linux 系统上，那么可以使用 tmpfs mount 方式；如果运行在 Windows 系统上，那么可以使用 named pipe 等方式。

9.3.4 Docker 使用的底层技术

Docker 是用 Go 语言编写的，利用了 Linux 内核的一些功能来实现其功能。Docker 主要的底层技术有命名空间（Namespace）、控制组（Control group）、联合文件系统（Union File System，UnionFS）和容器格式（Container format）等。

命名空间：Docker 利用命名空间技术来提供隔离的工作空间。运行容器时，Docker 会为容器创建一系列的命名空间。Docker Engine 在 Linux 系统上使用以下命名空间。

（1）PID（Process ID）命名空间：进程隔离。

（2）NET（Networking）命名空间：管理网络接口。

（3）IPC（InterProcess Communication）命名空间：管理对 IPC 资源的访问。

（4）MNT（Mount）命名空间：管理文件系统挂载点。

（5）UTS（UNIX Timesharing System）命名空间：隔离内核和版本标识符。

控制组：Linux 系统上的 Docker Engine 还依赖于控制组技术。控制组将应用程序限制为特定的资源集，允许 Docker Engine 将可用的硬件资源共享给容器，并可选择性地进行限制和约束。例如，可以限制特定容器的可用内存大小。

UnionFS：它是一种通过创建层来使其更加轻量和快速的文件系统。Docker Engine 使用 UnionFS 为容器提供构建块，并可以使用多种 UnionFS 变体，包括 AUFS、btrfs、VFS 和 DeviceMapper 等。

容器格式：默认容器格式是 libcontainer。Docker Engine 将命名空间、控制组和 UnionFS 组合成一个称为容器格式的包装器。

Chapter 10

第 10 章
安装 Docker CE

本章将主要介绍以下几部分内容。

（1）实验环境介绍：主要介绍 Docker 部分使用的 3 台虚拟机的基本信息。

（2）Docker 版本概览：主要介绍 Docker CE 版本和 Docker EE 版本的差异。

（3）单主机安装 Docker CE：主要介绍在线环境下使用 YUM 安装和离线环境下使用 RPM 包安装等两种单主机安装方案。

（4）多主机安装 Docker CE：主要介绍在线环境下使用 Docker Machine 工具安装和离线环境下使用 Ansible 安装等两种批量安装方案。

（5）查阅 Docker 帮助文档：主要介绍在线查阅 Docker 文档和离线查阅 Docker 文档两种方式。

10.1 实验环境介绍

本书涉及 Docker 的部分一共有 3 台安装有 CentOS 7.5 操作系统的服务器（使用 VirtualBox 软件），根据命令提示符上的主机名即可知道使用的是哪台服务器。

10.1.1 服务器信息

服务器 0：主机名为 docker.example.com/docker-machine.example.com/registry.example.com；IP 地址为 192.168.10.100。

服务器 1：主机名为 docker1.example.com；IP 地址为 192.168.10.101。

服务器 2：主机名为 docker2.example.com；IP 地址为 192.168.10.102。

10.1.2 基本配置

（1）使用 vi 命令修改 3 台测试服务器的/etc/hosts 文件内容，如代码清单 10-1 所示。

代码清单 10-1　　　　3 台测试服务器的/etc/hosts 文件内容

```
127.0.0.1    localhost localhost.localdomain localhost4 localhost4.localdomain4
::1          localhost localhost.localdomain localhost6 localhost6.localdomain6

192.168.10.100  registry         registry.example.example.com
192.168.10.100  docker-machine   docker-machine.example.com
```

```
192.168.10.100    docker         docker.example.com
192.168.10.101    docker1        docker1.example.com
192.168.10.102    docker2        docker2.example.com
```

（2）停用防火墙，如代码清单 10-2 所示。

代码清单 10-2　　　　　　　　　　停用测试服务器防火墙

```
systemctl disable firewalld.service
systemctl stop firewalld.service
firewall-cmd --state
not running
```

（3）修改 /etc/selinux/config 文件，禁用 selinux，如代码清单 10-3 所示。

代码清单 10-3　　　　　　　　　　禁用测试服务器 selinux

```
setenforce 0

vi /etc/selinux/config
SELINUX=disabled
SELINUXTYPE=targeted
```

10.2　Docker 版本概览

目前 Docker 主要有以下两个版本。

Community Edition（CE）：社区版主要是服务于个人开发者和较小的团队，用于学习 Docker 和做一些基于容器应用的尝试。

Enterprise Edition（EE）：企业版主要是服务于企业开发者和专业的互联网技术团队，用于构建、分发、运行企业内大规模的关键应用。

CE 版本和 EE 版本都包含了容器引擎、编排、网络和安全等功能；除此之外，EE 版本还提供了架构认证、插件、镜像管理、容器应用管理和镜像安全扫描等高级功能。基于学习的目的，本书所有的实验使用的都是 Docker CE 版。

10.3　单主机安装 Docker CE

本书所有的实验都是基于 CentOS 7.5 操作系统安装的 Docker CE v18.09.0。本节主要介绍在线环境下使用 YUM 安装和离线环境下使用 RPM 包安装等两种单主机安装方案。

10.3.1 卸载旧版本（推荐全新环境安装）

旧版本的 Docker 被称为 docker 或者 docker-engine，现在 Docker CE 的安装包被称为 docker-ce。卸载之后，/var/lib/docker 目录下的镜像、容器、卷和网络等对象都会被保留。卸载已安装的软件包如代码清单 10-4 所示。

代码清单 10-4　　　　　　　　　卸载已安装的软件包

```
[root@docker ~]# yum remove docker docker-client docker-client-latest docker-common docker-latest docker-latest-logrotate docker-logrotate docker-engine
Loaded plugins: fastestmirror
No Match for argument: docker
No Match for argument: docker-client
No Match for argument: docker-client-latest
No Match for argument: docker-common
No Match for argument: docker-latest
No Match for argument: docker-latest-logrotate
No Match for argument: docker-logrotate
No Match for argument: docker-engine
No Packages marked for removal
```

10.3.2 使用 YUM 安装 Docker

这是 Docker 官方推荐的方式，使用 YUM 源很容易进行安装和升级工作，缺点是只能在在线环境下使用。

（1）设置 Repository。其中 yum-utils 提供了 yum-config-manager 工具，device-mapper-persistent-data 和 lvm 是 devicemapper 存储驱动需要的包。使用 yum-config-manager 工具添加 docker-ce 的 YUM 源。安装 YUM 工具如代码清单 10-5 所示。

代码清单 10-5　　　　　　　　　安装 YUM 工具

```
[root@docker ~]# yum install -y yum-utils device-mapper-persistent-data lvm
[root@docker ~]#
[root@docker ~]# yum-config-manager --add-repo https://download.docker.com/linux/centos/docker-ce.repo
```

（2）安装最新版本的 Docker CE。Docker 安装之后并没有启动。使用 YUM 安装 docker-ce 如代码清单 10-6 所示。

代码清单 10-6　　　　　　　　　使用 YUM 安装 docker-ce

```
[root@docker ~]# yum install docker-ce
```

（3）启动并验证安装是否正确。

验证的过程也反映了 Docker 的工作流程，使用 docker run 来启动 hello-world 镜像。如果发现本地没有此镜像，就到默认的 Docker Hub 下载相应的镜像并运行。启动 Docker 服务如代码清单 10-7 所示。

代码清单 10-7   启动 Docker 服务

```
[root@docker ~]# systemctl start docker
[root@docker ~]#
[root@docker ~]# docker run hello-world
Unable to find image 'hello-world:latest' locally
latest: Pulling from library/hello-world
1b930d010525: Pull complete
Digest: sha256:2557e3c07ed1e38f26e389462d03ed943586f744621577a99efb77324b0fe535
Status: Downloaded newer image for hello-world:latest

Hello from Docker!

This message shows that your installation appears to be working correctly.(这个信息表示你
的安装是正确的)

To generate this message, Docker took the following steps:
 1. The Docker client contacted the Docker daemon.(Docker 客户端与 Docker 后台进程建立了连接)
 2. The Docker daemon pulled the "hello-world" image from the Docker Hub.
    (amd64)(Docker 后台进程从 Docker Hub 拉取了"hello-world"镜像)
 3. The Docker daemon created a new container from that image which runs the
    executable that produces the output you are currently reading.(Docker 后台进程使用刚拉
    取的"hello-world"镜像创建了一个新的容器，里面运行的可执行程序输出了当前的这些内容)
 4. The Docker daemon streamed that output to the Docker client, which sent it
    to your terminal.(Docker 后台进程把这些输出发送给了 Docker 客户端，即用户的终端)

To try something more ambitious, you can run an Ubuntu container with:
 $ docker run -it ubuntu bash

Share images, automate workflows, and more with a free Docker ID:
 https://hub.docker.com/

For more examples and ideas, visit:
 https://docs.docker.com/get-started/
```

10.3.3　使用 RPM 包安装 Docker

在企业内，可能无法通过在线方式安装软件，因此应该选择 RPM 安装方式。

（1）首先下载 RPM 安装包，主要是指定版本的 containerd.io-<version>.rpm、docker-ce-<version>.rpm、docker-ce-cli-<version>.rpm 和 container-selinux-<version>.rpm（替代 docker-ce-selinux-<version>.rpm）等几个软件包。

（2）安装 Docker CE 版。首先解压缩 docker-ce-18.09.0.tar.gz，然后依次安装依赖和软件，如代码清单 10-8 所示。

代码清单 10-8　　　　　解压缩并安装 docker-ce 安装软件包

```
[root@docker ~]# tar zxvf docker-ce-18.09.0.tar.gz
docker-ce-18.09.0/
docker-ce-18.09.0/docker-ce-18.09.0-3.el7.x86_64.rpm
docker-ce-18.09.0/containerd.io-1.2.0-3.el7.x86_64.rpm
docker-ce-18.09.0/docker-ce-cli-18.09.0-3.el7.x86_64.rpm
docker-ce-18.09.0/container-selinux-2.9-4.el7.noarch.rpm
docker-ce-18.09.0/Dependency/
docker-ce-18.09.0/Dependency/libtool-ltdl-2.4.2-22.el7_3.x86_64.rpm
docker-ce-18.09.0/Dependency/audit-libs-python-2.8.1-3.el7.x86_64.rpm
docker-ce-18.09.0/Dependency/checkpolicy-2.5-6.el7.x86_64.rpm
docker-ce-18.09.0/Dependency/libcgroup-0.41-15.el7.x86_64.rpm
docker-ce-18.09.0/Dependency/libsemanage-python-2.5-11.el7.x86_64.rpm
docker-ce-18.09.0/Dependency/policycoreutils-python-2.5-22.el7.x86_64.rpm
docker-ce-18.09.0/Dependency/python-IPy-0.75-6.el7.noarch.rpm
docker-ce-18.09.0/Dependency/setools-libs-3.3.8-2.el7.x86_64.rpm
docker-ce-18.09.0/Dependency/libseccomp-2.3.1-3.el7.x86_64.rpm
[root@docker ~]#
[root@docker ~]# cd docker-ce-18.09.0
[root@docker docker-ce-18.09.0]#
[root@docker docker-ce-18.09.0]# rpm -ivh Dependency/*
警告：Dependency/audit-libs-python-2.8.1-3.el7.x86_64.rpm: 头V3 RSA/SHA256 Signature,
密钥 ID f4a80eb5: NOKEY
准备中...                          ################################# [100%]
正在升级/安装...
   1:setools-libs-3.3.8-2.el7         ################################# [ 11%]
   2:python-IPy-0.75-6.el7            ################################# [ 22%]
   3:libsemanage-python-2.5-11.el7    ################################# [ 33%]
   4:libcgroup-0.41-15.el7            ################################# [ 44%]
   5:checkpolicy-2.5-6.el7            ################################# [ 56%]
   6:audit-libs-python-2.8.1-3.el7    ################################# [ 67%]
   7:policycoreutils-python-2.5-22.el7################################# [ 78%]
   8:libtool-ltdl-2.4.2-22.el7_3      ################################# [ 89%]
   9:libseccomp-2.3.1-3.el7           ################################# [100%]
[root@docker docker-ce-18.09.0]# rpm -ivh *.rpm
警告：containerd.io-1.2.0-3.el7.x86_64.rpm: 头V4 RSA/SHA512 Signature, 密钥 ID 621e9f35: NOKEY
警告：container-selinux-2.9-4.el7.noarch.rpm: 头V4 DSA/SHA1 Signature, 密钥 ID 192a7d7d: NOKEY
准备中...                          ################################# [100%]
正在升级/安装...
```

```
  1:containerd.io-1.2.0-3.el7           ################################ [ 25%]
  2:docker-ce-cli-1:18.09.0-3.el7       ################################ [ 50%]
  3:container-selinux-2:2.9-4.el7       ################################ [ 75%]
setsebool:  SELinux is disabled.
  4:docker-ce-3:18.09.0-3.el7           ################################ [100%]
```

（3）启动容器并检查服务状态，如代码清单 10-9 所示。

代码清单 10-9　　　　　　　　　　启动 Docker 服务

```
[root@docker ~]# systemctl start docker.service
[root@docker ~]#
[root@docker ~]# systemctl status docker.service
● docker.service - Docker Application Container Engine
   Loaded: loaded (/usr/lib/systemd/system/docker.service; disabled; vendor preset: disabled)
   Active: active (running) since 三 2019-01-23 11:15:00 CST; 19s ago
     Docs: https://docs.docker.com
 Main PID: 1206 (dockerd)
    Tasks: 18
   Memory: 46.9M
   CGroup: /system.slice/docker.service
           ├─1206 /usr/bin/dockerd -H unix://
           └─1214 containerd --config /var/run/docker/containerd/containerd.toml --log-level info
```

10.3.4　卸载 Docker CE

（1）卸载 Docker CE 安装包，如代码清单 10-10 所示。

代码清单 10-10　　　　　　　　　　卸载 docker-ce

```
[root@docker ~]# yum remove docker-ce
```

（2）主机上的镜像、容器、卷和自定义配置文件不会自动删除，需要手动删除，如代码清单 10-11 所示。

代码清单 10-11　　　　　　　　　　删除相关的目录

```
[root@docker ~]# rm -rf /var/lib/docker
```

更多内容可参考 Docker 官方网站。

10.4　多主机安装 Docker CE

本节主要介绍在线环境下使用 Docker Machine 工具安装和离线环境下使用 Ansible 安装

等两种批量安装方案。

10.4.1 使用 Docker Machine 批量安装 Docker 主机

Docker Machine 是可以批量安装、管理和配置在不同的环境下 Docker 主机的工具。这个主机可以是本地的虚拟机、物理机，也可以是公有云中的云主机，如常规 Linux 操作系统、VirtualBox、VMWare、Hyper-V 等虚拟化平台，以及 OpenStack、AWS、Azure 等公有云。

1. 安装 Docker Machine

（1）通过 curl 命令下载 docker-machine 二进制文件，并给予权限到对应目录中，推荐将 docker-machine 目录放到 Path 环境变量中，如代码清单 10-12 所示。

代码清单 10-12　　　　　从 Git Hub 上下载 docker-machine 二进制文件

```
# curl -L https://github.com/docker/machine/releases/download/v0.16.1/docker-machine-`uname -s`-`uname -m` >/tmp/docker-machine &&
chmod +x /tmp/docker-machine && cp /tmp/docker-machine /usr/local/bin/docker-machine
```

（2）通过 docker-machine version 命令来验证是否可运行，如代码清单 10-13 所示。

代码清单 10-13　　　　　查看 docker-machine 版本

```
[root@docker-machine ~]# docker-machine version
docker-machine version 0.16.1, build cce350d7
[root@docker-machine ~]#
```

2. 安装 bash 补全脚本

Docker Machine 资源库提供了多个 bash 脚本来增强其特性，如通过 Tab 键命令补全、在 Shell 提示符中显示活跃的主机等。需要把相应的脚本添加到 etcbash_completion.d 或者 usrlocaletcbash_completion.d 目录下。

（1）下载相应的脚本，如代码清单 10-14 所示。

代码清单 10-14　　　　　从 GitHub 上下载 bash 补全脚本

```
base=https://github.com/docker/machine/tree/master/contrib/completion/bash
for i in docker-machine-prompt.bash docker-machine-wrapper.bash docker-machine.bash
do
    wget "$base/${i}" -P /etc/bash_completion.d
done
```

（2）在~/.bashrc 文件中添加配置，并使脚本生效（需要等到 Docker 主机部署好才有效果），如代码清单 10-15 所示。

代码清单 10-15　　　　修改 docker-machine 主机的 bash 文件

```
PS1='[\u@\h \W$(__docker_machine_ps1)]\$ '
source /etc/bash_completion.d/docker-machine-prompt.bash
source ~/.bashrc
```

3. 创建 Machine

对于 Docker Machine 工具来说，"Machine"就是运行 Docker Engine 的主机。

（1）实验环境：3 台 VirtualBox 创建的虚拟机，CentOS 7.5 操作系统，主机名分别为 docker-machine、docker1 和 docker2，IP 地址分别为 192.168.10.100、192.168.10.101、192.168.10.102。

（2）使用 docker-machine ls 命令查看可用的主机列表，如代码清单 10-16 所示。从结果可以看到，目前还没有创建任何主机。

代码清单 10-16　　　　查看 docker-machine 管理的主机列表

```
[root@docker-machine ~]# docker-machine ls
NAME    ACTIVE    DRIVER    STATE    URL    SWARM    DOCKER    ERRORS
[root@docker-machine ~]#
```

（3）配置 docker-machine 到 docker1 和 docker2，可以 SSH 免密码登录（如果服务器很多，那么可以考虑使用 Ansible），如代码清单 10-17 所示。

代码清单 10-17　　　　　　配置免密码登录

```
[root@docker-machine ~]# ssh-keygen -t rsa
Generating public/private rsa key pair.
Enter file in which to save the key (/root/.ssh/id_rsa):
Created directory '/root/.ssh'.
Enter passphrase (empty for no passphrase):
Enter same passphrase again:
Your identification has been saved in /root/.ssh/id_rsa.
Your public key has been saved in /root/.ssh/id_rsa.pub.
The key fingerprint is:
SHA256:dizO5x/NqZuHkeGeisB6O+rfCt74A/mxB3ujfFVsoo root@docker-machine
The key's randomart image is:
+---[RSA 2048]----+
|                 |
|                 |
|        .        |
|       . o   .   |
|      . S.o  o + |
|       .oo .=. * |
```

```
|       .=o+.o=* . |
|       =oo+*.B++oo|
|       =OEo+BO+o. |
+----[SHA256]-----+
[root@docker-machine ~]# ssh-copy-id -f -i ~/.ssh/id_rsa.pub root@192.168.10.101
/usr/bin/ssh-copy-id: INFO: Source of key(s) to be installed: "/root/.ssh/id_rsa.pub"
root@192.168.10.101's password:

Number of key(s) added: 1

Now try logging into the machine, with:   "ssh 'root@192.168.10.101'"
and check to make sure that only the key(s) you wanted were added.

[root@docker-machine ~]# ssh root@192.168.10.101 hostname
docker1.htssec.com
[root@docker-machine ~]#
[root@docker-machine ~]# ssh-copy-id -f -i ~/.ssh/id_rsa.pub root@192.168.10.102
/usr/bin/ssh-copy-id: INFO: Source of key(s) to be installed: "/root/.ssh/id_rsa.pub"
root@192.168.10.102's password:

Number of key(s) added: 1

Now try logging into the machine, with:   "ssh 'root@192.168.10.102'"
and check to make sure that only the key(s) you wanted were added.

[root@docker-machine ~]# ssh root@192.168.10.102 hostname
docker2.example.com
```

（4）使用 Docker Machine 创建主机，如代码清单 10-18 所示。Docker Machine 支持多种驱动，如常用的 generic 是普通的 Linux 服务器，openstack 是 OpenStack 平台。具体可参阅文档 Machine Driver。这个步骤执行了多个动作，主要有以下动作。

- 通过 SSH 登录远程主机。
- 安装最新版本的 Docker。
- 复制证书。
- 远程配置 Docker Daemon。
- 启动 Docker。

代码清单 10-18　　　　　　使用 docker-machine 创建主机

```
[root@docker-machine ~]# docker-machine create --driver generic --generic-ip-address=
192.168.10.101 docker1
```

```
Running pre-create checks...
Creating machine...
(docker1) No SSH key specified. Assuming an existing key at the default location.
Waiting for machine to be running, this may take a few minutes...
Detecting operating system of created instance...
Waiting for SSH to be available...
Detecting the provisioner...
Provisioning with centos...
Copying certs to the local machine directory...
Copying certs to the remote machine...
Setting Docker configuration on the remote daemon...
Checking connection to Docker...
Docker is up and running!
To see how to connect your Docker Client to the Docker Engine running on this virtual
machine, run: docker-machine env docker1
[root@docker-machine ~]#
[root@docker-machine ~]# docker-machine create --driver generic --generic-ip-address=
192.168.10.102 docker2
[root@docker-machine ~]#
```

（5）查看目前平台状态，两台服务器按照预期安装了 Docker 环境，如代码清单 10-19 所示。

代码清单 10-19　　　　　　使用 docker-machine 查看安装的主机

```
[root@docker-machine ~]# docker-machine ls
NAME       ACTIVE   DRIVER    STATE     URL                          SWARM   DOCKER    ERRORS
docker1    -        generic   Running   tcp://192.168.10.101:2376            v18.09.0
docker2    -        generic   Running   tcp://192.168.10.102:2376            v18.09.0
[root@docker-machine ~]#
```

4．管理 Machine

（1）查看 docker1 主机的环境变量，如代码清单 10-20 所示。

代码清单 10-20　　　　　　查看 docker1 主机的环境变量

```
[root@docker-machine ~]# docker-machine env docker1
export DOCKER_TLS_VERIFY="1"
export DOCKER_HOST="tcp://192.168.10.101:2376"
export DOCKER_CERT_PATH="/root/.docker/machine/machines/docker1"
export DOCKER_MACHINE_NAME="docker1"
# Run this command to configure your shell:
# eval $(docker-machine env docker1)
```

（2）切换到 docker1 主机进行操作，如代码清单 10-21 所示。

代码清单 10-21   切换主机操作

```
[root@docker-machine ~]# eval $(docker-machine env docker1)
[root@docker-machine ~ [docker1]]# docker images
REPOSITORY          TAG              IMAGE ID            CREATED             SIZE
hello-world         latest           fce289e99eb9        3 weeks ago         1.84kB
busybox             latest           3a093384ac30        3 weeks ago         1.2MB
[root@docker-machine ~ [docker1]]# docker run hello-world

Hello from Docker!
This message shows that your installation appears to be working correctly.

To generate this message, Docker took the following steps:
 1. The Docker client contacted the Docker daemon.
 2. The Docker daemon pulled the "hello-world" image from the Docker Hub.
    (amd64)
 3. The Docker daemon created a new container from that image which runs the
    executable that produces the output you are currently reading.
 4. The Docker daemon streamed that output to the Docker client, which sent it
    to your terminal.

To try something more ambitious, you can run an Ubuntu container with:
 $ docker run -it ubuntu bash

Share images, automate workflows, and more with a free Docker ID:
 https://hub.docker.com/

For more examples and ideas, visit:
 https://docs.docker.com/get-started/
```

10.4.2 卸载 Docker Machine

（1）首先需要删除使用 docker-machine 创建的 Docker 主机。

- 删除单个 Docker 主机：# docker-machine rm <machine-name>。

- 删除所有 Docker 主机：# docker-machine rm -f $(docker-machine ls -q)。

（2）然后删除 docker-machine 二进制文件。

```
# rm $(whereis docker-machine)
```

10.4.3 使用 Ansible 批量安装 Docker 主机

Docker Machine 需要在线才可以批量安装、管理和配置不同环境下的 Docker 主机，但是一般企业基于安全方面的考虑是不会让所有的主机都在线安装的。此时使用 Ansible 批量安装 Docker 主机就显得更实用、更有价值。

1. 安装 Ansible

因为 Ansible 的安装过程不是本书的重点，所以略过，更详细的内容可以参考相关文档。

（1）安装 EPEL 源。此 RPM 包会随着版本变化而变化。安装 EPEL 源，如代码清单 10-22 所示。

代码清单 10-22　　　　　　　　　安装 EPEL 源

```
[root@docker ~]# yum install http://mirrors.163.com/centos/7/extras/x86_64/Packages/epel-release-7-11.noarch.rpm
```

（2）使用 YUM 源安装 Ansible。其中 ansible.cfg 文件是 Ansible 的配置文件；hosts 文件是 Ansible 的主仓库，用来存储需要管理的远程主机的相关信息。安装 Ansible 工具，如代码清单 10-23 所示。

代码清单 10-23　　　　　　　　　安装 Ansible 工具

```
[root@docker ~]# yum install -y ansible
[root@docker ~]#
[root@docker ~]# ansible --version
ansible 2.7.5
  config file = /etc/ansible/ansible.cfg
  configured module search path = [u'/root/.ansible/plugins/modules', u'/usr/share/ansible/plugins/modules']
  ansible python module location = /usr/lib/python2.7/site-packages/ansible
  executable location = /usr/bin/ansible
  python version = 2.7.5 (default, Apr 11 2018, 07:36:10) [GCC 4.8.5 20150623 (Red Hat 4.8.5-28)]

[root@docker ~]# tree /etc/ansible
/etc/ansible
├── ansible.cfg
├── hosts
└── roles
```

2. 编写 Ansible 配置文件

（1）修改 /etc/ansible/hosts 文件，添加需要安装 Docker 的主机列表，如代码清单 10-24 所示。

代码清单 10-24　　　　　　　　　添加 Ansible 控制的主机列表

```
#
# It should live in /etc/ansible/hosts
```

```
#
#   - Comments begin with the '#' character
#   - Blank lines are ignored
#   - Groups of hosts are delimited by [header] elements
#   - You can enter hostnames or ip addresses
#   - A hostname/ip can be a member of multiple groups

[docker_hosts]
192.168.10.101
192.168.10.102
```

（2）编写 playbook。playbook 是通过 YAML 格式进行描述定义的，其功能非常强大且灵活，是 Ansible 进行多主机管理的重要方式之一。此处仅简单满足批量部署 Docker 主机的需求，更多丰富的用法可在官网参考 Working With Playbooks。编写 playbook，如代码清单 10-25 所示。

代码清单 10-25　　　　　编写安装 docker-ce 的 playbook

```
[root@docker ~]# less install_docker_by_ansible.ymal

- hosts: docker_hosts
  remote_user: root
  tasks:
    - stat: path=/usr/bin/docker
      register: docker_path_register
    - name: Uninstall Docker CE
      yum: name=docker-ce state=removed
      when: docker_path_register.stat.exists == True
    - name: Extract docker-ce-18.09.0.tar.gz into /root/
      unarchive:
         src: /root/docker-ce-18.09.0.tar.gz
         dest: /root/
         keep_newer: yes
    - name: Install Docker CE Dependency
      yum:
        name:
          - /root/docker-ce-18.09.0/Dependency/audit-libs-python-2.8.1-3.el7.x86_64.rpm
          - /root/docker-ce-18.09.0/Dependency/checkpolicy-2.5-6.el7.x86_64.rpm
          - /root/docker-ce-18.09.0/Dependency/libcgroup-0.41-15.el7.x86_64.rpm
          - /root/docker-ce-18.09.0/Dependency/libseccomp-2.3.1-3.el7.x86_64.rpm
          - /root/docker-ce-18.09.0/Dependency/libsemanage-python-2.5-11.el7.x86_64.rpm
          - /root/docker-ce-18.09.0/Dependency/libtool-ltdl-2.4.2-22.el7_3.x86_64.rpm
          - /root/docker-ce-18.09.0/Dependency/policycoreutils-python-2.5-22.el7.x86_64.rpm
          - /root/docker-ce-18.09.0/Dependency/python-IPy-0.75-6.el7.noarch.rpm
          - /root/docker-ce-18.09.0/Dependency/setools-libs-3.3.8-2.el7.x86_64.rpm
        state: present
```

```yaml
    - name: Install Docker CE
      yum:
        name:
          - /root/docker-ce-18.09.0/containerd.io-1.2.0-3.el7.x86_64.rpm
          - /root/docker-ce-18.09.0/container-selinux-2.9-4.el7.noarch.rpm
          - /root/docker-ce-18.09.0/docker-ce-cli-18.09.0-3.el7.x86_64.rpm
          - /root/docker-ce-18.09.0/docker-ce-18.09.0-3.el7.x86_64.rpm
        state: present
    - name: Enable docker.service
      service: name=docker.service enabled=yes
    - name: Start docker.service
      service: name=docker state=started
```

（3）检查 playbook 语法是否正确，如代码清单 10-26 所示。

代码清单 10-26　　　　　　　　　检查 playbook 是否正确

```
[root@docker ~]# ansible-playbook install_docker_by_ansible.ymal --syntax-check
playbook: install_docker_by_ansible.ymal
```

3．使用 playbook 批量安装 Docker 主机

（1）配置 docker1 和 docker2 可以实现 SSH 免密码登录（SSH 免密码登录的方式可参考 10.4.1 节）。

（2）执行 playbook，如代码清单 10-27 所示。

代码清单 10-27　　　　　　　　　　执行 playbook

```
[root@docker ~]# ansible-playbook install_docker_by_ansible.ymal

PLAY [docker_hosts] ****************************************************

TASK [Gathering Facts] *************************************************
ok: [192.168.10.101]
ok: [192.168.10.102]

TASK [stat] ************************************************************
ok: [192.168.10.101]
ok: [192.168.10.102]

TASK [Uninstall Docker CE] *********************************************
changed: [192.168.10.102]
changed: [192.168.10.101]

TASK [Extract docker-ce-18.09.0.tar.gz into /root/] *********************
ok: [192.168.10.101]
```

```
ok: [192.168.10.102]

TASK [Install Docker CE Dependency] ************************************
ok: [192.168.10.101]
ok: [192.168.10.102]

TASK [Install Docker CE] ***********************************************
changed: [192.168.10.101]
changed: [192.168.10.102]

TASK [Enable docker.service] *******************************************
changed: [192.168.10.102]
changed: [192.168.10.101]

TASK [Start docker.service] ********************************************
changed: [192.168.10.101]
changed: [192.168.10.102]

PLAY RECAP *************************************************************
192.168.10.101             : ok=8    changed=4    unreachable=0    failed=0
192.168.10.102             : ok=8    changed=4    unreachable=0    failed=0
```

（3）验证 Docker 服务是否正常，如代码清单 10-28 所示。

代码清单 10-28　　　　　　　　检查 Docker 服务的状态

```
[root@docker1 ~]# systemctl status docker.service
*** docker.service - Docker Application Container Engine
   Loaded: loaded (/usr/lib/systemd/system/docker.service; enabled; vendor preset: disabled)
   Active: *active (running)* since Thu 2019-01-24 14:57:43 CST; 31s ago
     Docs: https://docs.docker.com
 Main PID: 9463 (dockerd)
```

10.5　查阅 Docker 帮助文档

在学习和使用 Docker 的过程中，可以参考 Docker 官方的帮助文档，这与学习其他技术的方法是一致的。查阅 Docker 帮助文档的方式有很多种，这里主要介绍两种。

10.5.1　在线查阅文档

这是比较直接的一种方式，可以通过在浏览器中输入 https://docs.docker.com/ 查看 Docker

最新版本的在线文档。

10.5.2 离线查阅文档

目前 Docker 暂时没有提供打包下载帮助文档，然后在本地打开的方法。但是，Docker 很巧妙地提供了帮助文档容器，前提是有一个容器环境，然后通过下载镜像的方式，就可以在离线环境查阅文档了。

（1）运行文档容器。可以下载最新版本的容器，如果需要指定的某个版本，那么加上版本号即可。这里的版本是 18.09，如代码清单 10-29 所示。

代码清单 10-29　　　　　　　下载并运行 Docker 文档的容器

```
[root@docker ~]# docker run -d -p 4000:4000 docs/docker.github.io:latest
Unable to find image 'docs/docker.github.io:latest' locally
latest: Pulling from docs/docker.github.io
cd784148e348: Pull complete
6e3058b2db8a: Pull complete
7ca4d29669c1: Pull complete
a14cf6997716: Pull complete
a4f4d7dedcb4: Pull complete
af4b35dd4ff5: Pull complete
8599fa021613: Pull complete
aec9923ec4b5: Pull complete
5ff06b3c499c: Pull complete
e4ba32f9de26: Pull complete
ff010e280c38: Pull complete
dd4b4072ceb3: Pull complete
812f4ff263c2: Pull complete
168e0cefc6ca: Pull complete
a4c50f3c6f87: Pull complete
878c255ab5e8: Pull complete
1522e4c56ccd: Pull complete
b7ade3a3c2f9: Pull complete
451532daa3c7: Pull complete
dd0a3c734fd9: Pull complete
98b3c49d61f1: Pull complete
Digest: sha256:d4992301599c58642b1c5c2048465f804aae8ed23da15e768d919f6ed467991d
Status: Downloaded newer image for docs/docker.github.io:latest
8b4b66bd1c558a10e055130a5ba411276301a49440fe016cbf4a5d19a274f70c
[root@docker ~]#
```

（2）在浏览器中输入地址 http://192.168.10.100:4000，即可在本地查看 Docker 帮助文档。

基于容器部署访问 Docker 帮助文档如图 10-1 所示。

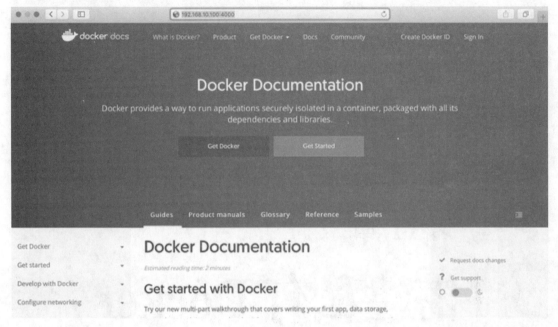

图 10-1

实验环境中使用的版本为 v18.09 的帮助文档，这个文档可以直接从网盘下载，然后导入自己的环境。

- 镜像导出脚本：# docker save docs/docker.github.io:latest -o docker_docs:v18.09。
- 镜像导入脚本：# docker load -i docker_docs:v18.09。

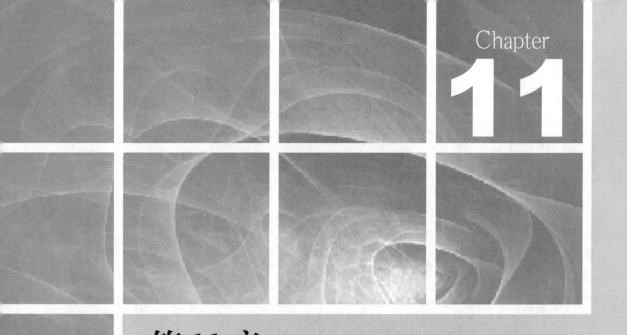

第 11 章 搭建私有 Docker Registry

本章主要有以下 3 部分内容。

（1）Docker Hub 简介：主要介绍 Docker 官方公共仓库 Docker Hub。

（2）搭建私有镜像仓库：主要介绍通过 Registry 容器搭建一个私有的本地仓库的方法。

（3）镜像打标签的最佳实践：以 Docker 社区使用的 Tag 方案为例，介绍镜像打标签的最佳实践。

11.1 Docker Hub 简介

Docker Hub 是由 Docker 官方维护的公共仓库，并且包含了大量的 Docker 镜像，大部分的需求可以从 Docker Hub 下载镜像来实现。

Docker Hub 中的镜像主要分为以下两类。

（1）Docker 官方提供镜像（OFFICIAL=YES），一般是基础镜像，并由 Docker 负责创建、验证、支持和提供。这类镜像通常由镜像名和 tag 组成（<image>:<tag>），如 centos:latest 等。

（2）第三方提供镜像，一般由 Docker 等用户负责创建并维护。这类镜像会带有用户名前缀（<user>/<image>:<tag>），如 royalwzy/mysql:latest。

可以使用 docker 命令对镜像进行管理和维护，如查找镜像（docker search）、拉取镜像（docker pull）、对镜像打标签（docker tag）和上传镜像（docker push）等。

11.2 搭建私有镜像仓库

企业内使用公共仓库可能会有很多局限性，如网络访问限制、私有镜像不能让外部访问、安全原因等。此时可以通过 Registry 工具搭建一个私有的本地仓库，Registry 也是基于容器运行的。

（1）创建本地目录/var/lib/registry，并运行 Registry 容器，如代码清单 11-1 所示。默认仓库会放在容器中，通过指定-v 参数将镜像文件存放在主机本地目录中。

代码清单 11-1　　创建 Registry 使用的目录，并运行 Registry 服务

```
[root@registry ~]# mkdir -p /var/lib/registry
[root@registry ~]#
[root@registry ~]# docker run -d -p 5000:5000 --restart=always -v /var/lib/registry:/var/lib/registry --name registry registry
```

```
e0251f3d9324e6d00cf9dc8a2e743a0341ff1513363ee975ea1e9188f971a9c7
[root@registry ~]#
[root@registry ~]# docker ps
CONTAINER ID        IMAGE         COMMAND              CREATED         STATUS       PORTS      NAMES
e0251f3d9324        registry      "/entrypoint.sh /etc…"  4 seconds ago   Up4 seconds
0.0.0.0:5000->5000/tcp            registry
```

（2）查看私有仓库，新搭建完成时没有镜像，后续把自己的镜像推送进去，如代码清单 11-2 所示。

代码清单 11-2 　　　　　　　　测试 Registry 服务是否正常

```
[root@registry ~]# curl registry.example.com:5000/v2/_catalog
{"repositories":[]}
[root@registry ~]#
```

（3）对镜像打标签，指向私有 Registry，如代码清单 11-3 所示。相应语法为 docker tag IMAGE [:TAG] [REGISTRY_HOST[:REGISTRY_PORT]/]REPOSITORY[:TAG]。

代码清单 11-3 　　　　　　　　对镜像打标签

```
[root@registry ~]# docker tag busybox:latest registry.example.com:5000/hello-world:latest
[root@registry ~]# docker tag busybox:latest registry.example.com:5000/busybox:latest
[root@registry ~]# docker tag httpd:latest registry.example.com:5000/httpd:latest
[root@registry ~]# docker images
REPOSITORY                                  TAG       IMAGE ID       CREATED        SIZE
busybox                                     latest    3a093384ac30   2 weeks ago    1.2MB
registry.example.com:5000/busybox           latest    3a093384ac30   2 weeks ago    1.2MB
httpd                                       latest    ef1dc54703e2   2 weeks ago    132MB
registry.example.com:5000/httpd             latest    ef1dc54703e2   2 weeks ago    132MB
registry                                    latest    9c1f09fe9a86   3 weeks ago    33.3MB
hello-world                                 latest    4ab4c602aa5e   4 months ago   1.84kB
registry.example.com:5000/hello-world       latest    4ab4c602aa5e   4 months ago   1.84kB
```

（4）把镜像上传到私有 Registry 中，如代码清单 11-4 所示。如果上传镜像时报错 http: server gave HTTP response to HTTPS client，那么可以通过在文件 etcdocker/daemon.json 中添加 { "insecure-registries":["registry.example.com:5000"] } 配置解决。

代码清单 11-4 　　　　　　　　上传镜像

```
[root@registry ~]# docker push registry.example.com:5000/busybox:latest
The push refers to repository [registry.example.com:5000/busybox]
Get https://registry.example.com:5000/v2/: http: server gave HTTP response to HTTPS client
[root@registry ~]#
[root@registry ~]# echo '{ "insecure-registries":["registry.example.com:5000"] }' > /etc/docker/daemon.json
```

```
[root@registry ~]# systemctl restart docker
[root@registry ~]#
[root@registry ~]# docker push registry.example.com:5000/busybox:latest
The push refers to repository [registry.example.com:5000/busybox]
683f499823be: Pushed
latest: digest: sha256:bbb143159af9eabdf45511fd5aab4fd2475d4c0e7fd4a5e154b98e838488e510
size: 527
[root@registry ~]# docker push registry.example.com:5000/httpd:latest
The push refers to repository [registry.example.com:5000/httpd]
64446057e402: Pushed
13a694db88ed: Pushed
3fc0ec65884c: Pushed
30d0b099e805: Pushed
7b4e562e58dc: Pushed
latest: digest: sha256:246fed9aa9be7aaba1e04d9146be7a3776c9a40b5cfb3242d3427f79edee37db
size: 1367
[root@ registry ~]# docker push registry.example.com:5000/hello-world
The push refers to repository [registry.example.com:5000/hello-world]
af0b15c8625b: Pushed
latest: digest: sha256:92c7f9c92844bbbb5d0a101b22f7c2a7949e40f8ea90c8b3bc396879d95e899a
size: 524
```

（5）删除本地镜像，如代码清单 11-5 所示。

代码清单 11-5　　　　　　　　　　删除本地镜像

```
[root@registry ~]# docker rmi busybox:latest
Untagged: busybox:latest
Untagged: busybox@sha256:7964ad52e396a6e045c39b5a44438424ac52e12e4d5a25d94895f2058cb863a0
[root@registry ~]# docker rmi httpd:latest
Untagged: httpd:latest
Untagged: httpd@sha256:a613d8f1dbb35b18cdf5a756d2ea0e621aee1c25a6321b4a05e6414fdd3c1ac1
[root@registry ~]# docker rmi hello-world
Untagged: hello-world:latest
Untagged: hello-world@sha256:2557e3c07ed1e38f26e389462d03ed943586f744621577a99efb77324b0fe535
[root@registry ~]# docker images
REPOSITORY                                TAG       IMAGE ID       CREATED        SIZE
registry.example.com:5000/busybox         latest    3a093384ac30   2 weeks ago    1.2MB
registry.example.com:5000/httpd           latest    ef1dc54703e2   2 weeks ago    132MB
registry                                  latest    9c1f09fe9a86   3 weeks ago    33.3MB
registry.example.com:5000/hello-world     latest    4ab4c602aa5e   4 months ago   1.84kB
```

（6）查看私有仓库中的镜像，可以看到 busybox、hello-world 和 httpd 这 3 个镜像已经可以在私有仓库中使用，如代码清单 11-6 所示。

代码清单 11-6　　　　　　　　　查看私有仓库中的镜像

```
[root@registry ~]# curl registry.example.com:5000/v2/_catalog
{"repositories":["busybox","hello-world","httpd"]}
[root@registry ~]#
```

（7）下载镜像。

使用 docker1 主机下载 busybox 镜像，如代码清单 11-7 所示。

代码清单 11-7　　　　　　　　下载 busybox 镜像

```
[root@docker1 ~]# docker pull registry.example.com:5000/busybox
Using default tag: latest
latest: Pulling from busybox
57c14dd66db0: Pull complete
Digest: sha256:bbb143159af9eabdf45511fd5aab4fd2475d4c0e7fd4a5e154b98e838488e510
Status: Downloaded newer image for registry.example.com:5000/busybox:latest
```

使用 docker2 主机运行 hello-world 镜像，如代码清单 11-8 所示。

代码清单 11-8　　　　　　　　运行 hello-world 镜像

```
[root@docker2 ~]# docker run registry.example.example.com:5000/hello-world
Unable to find image 'registry.example.com:5000/hello-world:latest' locally
latest: Pulling from hello-world
1b930d010525: Pull complete
Digest: sha256:92c7f9c92844bbbb5d0a101b22f7c2a7949e40f8ea90c8b3bc396879d95e899a
Status: Downloaded newer image for registry.example.example.example.example.com:5000/
hello-world:latest

Hello from Docker!
This message shows that your installation appears to be working correctly.

To generate this message, Docker took the following steps:
 1. The Docker client contacted the Docker daemon.
 2. The Docker daemon pulled the "hello-world" image from the Docker Hub.
    (amd64)
 3. The Docker daemon created a new container from that image which runs the
    executable that produces the output you are currently reading.
 4. The Docker daemon streamed that output to the Docker client, which sent it
    to your terminal.

To try something more ambitious, you can run an Ubuntu container with:
 $ docker run -it ubuntu bash

Share images, automate workflows, and more with a free Docker ID:
 https://hub.docker.com/
```

> For more examples and ideas, visit:
> https://docs.docker.com/get-started/

11.3 镜像打标签的最佳实践

一个镜像的名字由 Repository 和 Tag 两部分组成。Repository 用于表示镜像名字；Tag 可以是任意字符串，通常用于描述镜像的版本信息。如果创建/下载镜像时不指定 Tag，则会使用默认值 latest。latest 并没有特殊的含义，Docker Hub 上约定使用 latest 作为 Repository 的最新、最稳定版本。

一个好的版本命名方案可以让用户清楚地知道当前使用的是哪个镜像，同时还可以保持足够的灵活性。以 Docker 社区使用的 Tag 方案为例，介绍一下镜像打标签的最佳实践。

（1）镜像 myimage 目前的版本为 18.4.1。因为每个 Repository 可以有多个 Tag，而多个 Tag 可以对应同一个镜像，我们可以给此镜像打上标识此版本的标签 myimage:18.4.1，另外再添加 3 个辅助标签 myimage:18.4、myimage:18、myimage:latest 指向 myimage:18.4.1。

（2）待 myimage 发布 18.4.2 版后，给新的 myimage 打上标识此版本的标签 myimage:18.4.2，同时把 3 个辅助标签 myimage:18.4、myimage:18、myimage:latest 重新指向 myimage:18.4.2。

（3）之后等待 19.1.1 版发布，需要给此镜像打上标识此版本的标签 myimage:19.1.1，添加两个辅助标签 myimage:19.1、myimage:19，另外还需要把 myimage:latest 重新指向 myimage:19.1.1。

总的来说，这种打标签的原则是：<image>:M 总指向 M.×.×这个分支中的最新镜像；<image>:M.N 总指向 M.N.×这个分支中的最新镜像；<image>:latest 总指向所有版本中的最新镜像。

对于测试环境来说，为了方便快速搭建，可以将其制作为 Docker 镜像，然后存放在私服中，当需要使用时，快速通过编排的方式切换，从而实现分钟级别的测试环境构建和切换，提高测试效率。

Chapter 12

第 12 章

Kubernetes 概述

Kubernetes 是一个轻量级的可扩展的开源分布式调度平台，用于管理容器化的应用和服务。在 Kubernetes 中，会将相关容器组合成一个逻辑单元，便于管理和监控。通过 Kubernetes 能够方便地完成应用的自动化部署、扩容、缩容、升级、降级等一系列的运维工作。Kubernetes 的优势主要有以下几点。

（1）自动化装箱：在不牺牲可用性的条件下，基于容器对资源的要求和约束自动部署容器。同时，为了提高利用率和节省更多资源，将关键和最佳工作量结合在一起。

（2）自愈能力：当容器失败时，会对容器进行重启；当所部署的节点（Node）发生故障时，会对容器进行重新部署和重新调度；当容器未通过监控检查时，会关闭此容器，直到容器正常运行，才会对外提供服务。

（3）水平扩容和缩容：可以基于 CPU 的使用率，通过简单的命令、图形界面对应用进行扩容和缩容。

（4）服务发现和负载均衡：开发者不需要使用额外的服务发现机制，就能够基于 Kubernetes 进行服务发现和负载均衡。

（5）自动发布和回滚：Kubernetes 能够程序化地发布应用和相关的配置。如果发布有问题，那么 Kubernetes 能够回滚发生的变更。

（6）保密和配置管理：在不需要重新构建镜像的情况下，可以部署和更新保密和应用配置。

（7）存储编排：自动挂接存储系统。这些存储系统可以来自本地、公共云提供商（例如 GCP 和 AWS 等）、网络存储（例如 NFS、iSCSI、Gluster、Ceph、Cinder 和 Floker 等）等。

12.1 Kubernetes 架构简介

Kubernetes 属于主从分布式架构，主要由 Master 节点和 Worker 节点组成，它还包括客户端命令行工具 Kubectl 和其他插件。Kubernetes 架构如图 12-1 所示。

12.1.1 Master 节点

Master 节点提供了集群的控制平面，主要用于集群的全局决策、检测和响应集群事件，如调度 Pod、检测 Pod 副本数量等。生产环境中，建议至少运行 3 个 Master 节点来实现高可用。Master 节点上的主要程序有 kube-apiserver、etcd、kube-scheduler、kube-controller-manager 和 cloud-controller-manager。

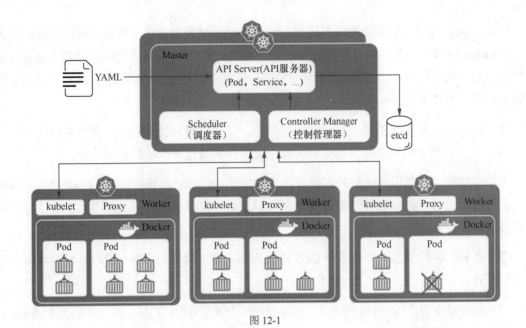

图 12-1

（1）kube-apiserver：Kubernetes 最重要的组件之一，用于提供 Kubernetes API，可以认为是 Kubernetes 控制平面的前端程序，也是集群的网关。它主要用来处理客户端发送的请求，并把相关结果状态存储、更新到 etcd 数据库中。kube-apiserver 可以平滑水平扩展，通过负载均衡对外服务，方便大规模集群扩展。

（2）etcd：它是主流的高可用一致性 key-value 数据库，也是 Kubernetes 默认的后端数据库，主要用来存储集群中的所有数据、共享配置和服务发现。生产环境中建议部署高可用的 etcd 集群环境，并根据架构要求，选择是否与 kube-apiserver 组件耦合部署。

（3）kube-scheduler：Kubernetes 的调度器，根据调度策略为新创建的 Pod 选择一个合适的节点部署并运行（kubelet 是 Pod 是否能够运行在特定节点上的最终裁决者）。Pod 的调度过程分为两步，先使用预选策略，后使用优选策略。参与调度决策的因素主要有资源需求，硬件、软件、策略的约束，亲和力和反亲和力规范，数据存放位置，负载影响和最后期限等。

- 预选节点：遍历集群中所有的节点，按照具体的预选策略筛选出符合要求的节点列表。如果没有节点符合预选策略规则，那么该 Pod 就会被挂起，直到集群中出现符合要求的节点。
- 优选节点：在预选节点列表的基础上，按照优选策略为待选的节点进行打分和排序，从中获取最优节点。

（4）kube-controller-manager：从逻辑上来说，每个控制器都是一个独立的进程，但是为了降低复杂性，它们都被编译到一个二进制程序并且在单个进程中运行。主要的控制器有 Node Controller、Replication Controller、Endpoints Controller、Service Account & Token Controllers 等。

- Node Controller：负责节点故障时的发现与响应。
- Replication Controller：负责为系统中的每个副本控制器对象维护正确的 Pod 副本数量。
- Endpoints Controller：负责填充端点对象（即连接 Service 和 Pod）。
- Service Account & Token Controllers：为新的命名空间创建默认账户和 API 访问令牌。

（5）cloud-controller-manager：云管理控制器是从 kube-controller-manager 实现的 Go 语言接口代码，用于实现任何云服务的接入。

12.1.2 Worker 节点

Worker 节点主要用于维护运行的 Pod 并提供 Kubernetes 运行时环境。该节点上的主要程序有：kubelet、kube-proxy 和容器运行时。

（1）kubelet：集群中每个节点上都运行的代理程序，它确保容器都以 Pod 的形式运行。kubelet 默认使用 cAdvisor 进行资源监控，负责管理 Pod、容器、镜像、数据卷等，实现集群对节点的管理，并将容器的运行状态汇报给 kube-apiserver。kubelet 使用各种机制提供的一组 PodSpecs，并确保 PodSpecs 中描述的容器运行且"健康"，它不管理不是由 Kubernetes 创建的容器。

（2）kube-proxy：在 Kubernetes 中，kube-proxy 负责为 Pod 创建代理服务，通过 iptables 规则引导访问至服务 IP，并重定向到后端应用，从而实现服务到 Pod 的路由和转发，以及高可用的应用负载均衡解决方案（服务发现主要通过 DNS 实现）。

（3）容器运行时：负责下载镜像和运行容器。Kubernetes 本身不提供容器运行时，但是支持多种运行时（Docker、rkt、runc）和任何 OCI 运行时规范实现。

12.1.3 插件

插件是实现集群功能的 Pod 和 Service，是对 Kubernetes 核心功能的扩展，例如提供网络和网络策略等能力。安装和使用插件可以参阅文档 Installing Addons。常用的插件主要有网络、服务发现、可视化、监控和日志收集等。

（1）Calico：它是一个安全的三层网络和网络策略提供者。

（2）Flannel：它是一个覆盖网络的网络提供者。

（3）DNS：Kubernetes 对其他插件无严格要求，但是所有集群都应该部署 DNS 插件，因为很多应用依赖它。由 Kubernetes 启动的容器会自动指向集群中的 DNS 服务器。CoreDNS 是使用较多的 DNS 服务组件之一。

（4）Ingress：提供基于 HTTP 的路由转发机制。

（5）Dashboard：仪表板是 Kubernetes 集群的基于 Web 的通用接口。它允许用户管理和解决集群中运行的应用程序和集群本身。

（6）Container Resource Monitoring：容器资源监视器用于记录容器基于时间序列的度量，并提供浏览该数据的接口。

（7）Cluster-level Logging：负责将容器日志保存到中央日志数据库，并提供查询/浏览的接口。

12.2　Kubernetes 的高可用集群方案介绍

按照 etcd 数据库是否部署在 Master 节点，Kubernetes 的高可用集群方案分为以下两种。

（1）堆叠 etcd 拓扑（Stacked etcd topology）：etcd 数据库部署在 Master 节点上，即 etcd 数据库与 Master 节点控制平面的 kube-apiserver、kube-scheduler、kube-controller-manager 组件混合部署。

（2）外部 etcd 拓扑（External etcd topology）：etcd 数据库独立部署，即 etcd 数据库运行在独立的服务器上。

12.2.1　堆叠 etcd 拓扑

在堆叠 etcd 拓扑下，每个 Master 节点上都运行了 kube-apiserver、kube-scheduler、kube-controller-manager 实例和 etcd 成员，这个 etcd 成员只与本地的 kube-apiserver 进行通信，而 kube-apiserver 是以负载均衡的方式暴露给 Worker 节点的。堆叠 etcd 拓扑如图 12-2 所示。

这种拓扑的优点是部署和管理都很简单；缺点是一旦 Master 节点故障，etcd 数据库和 kube-apiserver 都不可用。可以通过增加多个 Master 节点来规避这种风险。

这是使用 kubeadm 部署的默认方案，当执行 kubeadm init 和 kubeadm join --experimental-control-plane 命令时，会在 Master 节点自动创建 etcd 成员。

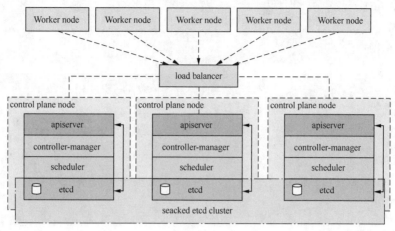

图 12-2

12.2.2 外部 etcd 拓扑

在外部 etcd 拓扑下,每个 Master 节点上都运行了 kube-apiserver、kube-scheduler、kube-controller-manager 实例,而 kube-apiserver 是以负载均衡的方式暴露给 Worker 节点的。etcd 集群是部署在独立的多个服务器上的,每个 Master 节点上的 kube-apiserver 分别与 etcd 集群进行通信。外部 etcd 拓扑如图 12-3 所示。

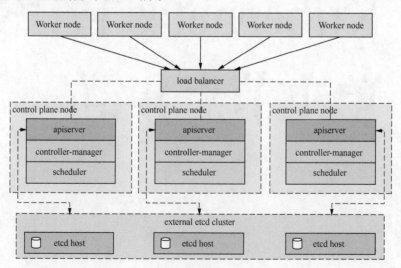

图 12-3

这种拓扑解耦了控制平面和 etcd 数据库,它的优点是 Master 节点或者 etcd 节点故障对集群几乎无影响;缺点是需要更多的服务器来支持此架构。

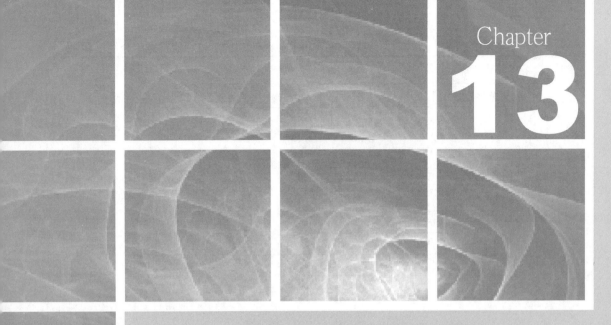

第 13 章

使用 kubeadm 搭建 Kubernetes v1.13.2 单主节点集群

Kubernetes 是一个典型的分布式应用。对于初学者来说，其安装部署一直是比较困难的一件事，需要参考大量的文档并且维护一系列的脚本。例如，需要为二进制启动文件编写对应的配置文件、启动脚本和授权文件等。虽然可以使用 Ansible 等自动化运维工具来运维，但是维护不同版本之间的差异、不断更新部署脚本等工作依然繁杂，且 Ansible 工具本身也有一定的复杂度。

kubeadm 工具是用于简单部署 Kubernetes 集群的，此工具使用两条指令便可以完成自动配置必要的服务、设置安全认证、扩展集群节点等一系列复杂的操作。目前该工具的缺点是只能部署单主机节点集群，部署高可用集群还没有稳定的版本，暂时无法直接用于生产环境。

使用 kubeadm 部署 Kubernetes 充分利用了容器的优势，即把可以容器化的组件都以容器的方式运行。需要手动部署 kubeadm、kubelet 和 kubectl 这 3 个二进制文件，其他如 kube-apiserver、kube-scheduler、kube-controller-manager、kube-proxy、etcd 和 coredns 等组件均以容器的方式运行。kubelet 是 Kubernetes 操作容器运行时（如 Docker）的核心组件，它需要直接操作主机配置容器网络、管理容器数据卷。如果把 kubelet 容器化并以 host 网络模式运行，则可以共享主机的网络栈，并进行配置，但是目前无法以容器的方式直接操作主机的文件系统。

13.1 实验环境介绍

本次实验一共有 3 台装有 CentOS 7.5 操作系统的服务器（使用 VirtualBox 软件），根据命令提示符上的主机名即可知道使用的是哪台服务器。

13.1.1 服务器信息

服务器相关信息如下。

（1）服务器 0：主机名为 k8s-m.example.com；IP 地址为 192.168.10.110。

（2）服务器 1：主机名为 k8s-w1.example.com；IP 地址为 192.168.10.111。

（3）服务器 2：主机名为 k8s-w2.example.com；IP 地址为 192.168.10.112。

13.1.2 基本的配置

（1）配置 3 台测试服务器的 hosts 文件内容，如代码清单 13-1 所示。

第 13 章 使用 kubeadm 搭建 Kubernetes v1.13.2 单主节点集群

代码清单 13-1　　　　　　　3 台测试服务器的 hosts 文件内容

```
127.0.0.1       localhost localhost.localdomain localhost4 localhost4.localdomain4
::1             localhost localhost.localdomain localhost6 localhost6.localdomain6

192.168.10.110  k8s-m    k8s-m.example.com
192.168.10.111  k8s-w1   k8s-w1.example.com
192.168.10.112  k8s-w2   k8s-w2.example.com
```

（2）停用防火墙，如代码清单 13-2 所示。

代码清单 13-2　　　　　　　停用测试服务器的防火墙

```
# systemctl disable firewalld.service
# systemctl stop firewalld.service
# firewall-cmd --state
not running
```

（3）禁用 selinux，如代码清单 13-3 所示。

代码清单 13-3　　　　　　　禁用测试服务器的 selinux

```
# setenforce 0
# vi /etc/selinux/config
SELINUX=disabled
SELINUXTYPE=targeted
```

（4）配置 k8s-m 到 k8s-w1 和 k8s-w2 的 SSH 互信，如代码清单 13-4 所示。

代码清单 13-4　　　　　　　配置 3 个节点 SSH 互信

```
[root@k8s-m ~]# ssh-keygen -t rsa
Generating public/private rsa key pair.
Enter file in which to save the key (/root/.ssh/id_rsa):
Created directory '/root/.ssh'.
Enter passphrase (empty for no passphrase):
Enter same passphrase again:
Your identification has been saved in /root/.ssh/id_rsa.
Your public key has been saved in /root/.ssh/id_rsa.pub.
The key fingerprint is:
SHA256:bUjE9pBNOFMb470qF/1MH9E74USk//klofkUcuAWxP8 root@k8s-m
The key's randomart image is:
+---[RSA 2048]----+
|       ..*= ...o |
|       .O..=..o .|
|       ..=o .+.+.|
|       . o....*.+|
|        S + o+.X.|
|         . o.+=.E|
|          . o oo++|
```

```
|       o   o +|
|           ..|
+----[SHA256]-----+
[root@k8s-m ~]# ssh-copy-id -f -i ~/.ssh/id_rsa.pub root@192.168.10.111
/usr/bin/ssh-copy-id: INFO: Source of key(s) to be installed: "/root/.ssh/id_rsa.pub"
The authenticity of host '192.168.10.111 (192.168.10.111)' can't be established.
ECDSA key fingerprint is SHA256:kX+RWnVfnaPJSxE/WfmsHi1bEiHE0Xiop6nW0s3mNWY.
ECDSA key fingerprint is MD5:02:0e:23:09:fe:01:c8:8f:8a:12:91:78:2c:74:0c:44.
Are you sure you want to continue connecting (yes/no)? yes
root@192.168.10.111's password:

Number of key(s) added: 1

Now try logging into the machine, with:   "ssh 'root@192.168.10.111'"
and check to make sure that only the key(s) you wanted were added.

[root@k8s-m ~]# ssh root@192.168.10.111 hostname
k8s-w1
[root@k8s-m ~]# ssh-copy-id -f -i ~/.ssh/id_rsa.pub root@192.168.10.112
/usr/bin/ssh-copy-id: INFO: Source of key(s) to be installed: "/root/.ssh/id_rsa.pub"
The authenticity of host '192.168.10.112 (192.168.10.112)' can't be established.
ECDSA key fingerprint is SHA256:kX+RWnVfnaPJSxE/WfmsHi1bEiHE0Xiop6nW0s3mNWY.
ECDSA key fingerprint is MD5:02:0e:23:09:fe:01:c8:8f:8a:12:91:78:2c:74:0c:44.
Are you sure you want to continue connecting (yes/no)? yes
root@192.168.10.112's password:

Number of key(s) added: 1

Now try logging into the machine, with:   "ssh 'root@192.168.10.112'"
and check to make sure that only the key(s) you wanted were added.

[root@k8s-m ~]# ssh root@192.168.10.112 hostname
k8s-w2
```

13.2 安装 Docker CE

分别在 k8s-m、k8s-w1 和 k8s-w2 节点以 RPM 包方式安装 Docker CE v18.09.0。这里以 k8s-m 节点的安装为例。当集群节点较多时，考虑使用 Ansible 进行安装。

13.2.1 解压缩安装包

将下载好的软件安装包（docker-ce-18.09.0.tar.gz）使用 tar 命令进行解压缩，如代码清单 13-5 所示。

代码清单 13-5　　　　　　　　解压缩软件安装包

```
[root@k8s-m ~]# tar zxvf docker-ce-18.09.0.tar.gz
docker-ce-18.09.0/
docker-ce-18.09.0/docker-ce-18.09.0-3.el7.x86_64.rpm
docker-ce-18.09.0/containerd.io-1.2.0-3.el7.x86_64.rpm
docker-ce-18.09.0/docker-ce-cli-18.09.0-3.el7.x86_64.rpm
docker-ce-18.09.0/container-selinux-2.9-4.el7.noarch.rpm
docker-ce-18.09.0/Dependency/
docker-ce-18.09.0/Dependency/libtool-ltdl-2.4.2-22.el7_3.x86_64.rpm
docker-ce-18.09.0/Dependency/audit-libs-python-2.8.1-3.el7.x86_64.rpm
docker-ce-18.09.0/Dependency/checkpolicy-2.5-6.el7.x86_64.rpm
docker-ce-18.09.0/Dependency/libcgroup-0.41-15.el7.x86_64.rpm
docker-ce-18.09.0/Dependency/libsemanage-python-2.5-11.el7.x86_64.rpm
docker-ce-18.09.0/Dependency/policycoreutils-python-2.5-22.el7.x86_64.rpm
docker-ce-18.09.0/Dependency/python-IPy-0.75-6.el7.noarch.rpm
docker-ce-18.09.0/Dependency/setools-libs-3.3.8-2.el7.x86_64.rpm
docker-ce-18.09.0/Dependency/libseccomp-2.3.1-3.el7.x86_64.rpm
```

13.2.2　RPM 包方式安装 Docker CE

使用 rpm 命令对解压缩目录下的 RPM 包进行安装，如代码清单 13-6 所示。

代码清单 13-6　　　　　　　　RPM 包方式安装 Docker CE

```
[root@k8s-m ~]# rpm -Uvh docker-ce-18.09.0/Dependency/*.rpm
警告：docker-ce-18.09.0/Dependency/audit-libs-python-2.8.1-3.el7.x86_64.rpm: 头 V3 RSA/
SHA256 Signature, 密钥 ID f4a80eb5: NOKEY
准备中...                          ################################# [100%]
正在升级/安装...
   1:setools-libs-3.3.8-2.el7         ################################# [ 11%]
   2:python-IPy-0.75-6.el7            ################################# [ 22%]
   3:libsemanage-python-2.5-11.el7    ################################# [ 33%]
   4:libcgroup-0.41-15.el7            ################################# [ 44%]
   5:checkpolicy-2.5-6.el7            ################################# [ 56%]
   6:audit-libs-python-2.8.1-3.el7    ################################# [ 67%]
   7:policycoreutils-python-2.5-22.el7################################# [ 78%]
   8:libtool-ltdl-2.4.2-22.el7_3      ################################# [ 89%]
   9:libseccomp-2.3.1-3.el7           ################################# [100%]
[root@k8s-m ~]# rpm -Uvh docker-ce-18.09.0/*.rpm
警告：docker-ce-18.09.0/containerd.io-1.2.0-3.el7.x86_64.rpm: 头 V4 RSA/SHA512 Signature,
密钥 ID 621e9f35: NOKEY
警告：docker-ce-18.09.0/container-selinux-2.9-4.el7.noarch.rpm: 头 V4 DSA/SHA1 Signature,
```

```
密钥 ID 192a7d7d: NOKEY
准备中...                          ################################# [100%]
正在升级/安装...
   1:containerd.io-1.2.0-3.el7     ################################# [ 25%]
   2:docker-ce-cli-1:18.09.0-3.el7 ################################# [ 50%]
   3:container-selinux-2:2.9-4.el7 ################################# [ 75%]
setsebool:  SELinux is disabled.
   4:docker-ce-3:18.09.0-3.el7     ################################# [100%]
[root@k8s-m ~]#
```

13.2.3 启动服务，并检查服务状态

在 Docker 安装完成后，进行 Docker 服务的启动检查和验证，如代码清单 13-7 所示。

代码清单 13-7　　　　　　　　启动 Docker 服务并检查服务状态

```
[root@k8s-m ~]# systemctl enable docker.service
Created symlink from /etc/systemd/system/multi-user.target.wants/docker.service to /usr/lib/systemd/system/docker.service.
[root@k8s-m ~]# systemctl start docker.service
[root@k8s-m ~]# systemctl status docker.service
*●* docker.service - Docker Application Container Engine
   Loaded: loaded (/usr/lib/systemd/system/docker.service; enabled; vendor preset: disabled)
   Active: *active (running)* since 五 2019-02-01 16:48:54 CST; 12s ago
     Docs: https://docs.docker.com
 Main PID: 1645 (dockerd)
    Tasks: 22
   Memory: 48.9M
   CGroup: /system.slice/docker.service
           ├─1645 /usr/bin/dockerd -H unix://
           └─1659 containerd --config /var/run/docker/containerd/containerd.toml --log-level info
```

13.3　安装 Kubernetes 组件

分别在 k8s-m、k8s-w1 和 k8s-w2 节点安装 Kubernetes v1.13.2 组件。

13.3.1　解压缩安装包

获取 Kubernetes 安装包（kubernetes-v1.13.2.tar.gz），使用 tar 命令进行解压缩，如代码清

单 13-8 所示。

代码清单 13-8　　　　　　　　解压缩 Kubernetes 软件包
```
[root@k8s-m ~]# tar zxvf kubernetes-v1.13.2.tar.gz
kubernetes-v1.13.2/
kubernetes-v1.13.2/kubernetes-cni-0.6.0-0.x86_64.rpm
kubernetes-v1.13.2/kubectl-1.13.2-0.x86_64.rpm
kubernetes-v1.13.2/cri-tools-1.12.0-0.x86_64.rpm
kubernetes-v1.13.2/kubeadm-1.13.2-0.x86_64.rpm
kubernetes-v1.13.2/kubelet-1.13.2-0.x86_64.rpm
kubernetes-v1.13.2/kube-flannel.yml
kubernetes-v1.13.2/socat-1.7.3.2-2.el7.x86_64.rpm
```

13.3.2　安装 kubeadm、kubectl、kubelet 软件包

使用 rpm 命令对解压缩后的软件包进行安装，如代码清单 13-9 所示。

代码清单 13-9　　　　　　　　安装 Kubernetes 软件包
```
[root@k8s-m ~]# rpm -Uvh kubernetes-v1.13.2/*.rpm
警告:kubernetes-v1.13.2/cri-tools-1.12.0-0.x86_64.rpm: 头V4 RSA/SHA512 Signature, 密钥 ID 3e1ba8d5: NOKEY
警告:kubernetes-v1.13.2/socat-1.7.3.2-2.el7.x86_64.rpm: 头V3 RSA/SHA256 Signature, 密钥 ID f4a80eb5: NOKEY
准备中...                          ################################# [100%]
正在升级/安装...
   1:socat-1.7.3.2-2.el7           ################################# [ 17%]
   2:kubernetes-cni-0.6.0-0        ################################# [ 33%]
   3:kubelet-1.13.2-0              ################################# [ 50%]
   4:kubectl-1.13.2-0              ################################# [ 67%]
   5:cri-tools-1.12.0-0            ################################# [ 83%]
   6:kubeadm-1.13.2-0              ################################# [100%]
[root@k8s-m ~]#
```

13.3.3　准备 Docker 镜像

使用 kubeadm 安装时，需要在线下载镜像，这是因为一般情况下使用环境不具备联网条件，即便能联网，也无法使用网络访问 k8s.gcr.io 镜像仓库，提前准备好需要的镜像会让安装的过程更顺利。

（1）下载 Kubernetes 组件镜像。想要提前知道需要准备哪些镜像，可以通过执行 kubeadm

config images list 命令查看（联网环境下可能会看到需要更新版本的镜像），如代码清单 13-10 所示。

代码清单 13-10　　　　　　　　　　　确认需要的镜像

```
[root@k8s-m ~]# kubeadm config images list
k8s.gcr.io/kube-apiserver:v1.13.2
k8s.gcr.io/kube-controller-manager:v1.13.2
k8s.gcr.io/kube-scheduler:v1.13.2
k8s.gcr.io/kube-proxy:v1.13.2
k8s.gcr.io/pause:3.1
k8s.gcr.io/etcd:3.2.24
k8s.gcr.io/coredns:1.2.6
[root@k8s-m ~]#
```

（2）下载网络插件组件。这里以 Flannel 为例，查看 kube-flannel.yml 文件中需要的镜像名称，提前手动下载即可。

准备好了相关的镜像，直接导入 k8s-m 节点即可，如代码清单 13-11 所示。

代码清单 13-11　　　　　　　　　导入准备好的容器镜像

```
[root@k8s-m ~]# tar zxvf docker-images.tar.gz
docker-images/
docker-images/docker_docs:v18.09
docker-images/registry:2.0
docker-images/busybox
docker-images/hello-world
docker-images/kube-apiserver:v1.13.2
docker-images/kube-controller-manager:v1.13.2
docker-images/kube-scheduler:v1.13.2
docker-images/kube-proxy:v1.13.2
docker-images/pause:3.1
docker-images/etcd:3.2.24
docker-images/coredns:1.2.6
docker-images/flannel:v0.10.0-amd64
docker-images/flannel:v0.10.0-arm64
[root@k8s-m ~]#
[root@k8s-m ~]# docker load -i docker-images/kube-apiserver:v1.13.2
[root@k8s-m ~]# docker load -i docker-images/kube-controller-manager:v1.13.2
[root@k8s-m ~]# docker load -i docker-images/kube-scheduler:v1.13.2
[root@k8s-m ~]# docker load -i docker-images/kube-proxy:v1.13.2
[root@k8s-m ~]# docker load -i docker-images/pause:3.1
[root@k8s-m ~]# docker load -i docker-images/etcd:3.2.24
[root@k8s-m ~]# docker load -i docker-images/coredns:1.2.6
[root@k8s-m ~]# docker load -i docker-images/flannel:v0.10.0-amd64
```

```
[root@k8s-m ~]#
[root@k8s-m ~]# docker images
REPOSITORY                              TAG               IMAGE ID         CREATED         SIZE
k8s.gcr.io/kube-proxy                   v1.13.2           01cfa56edcfc     3 weeks ago     80.3MB
k8s.gcr.io/kube-apiserver               v1.13.2           177db4b8e93a     3 weeks ago     181MB
k8s.gcr.io/kube-controller-manager      v1.13.2           b9027a78d94c     3 weeks ago     146MB
k8s.gcr.io/kube-scheduler               v1.13.2           3193be46e0b3     3 weeks ago     79.6MB
k8s.gcr.io/coredns                      1.2.6             f59dcacceff4     2 months ago    40MB
k8s.gcr.io/etcd                         3.2.24            3cab8e1b9802     4 months ago    220MB
quay.io/coreos/flannel                  v0.10.0-amd64     f0fad859c909     12 months ago   44.6MB
k8s.gcr.io/pause                        3.1               da86e6ba6ca1     13 months ago   742kB
[root@k8s-m ~]#
```

13.4 初始化主节点

13.4.1 设置主节点相关配置

首先设置 net.bridge.bridge-nf-call-iptables=1，表示二层的网桥在转发包时也会被 iptables 的 Forward 规则所过滤（默认 iptables 不对 bridge 的数据进行处理）；然后设置 net.ipv4.ip_forward=1，即打开 IPV4 转发功能；同时为了提高效率，要禁用 swap 功能；使用 pod-network-cidr 参数指定 Pod 的网络范围。这里我们以 Flannel 网络为例，如代码清单 13-12 所示。

代码清单 13-12   设置主节点的相关配置

```
[root@k8s-m ~]# sysctl net.bridge.bridge-nf-call-iptables=1
net.bridge.bridge-nf-call-iptables = 1
[root@k8s-m ~]# sysctl -w net.ipv4.ip_forward=1
net.ipv4.ip_forward = 1
[root@k8s-m ~]# swapoff -a
[root@k8s-m ~]# kubeadm init --kubernetes-version=v1.13.2 --pod-network-cidr=10.244.0.0/16
[init] Using Kubernetes version: v1.13.2
[preflight] Running pre-flight checks
    [WARNING SystemVerification]: this Docker version is not on the list of validated
    versions: 18.09.0. Latest validated version: 18.06
[preflight] Pulling images required for setting up a Kubernetes cluster
[preflight] This might take a minute or two, depending on the speed of your internet
connection
[preflight] You can also perform this action in beforehand using 'kubeadm config images pull'
[kubelet-start] Writing kubelet environment file with flags to file "/var/lib/kubelet/
kubeadm-flags.env"
[kubelet-start] Writing kubelet configuration to file "/var/lib/kubelet/config.yml"
[kubelet-start] Activating the kubelet service
```

```
[certs] Using certificateDir folder "/etc/kubernetes/pki"
[certs] Generating "etcd/ca" certificate and key
[certs] Generating "etcd/healthcheck-client" certificate and key
[certs] Generating "apiserver-etcd-client" certificate and key
[certs] Generating "etcd/server" certificate and key
[certs] etcd/server serving cert is signed for DNS names [k8s-m localhost] and IPs
[192.168.10.110 127.0.0.1 ::1]
[certs] Generating "etcd/peer" certificate and key
[certs] etcd/peer serving cert is signed for DNS names [k8s-m localhost] and IPs
[192.168.10.110 127.0.0.1 ::1]
[certs] Generating "ca" certificate and key
[certs] Generating "apiserver" certificate and key
[certs] apiserver serving cert is signed for DNS names [k8s-m kubernetes kubernetes.default
kubernetes.default.svc kubernetes.default.svc.cluster.local] and IPs [10.96.0.1 192.168.10.110]
[certs] Generating "apiserver-kubelet-client" certificate and key
[certs] Generating "front-proxy-ca" certificate and key
[certs] Generating "front-proxy-client" certificate and key
[certs] Generating "sa" key and public key
[kubeconfig] Using kubeconfig folder "/etc/kubernetes"
[kubeconfig] Writing "admin.conf" kubeconfig file
[kubeconfig] Writing "kubelet.conf" kubeconfig file
[kubeconfig] Writing "controller-manager.conf" kubeconfig file
[kubeconfig] Writing "scheduler.conf" kubeconfig file
[control-plane] Using manifest folder "/etc/kubernetes/manifests"
[control-plane] Creating static Pod manifest for "kube-apiserver"
[control-plane] Creating static Pod manifest for "kube-controller-manager"
[control-plane] Creating static Pod manifest for "kube-scheduler"
[etcd] Creating static Pod manifest for local etcd in "/etc/kubernetes/manifests"
[wait-control-plane] Waiting for the kubelet to boot up the control plane as static Pods
from directory "/etc/kubernetes/manifests". This can take up to 4m0s
[apiclient] All control plane components are healthy after 20.504968 seconds
[uploadconfig] storing the configuration used in ConfigMap "kubeadm-config" in the
"kube-system" Namespace
[kubelet] Creating a ConfigMap "kubelet-config-1.13" in namespace kube-system with the
configuration for the kubelets in the cluster
[patchnode] Uploading the CRI Socket information "/var/run/dockershim.sock" to the Node
API object "k8s-m" as an annotation
[mark-control-plane] Marking the node k8s-m as control-plane by adding the label "node-
role.kubernetes.io/master=''"
[mark-control-plane] Marking the node k8s-m as control-plane by adding the taints [node-
role.kubernetes.io/master:NoSchedule]
[bootstrap-token] Using token: 6ibo9k.knrpgcl8g74qgul5
[bootstrap-token] Configuring bootstrap tokens, cluster-info ConfigMap, RBAC Roles
[bootstraptoken] configured RBAC rules to allow Node Bootstrap tokens to post CSRs in
order for nodes to get long term certificate credentials
```

```
[bootstraptoken] configured RBAC rules to allow the csrapprover controller automatically
approve CSRs from a Node Bootstrap Token
[bootstraptoken] configured RBAC rules to allow certificate rotation for all node client
certificates in the cluster
[bootstraptoken] creating the "cluster-info" ConfigMap in the "kube-public" namespace
[addons] Applied essential addon: CoreDNS
[addons] Applied essential addon: kube-proxy

Your Kubernetes master has initialized successfully!

To start using your cluster, you need to run the following as a regular user:

  mkdir -p $HOME/.kube
  sudo cp -i /etc/kubernetes/admin.conf $HOME/.kube/config
  sudo chown $(id -u):$(id -g) $HOME/.kube/config

You should now deploy a pod network to the cluster.
Run "kubectl apply -f [podnetwork].yml" with one of the options listed at:
  https://kubernetes.io/docs/concepts/cluster-administration/addons/

You can now join any number of machines by running the following on each node
as root:

  kubeadm join 192.168.10.110:6443 --token 6ibo9k.knrpgcl8g74qgul5 --discovery-token-
ca-cert-hash sha256:89f9a2cbb0b55ca55ba81091b49549e00e40b34ff736265f413c9f3b78c2d0d5

[root@k8s-m ~]#
```

13.4.2 初始化的过程

初始化过程如下。

（1）kubeadm 执行初始化前的检查（Preflight Checks）。

（2）启动 kubelet 组件。

（3）生成 Kubernetes 对外提供服务所需要的各种证书和对应的目录。

（4）生成其他组件，用于访问 kube-apiserver 的配置文件。

（5）创建控制平面需要的静态 Pod 配置文件。

（6）生成 Master 节点的 ConfigMap，并保存到 etcd 中，用于 kubelet 与主节点的通信。

（7）安装 Master 组件，并从 gcr 下载组件的镜像。这一步可能会花一些时间，建议提前准备好相关的镜像。

（8）安装附加组件 CoreDNS 和 kube-proxy。

（9）Kubernetes Master 初始化成功。

（10）提示普通用户使用集群的方式。

（11）提示如何安装 Pod 网络。

（12）提示如何注册集群节点。

13.5　安装 Pod 网络插件

13.5.1　检查 Pod 的状态

在安装 Pod 网络插件前，需要检查 Pod 的状态，如代码清单 13-13 所示。检查发现，除 CoreDNS 以外，其他均正常运行，这是因为 CoreDNS 依赖于 Pod 网络，若 Pad 网络不正常，则两者之间无法通信。

代码清单 13-13　　　　　　　　检查 Pod 的状态

```
[root@k8s-m ~]# export KUBECONFIG=/etc/kubernetes/admin.conf
[root@k8s-m ~]# kubectl get pods --all-namespaces
NAMESPACE     NAME                                READY   STATUS    RESTARTS   AGE
kube-system   coredns-86c58d9df4-59pjv            0/1     Pending   0          2m48s
kube-system   coredns-86c58d9df4-vhjsx            0/1     Pending   0          2m48s
kube-system   etcd-k8s-m                          1/1     Running   0          2m1s
kube-system   kube-apiserver-k8s-m                1/1     Running   0          107s
kube-system   kube-controller-manager-k8s-m       1/1     Running   0          112s
kube-system   kube-proxy-w7nbz                    1/1     Running   0          2m48s
kube-system   kube-scheduler-k8s-m                1/1     Running   0          2m3s
[root@k8s-m ~]#
```

13.5.2　安装插件

Pod 网络插件主要用于 Pod 之间的网络通信，应该先于其他应用部署。kubeadm 支持基于容器网络接口（Container Network Interface，CNI）的网络，目前可选的第三方网络插件有 Flannel、Calico、Canal、JuniperContrail 等。根据选择的网络插件不同，默认分配的子网也不同，可以使用--pod-network-cidr 参数来覆盖。这里以 Flannel 网络为例进行说明。

（1）首先在 GitHub 下载需要的 kube-flannel.yml 文件（https://github.com/coreos/flannel/tree/master/Documentation/kube-flannel.yml），如代码清单 13-14 所示。

代码清单 13-14　　　　　　　　下载并安装 Flannel 插件

```
[root@k8s-m ~]# kubectl apply -f kubernetes-v1.13.2/kube-flannel.yml
clusterrole.rbac.authorization.k8s.io/flannel created
clusterrolebinding.rbac.authorization.k8s.io/flannel created
serviceaccount/flannel created
configmap/kube-flannel-cfg created
daemonset.extensions/kube-flannel-ds-amd64 created
daemonset.extensions/kube-flannel-ds-arm64 created
daemonset.extensions/kube-flannel-ds-arm created
daemonset.extensions/kube-flannel-ds-ppc64le created
daemonset.extensions/kube-flannel-ds-s390x created
[root@k8s-m ~]#
```

（2）再次检查 Pod 的状态，系统组件都已经正常运行，如代码清单 13-15 所示。

代码清单 13-15　　　　　　　　检查 Pod 的状态

```
[root@k8s-m ~]# kubectl get pods --all-namespaces
NAMESPACE     NAME                              READY   STATUS    RESTARTS   AGE
kube-system   coredns-86c58d9df4-59pjv          1/1     Running   0          4m40s
kube-system   coredns-86c58d9df4-vhjsx          1/1     Running   0          4m40s
kube-system   etcd-k8s-m                        1/1     Running   0          3m53s
kube-system   kube-apiserver-k8s-m              1/1     Running   0          3m39s
kube-system   kube-controller-manager-k8s-m     1/1     Running   0          3m44s
kube-system   kube-flannel-ds-amd64-m8bxv       1/1     Running   0          46s
kube-system   kube-proxy-w7nbz                  1/1     Running   0          4m40s
kube-system   kube-scheduler-k8s-m              1/1     Running   0          3m55s
```

（3）检查集群中的节点状态，如代码清单 13-16 所示。至此，主节点的配置已经完成。

代码清单 13-16　　　　　　　　查看主节点的状态

```
[root@k8s-m ~]# kubectl get nodes
NAME    STATUS   ROLES    AGE     VERSION
k8s-m   Ready    master   5m28s   v1.13.2
```

13.6　注册新节点到集群

此次试验注册 k8s-w1 和 k8s-w2 两个节点，这里以 k8s-w1 为例进行说明。

13.6.1 导入所需镜像

将所需镜像导入 Worker 节点，如代码清单 13-17 所示。

代码清单 13-17　　　　　　　　将所需镜像导入 Worker 节点

```
[root@k8s-w1 ~]# docker load -i docker-images/kube-proxy:v1.13.2
5fe6d025ca50: Loading layer [==================================>]   43.87MB/43.87MB
e5a609b37e16: Loading layer [==================================>]   3.403MB/3.403MB
3155f3c58fe7: Loading layer [==================================>]   34.84MB/34.84MB
Loaded image: k8s.gcr.io/kube-proxy:v1.13.2
[root@k8s-w1 ~]# docker load -i docker-images/flannel:v0.10.0-amd64
cd7100a72410: Loading layer [==================================>]   4.403MB/4.403MB
3b6c03b8ad66: Loading layer [==================================>]   4.385MB/4.385MB
93b0fa7f0802: Loading layer [==================================>]   158.2kB/158.2kB
4165b2148f36: Loading layer [==================================>]   36.33MB/36.33MB
b883fd48bb96: Loading layer [==================================>]   5.12kB/5.12kB
Loaded image: quay.io/coreos/flannel:v0.10.0-amd64
[root@k8s-w1 ~]# docker load -i docker-images/pause:3.1
e17133b79956: Loading layer [==================================>]   744.4kB/744.4kB
Loaded image: k8s.gcr.io/pause:3.1
```

13.6.2 配置新节点

默认 kubelet 是不能使用 swap 的，可以在开机启动时禁用 swap；或者修改/etc/systemd/system/kubelet.service 文件，以允许使用 swap 的方式启动，如代码清单 13-18 所示。

代码清单 13-18　　　　　　　　调整 Worker 节点的配置

```
[root@k8s-w1 ~]# systemctl enable kubelet.service
Created symlink from /etc/systemd/system/multi-user.target.wants/kubelet.service to /etc/systemd/system/kubelet.service.
[root@k8s-w1 ~]# sysctl net.bridge.bridge-nf-call-iptables=1
net.bridge.bridge-nf-call-iptables = 1
[root@k8s-w1 ~]# swapoff -a
[root@k8s-w1 ~]#

[root@k8s-m ~]# vi /etc/systemd/system/kubelet.service.d/10-kubeadm.conf
[Service]
ExecStart=/usr/bin/kubelet --fail-swap-on=false $KUBELET_KUBECONFIG_ARGS $KUBELET_CONFIG_ARGS $KUBELET_KUBEADM_ARGS $KUBELET_EXTRA_ARGS
```

13.6.3 注册新节点

接着我们开始新节点的注册，如代码清单 13-19 所示。

代码清单 13-19   注册新节点

```
[root@k8s-w1 ~]# kubeadm join 192.168.10.110:6443 --token 6ibo9k.knrpgcl8g74qgul5 --discovery-token-ca-cert-hash sha256:89f9a2cbb0b55ca55ba81091b49549e00e40b34ff736265f413c9f3b78c2d0d5
[preflight] Running pre-flight checks
    [WARNING SystemVerification]: this Docker version is not on the list of validated
    versions: 18.09.0. Latest validated version: 18.06
[discovery] Trying to connect to API Server "192.168.10.110:6443"
[discovery] Created cluster-info discovery client, requesting info from "https://192.168.10.110:6443"
[discovery] Requesting info from "https://192.168.10.110:6443" again to validate TLS against the pinned public key
[discovery] Cluster info signature and contents are valid and TLS certificate validates against pinned roots, will use API Server "192.168.10.110:6443"
[discovery] Successfully established connection with API Server "192.168.10.110:6443"
[join] Reading configuration from the cluster...
[join] FYI: You can look at this config file with 'kubectl -n kube-system get cm kubeadm-config -oyaml'
[kubelet] Downloading configuration for the kubelet from the "kubelet-config-1.13" ConfigMap in the kube-system namespace
[kubelet-start] Writing kubelet configuration to file "/var/lib/kubelet/config.yaml"
[kubelet-start] Writing kubelet environment file with flags to file "/var/lib/kubelet/kubeadm-flags.env"
[kubelet-start] Activating the kubelet service
[tlsbootstrap] Waiting for the kubelet to perform the TLS Bootstrap...
[patchnode] Uploading the CRI Socket information "/var/run/dockershim.sock" to the Node API object "k8s-w1" as an annotation

This node has joined the cluster:
* Certificate signing request was sent to apiserver and a response was received.
* The Kubelet was informed of the new secure connection details.

Run 'kubectl get nodes' on the master to see this node join the cluster.
```

13.6.4 检查 Pod 和节点的状态

（1）检查 Pod 的状态，如代码清单 13-20 所示。

代码清单 13-20　　　　　　　　检查 Master 节点系统组件的状态

```
[root@k8s-m ~]# kubectl get pods --all-namespaces
NAMESPACE     NAME                              READY   STATUS    RESTARTS   AGE
kube-system   coredns-86c58d9df4-59pjv          1/1     Running   0          7m
kube-system   coredns-86c58d9df4-vhjsx          1/1     Running   0          7m
kube-system   etcd-k8s-m                        1/1     Running   0          7m
kube-system   kube-apiserver-k8s-m              1/1     Running   0          7m
kube-system   kube-controller-manager-k8s-m     1/1     Running   0          7m
kube-system   kube-flannel-ds-amd64-bb7t5       1/1     Running   0          7m
kube-system   kube-flannel-ds-amd64-fhcz5       1/1     Running   0          8m
kube-system   kube-flannel-ds-amd64-m8bxv       1/1     Running   0          8m
kube-system   kube-proxy-6tsp6                  1/1     Running   0          8m
kube-system   kube-proxy-v4scj                  1/1     Running   0          7m
kube-system   kube-proxy-w7nbz                  1/1     Running   0          8m
kube-system   kube-scheduler-k8s-m              1/1     Running   0          8m
```

（2）检查节点的状态，如代码清单 13-21 所示。

代码清单 13-21　　　　　　　　　　检查节点的状态

```
[root@k8s-m ~]# kubectl get nodes
NAME     STATUS   ROLES    AGE   VERSION
k8s-m    Ready    master   8m    v1.13.2
k8s-w1   Ready    <none>   8m    v1.13.2
k8s-w2   Ready    <none>   7m    v1.13.2
```

13.7　安装可视化图形界面（可选）

如果想要使用图形化界面管理 Kubernetes 集群，那么可以安装 Kubernetes Dashboard。

Kubernetes Dashboard v1.10.1 可以兼容 Kubernetes v1.10 之前的版本，无法兼容 v1.13 版本，安装前需要先确认已安装软件的版本信息。

（1）下载镜像 k8s.gcr.io/kubernetes-dashboard-amd64:v1.10.1（参阅前面准备镜像的方法），并导入镜像，如代码清单 13-22 所示。

代码清单 13-22　　　　　　　　导入图形界面插件的镜像

```
[root@k8s-m ~]# docker load -i docker-images/kubernetes-dashboard-amd64:v1.10.1
fbdfe08b001c: Loading layer [==================================================>]
122.3MB/122.3MB
Loaded image: k8s.gcr.io/kubernetes-dashboard-amd64:v1.10.1
[root@k8s-m ~]#
```

（2）下载 kubernetes-dashboard.yml 文件，安装 Kubernetes Dashboard，如代码清单 13-23 所示。

代码清单 13-23　　　　　　　根据 yml 文件创建相关的对象

```
[root@k8s-m ~]# kubectl create -f kubernetes-v1.13.2/kubernetes-dashboard.yml
secret/kubernetes-dashboard-certs created
serviceaccount/kubernetes-dashboard created
role.rbac.authorization.k8s.io/kubernetes-dashboard-minimal created
rolebinding.rbac.authorization.k8s.io/kubernetes-dashboard-minimal created
deployment.apps/kubernetes-dashboard created
service/kubernetes-dashboard created
[root@k8s-m ~]#
```

（3）通过 kubectl 命令查看组件的 IP 地址，如代码清单 13-24 所示（见图 13-1）。

代码清单 13-24　　　　　　　查看图形界面组件的 IP 地址

```
[root@k8s-m ~]# kubectl get pods -n kube-system -o wide
```

```
[root@k8s-m ~]# kubectl get pods -n kube-system -o wide
NAME                                  READY  STATUS   RESTARTS  AGE  IP              NODE   NOMINATED NODE  READINESS GATES
coredns-86c58d9df4-59pjv              1/1    Running  1         9d   10.244.0.4      k8s-m  <none>          <none>
coredns-86c58d9df4-vhjsx              1/1    Running  1         9d   10.244.0.5      k8s-m  <none>          <none>
etcd-k8s-m                            1/1    Running  1         9d   192.168.10.110  k8s-m  <none>          <none>
kube-apiserver-k8s-m                  1/1    Running  1         9d   192.168.10.110  k8s-m  <none>          <none>
kube-controller-manager-k8s-m         1/1    Running  2         9d   192.168.10.110  k8s-m  <none>          <none>
kube-flannel-ds-amd64-bb7t5           1/1    Running  0         9d   192.168.10.112  k8s-w2 <none>          <none>
kube-flannel-ds-amd64-fhcz5           1/1    Running  0         9d   192.168.10.111  k8s-w1 <none>          <none>
kube-flannel-ds-amd64-m8bxv           1/1    Running  2         9d   192.168.10.110  k8s-m  <none>          <none>
kube-proxy-6tsp6                      1/1    Running  0         9d   192.168.10.111  k8s-w1 <none>          <none>
kube-proxy-v4scj                      1/1    Running  0         9d   192.168.10.112  k8s-w2 <none>          <none>
kube-proxy-w7nbz                      1/1    Running  1         9d   192.168.10.110  k8s-m  <none>          <none>
kube-scheduler-k8s-m                  1/1    Running  2         9d   192.168.10.110  k8s-m  <none>          <none>
kubernetes-dashboard-57df4db6b-dwfqx  1/1    Running  0         20m  10.244.0.6      k8s-m  <none>          <none>
```

图 13-1

（4）运行图形化界面。在浏览器中输入 http://10.244.0.6:9090/ 即可。

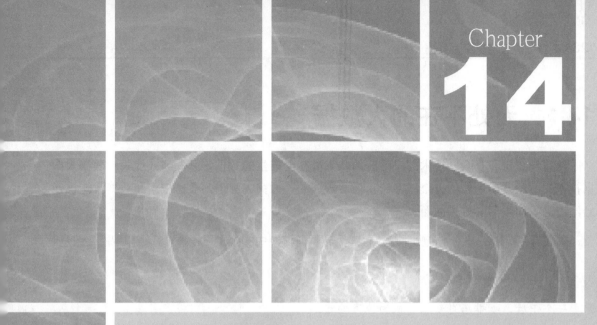

第 14 章
初探大数据

14.1 无处不在的大数据

随着计算机和互联网技术的广泛应用,人类社会产生的数据量呈爆炸式增长。随着大数据技术的不断发展,人们采集、存储和处理数据的能力突飞猛进,数据应用和数据智能也已经渗透进我们生活的方方面面。

本书第 3 章中提及的连锁咖啡店,也在大数据的浪潮中实施了一轮技术升级和智能化演进。

咖啡店故事续篇

一个午后,咖啡店自动点餐机的铃声响起。

AI 客服:您好,这里是×××咖啡店,请问有什么能够为您提供服务?

顾客:我想点一杯咖啡。

AI 客服:好的,我们确认一下,请问来电号码 139×××12345 是您本人的号码吗?

顾客:是的。

AI 客服:陈先生,您好!根据您以往的口味习惯,为您推荐大杯榛果拿铁热咖啡、加 1 份奶、半份糖,您看这样可以吗?

顾客:为什么不是全糖?

AI 客服:陈先生,根据您过往的口味评价可以看出,您对甜度比较敏感,全糖口感偏甜,所以建议您考虑只加半份糖。

顾客:好的。

AI 客服:陈先生,您是否考虑搭配健康小食?本店今天蓝莓麦芬有半价优惠,您是否要尝试一下?

顾客:不用了,就这样吧。

AI 客服:好的,陈先生。大杯榛果拿铁售价为 35 元,您是我店的金卡会员,您账户积分余额为 320,另有一张 5.8 折优惠券将于本月底到期。小 I 建议您先使用 5.8 折优惠券,用券后本次消费仅需要支付 20.3 元,并可新获得 20 积分。您看这样可以吗?

顾客:好的。

AI 客服:陈先生,您的信用卡已关联我店,我将为您直接扣款,稍后您将收到短信通知。

顾客：好的。什么时候送到？

AI客服：小I已将订单发送到后台制作，在您之前还有3位客户正在等待中。小I已联系离本店最近的"外卖小哥"为您送单，并已规划好送单路线，预计15~18分钟内咖啡将送到您的手中，请您注意电话通知。欢迎您的来电，祝您生活愉快！

咖啡店故事续篇中出现的智能机器问答场景以当下大数据和人工智能技术的发展水平已经可以实现。这其中可能涉及的技术包括：通过大规模的用户行为数据、订单数据、商品数据等信息，对顾客进行用户画像分析和购物篮分析，生成用户口味标签、下单偏好等个性化标签；再依据业务场景，将人工接单员从烦琐的事务中解放出来，利用机器人流程自动化（Robotic Process Automation，PRA）和自然语言处理（Natural Language Processing，NLP）技术，当顾客再访时，根据客户身份和客户意图识别，对顾客进行个性化点单和关联推荐服务；下单完成后，通过外卖订单管理系统，实现后厨端菜单分配和送餐指派，并将交通实况和行车进行关联分析来规划配送路径，最后在预计时间内送餐到客。

曾几何时，只有在科幻片中才会出现的场景，现在已悄无声息地走进我们的日常生活，是不是令人有些惊喜和兴奋呢？对于有志于敏捷测试的读者而言，大数据业务场景的测试也是需要关注的技术范畴。接下来，我们将要穿透业务场景的层层迷雾，去洞悉这一切背后的技术原理和质量控制方法。

14.2 大数据特征

在14.1节提到的咖啡店的故事中，我们提到了一些技术。事实上，无论是NLP、用户画像、数据挖掘，还是机器学习、深度学习，支撑这些技术的是数据。正如《大数据时代》的作者维克托·迈尔-舍恩伯格所说："世界的本质就是数据，大数据将开启一次重大的时代转型。"

在大数据以前的时代，人们受制于数据的测量记录、传输存储、加工处理等环节的技术发展水平，在分析、解决问题过程中，更多依赖于定性分析而非定量分析。进入21世纪后，科技的发展日益迅猛，物联网、大数据、云计算等一系列新技术不断涌现并日臻成熟，曾经的数据技术难点、痛点被逐一突破。长久以来，人类对于"测量、记录和分析世界的渴望"终于获得释放，这份渴望是大数据发展的核心动力。一个定量分析的时代悄然而至，各行各业的底层逻辑将与大数据技术充分融合，并可能被改写。

对于软件测试人员来说，我们有幸见证了这个数字化时代的形成与发展，并且努力为这个时代的前沿技术质量保驾护航，这无疑是激动人心的；与此同时，新的时代的规则和定律也在不断发掘和摸索,这意味着我们在工作中没有太多的成法成则可供参考。因此,我们更需要秉持沉静与理性的态度,去探究喧嚣浪潮下的技术本原。

首先,需要弄清楚什么是大数据。

麦肯锡曾经对大数据做过这样一段定义,翻译成中文大意是:"大数据指的是大小超出常规的数据库工具获取、存储、管理和分析能力的数据集。但它同时强调,并不是说一定要超过特定 TB 值的数据集才能算是大数据。"这个定义非常强调数据集的规模,正如大数据这个名词,"大"是大数据的一个重要特征,却不是大数据有别于普通数据的全部特征。

互联网数据中心(IDC)定义了大数据的 4 个特征,即海量的数据规模(Volume)、快速的数据流转和动态的数据体系(Velocity)、多样的数据类型(Variety)、巨大的数据价值(Value)。这 4 个特征(简称"4V")是大数据重要的特征。

"4V"的定义已深入人心,那么,这与测试人员有什么关系呢?

下文将从这 4 个特征入手,在阐述各个特征含义的同时,重点关注这个定义对我们测试人员的启迪。

14.2.1 数据量

海量的数据规模是大数据最显著的外在特征,那么究竟大数据需要处理的数据规模有多大呢?我们用 B 来表示一个字节,以 2^{10} 作为进率表示单位,可以得到如下一组数据规模计量单位:

B→KB→MB→GB→TB→**PB**→EB→ZB→YB→BB→Geopbyte

PB 是大数据与传统数据层次的临界点,也就是说,TB 及以下的数据规模,传统数据仓库尚且可以计算加工,但是一旦到达 PB 这样的数据级别,即便是配备了小型机的传统数据库,也会存在计算性能的问题,甚至无法计算。而且小型机的投入成本相对较高,在创新创业蓬勃发展的当下,越来越多的中小公司在预计数据规模为 TB 级别时,便已经采纳大数据解决方案。正如约瑟·赫勒斯坦所说:"我们正在步入信息革命的时代,这个时代绝大部分数据由软件日志、相机、麦克风、RFID 等机器标记,这些数据的增长遵循摩尔定律",因此,我们需要为未来做好准备。

我们在面对非结构化数据的超大规模增长、10 倍~1000 倍于传统数据仓库的数据规模时,要针对大数据的测试进行设计,不能仅仅满足于数据计算逻辑的验证,还要关注大规模数据本身的问题。在分析业务功能需求的同时，需要关注服务部署到生产系统后的数据规模，这里需要注意，数据规模除新增数据的绝对数量以外，产生数据的时间长度也是重要的衡量依据。一般来说，数据规模可以从这几个方面考虑：峰值场景的数据规模、每日新增的数据规模、业务计划运行的时间跨度及是否需要保存全量历史数据等。

预估数据量并构造好相应的数据集后，对于离线计算场景，需要关注数据的计算总时长，以及消耗的 CPU、内存、网络带宽等资源，考虑拟部署的生产环境能否承载这样的计算消耗；对于实时计算场景，还需要关注数据峰值状态下的数据处理吞吐量、队列是否产生数据堆积等。

14.2.2 速度

数据的速度指的是数据创建、积累、接收和处理的速度。随着信息技术的发展，越来越多的商业领域需要信息实时或准实时快速响应，通过联机分析处理或者"流式"处理得出快速、实时的数据结论。传统的基于批量式分析处理的数据仓库已不能满足需要，新型的各种实时计算框架（如 Storm、Samza、Flink 等）开始走上数据分析的舞台。

对于测试人员而言，吞吐量与数据时效性是实时计算中值得关注的性能指标。他们需要考虑在数据产生的峰值状态下，数据的延迟是否在给定的阈值内；如果数据偶有延误且可被接受，是否可以快速地恢复到正常水平；上下游数据队列是否有数据积压；对于多分区场景，是否每个分区的吞吐量基本保持一致等。

14.2.3 多样性

数据的多样性代表了数据的混杂程度。传统数据仓库主要面对的是上游业务系统产生的操作性数据；但在大数据时代下，大量异构的非结构化、半结构化数据激增，涵盖了各式各样的数据形式，如文本、图像、语音、视频、地理信息、互联网数据（包含点击流、日志文件、交互信息）、设备数据（包含传感器、可编程控制器、射频设备、信息管理系统、遥测技术等产生的测量模拟信号及其元数据）等。这些数据规模巨大且形态杂芜，很多类型的数据无结构模式或模式不明显，需要通过交叉分析技术处理才可以进一步为人所用，如语义分析技术、图文转换技术、模式识别技术、地理信息技术等。

在这些丰富多样的数据的生成过程中，伴随大量场景噪声和更为复杂的传输方式，因此与传统数据仓库只采集信息系统应用程序相比，大数据的数据源质量显著不足，常见的数据质量问题：数据残缺、数据噪声、数据错误、结构异常、数据重复、数据不一致等。因此，大数据预处理环节显得尤为重要，只有经过缺失补足、噪声过滤、错误纠偏、异常剔除、重复消除、不一致转化等一系列数据清洗工作，数据才可以真正进入分析处理环节。正因为如此，对数据测试也提出了新的要求，尽管提高数据源的数据生成质量和提升数据传输过程的质量是行之有效的方法，但限于当前技术水平、项目经济效益和业务特定场景等多方面因素，大多数时候数据源质量是不可控的。因此，只有加强大数据预处理环节的质量控制，提升对上游"脏"数据和异常数据结构的容错能力才是项目的可行之路。此外，数据的抽取、转换、加载（Extract、Transform、Load，ETL）过程中也容易产生数据质量问题，该环节的数据血缘依赖、健壮性和一致性测试也尤为重要。

事实上，价值是 4V 概念中最晚被提出的，最早关于大数据特征的描述仅限于上文中的 3V，如图 14-1 所示。

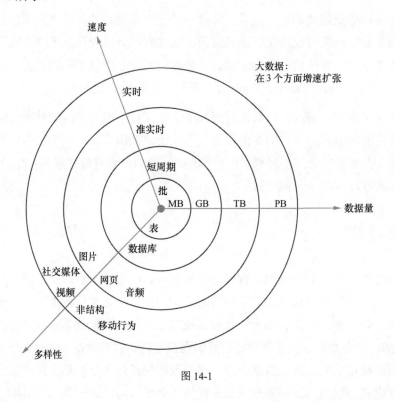

图 14-1

14.2.4 价值

2015 年后，大数据行业逐步趋于理性，越来越多的人在反思：大数据分析会有回报吗？答案是肯定的。大数据是许多企业最重要的资产之一，良好的大数据分析处理能力，可令企业获得更深邃的数据洞察能力，使企业在市场竞争过程中脱颖而出。然而，挖掘大数据价值的过程好似沙里淘金，"为了一丁点金子，需要保存全部的沙子"，正是从海量信息中挖掘珍贵却极为稀疏的有价值的信息的形象写照。

价值密度低是大数据的典型特征之一。如何从大量不相关信息中抽取有用点，以期能对未来趋势和模式进行可预测分析，是每个企业梦寐以求的事情。这里需要综合应用一系列的数据分析技术，甚至囊括了近年来的分析方法和技术，包括 SQL 结构化查询分析、描述性统计学分析、预测性统计分析、数据挖掘技术、模拟仿真技术、最优化方法、深度学习技术、强化学习技术、自然语言处理技术等。

测试人员虽不需要对大数据各类生态圈技术栈都精通，但对于常规的算法原理和模型框架应当掌握，否则无以回应需要给出质量保障方案或质量评估结论的测试需求。例如，模型离线与在线特征是否一致？多模型版本如何迭代？如何精确回溯模型？如何评价测试集的训练效果？如何评价模型的泛化效果？如何在客群或市场特征快速变化下应对验证？因此，无缝整合各种分析技术是大数据行业的从业门槛，也是有志于在大数据测试领域大展拳脚的测试人员不断提升的内在动力。

14.3　Hadoop 生态系统

面对海量数据的生成、处理、分析和存储，大数据技术显得尤为重要。在大数据技术中，Apache Hadoop 开源平台通过提供一个可靠的共享存储和分析系统，使得 TB 级以上数据规模的存储和计算有了可行性和易用性，进而掀起了整个数据行业的变革。可以说，当下的大数据时代正是伴随着 Hadoop 的推广和应用而拉开序幕的。

14.3.1　Hadoop 技术概览

Hadoop 系统包含两个关键要素：Hadoop 分布式文件系统和 MapReduce。

1. Hadoop 分布式文件系统

Hadoop 分布式文件系统（Hadoop Distributed File System，HDFS）为 Hadoop 集群提供了一套支持共享硬盘的文件存储系统，当数据写入集群时，HDFS 将数据分成若干片段，分别存储在集群的不同服务器上。当用户需要使用数据时，实际上是从不同服务器中读取数据并予以处理，各个服务器独立并行实现这样的操作，可大幅提升数据的获取能力。不过，随着硬件服务器数量的提升，系统中个别硬件出现故障的频率也会大幅提升。为了避免数据的丢失，常见的做法就是复制出多个副本（Replica）。一般来说，数据在集群中至少保留 3 个副本，一旦系统发生故障，导致某个副本不可用，HDFS 通过其他副本继续创建出新的副本，确保数据存储的高可用性。

2. MapReduce

由于 HDFS 已经实现了将数据以片段模式分别存储在不同的服务器上，因此简单的分析工作可以在存储数据的各个服务器上就近并行计算。然而，大部分分析工作并不会如此简单，需要以某种方式结合其他服务器上的数据、整合不同来源的数据进行分析，保证分析工作的正确性极具挑战。于是，MapReduce 编程模型因时而生，该模型抽象出硬件读写问题，将任务划分为 Map 和 Reduce 这两个阶段，每个阶段的计算任务转化为操作由键值对（Key-Value）组成的数据集，通过 Map 阶段将数据片段并行分析并返回局部计算结果，最后通过 Reduce 阶段汇总计算为一个完整的结果。在下文中，将对 MapReduce 进行更详细的介绍。

简而言之，HDFS 和 MapReduce 的工作机制，使得 Hadoop 可以以较低的成本为数据存储和分析提供可扩展的、可靠的、可容错的数据服务，是 Hadoop 生态系统的核心价值，其技术原理如图 14-2 所示。

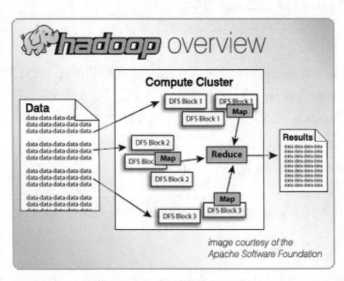

图 14-2

事实上，随着大数据技术的发展，今天的 Hadoop 平台不仅有 HDFS 和 MapReduce，还有一系列"各有所长"且相互作用的功能组件。这些组件通常是为了解决大数据领域所涉及的特定需求而设计的,与 HDFS、YARN（MapReduce 2.0）共同构成了丰富多彩的 Hadoop 生态系统。下面,通过 Apache Hadoop 系统架构来认识这些核心模块,如图 14-3 所示。

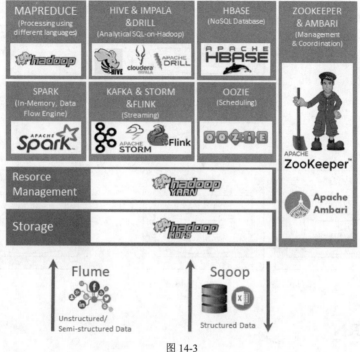

图 14-3

14.3.2 HDFS

即便是 Apache Hadoop 发展到今天,HDFS 仍然是 Hadoop 生态系统的支柱组件,适应于结构化、非结构化、半结构化等不同形态的大数据的存储。HDFS 有两类节点——NameNode 和 DataNode,借此形成了管理者-工作者运行模式,如图 14-4 所示。

1. NameNode

NameNode（NN）是主节点,用于管理文件命名空间,维护着文件系统树及树内的所有文件和目录,它以命名空间镜像文件和编辑日志文件的形式存储在磁盘上。由于并不存储实际数据,因此 NameNode 只需要少量存储资源,但对计算资源的要求较高。

2. DataNode

DataNode（DN）是工作节点,其根据需要存储并检索数据块,受文件系统接口或 NameNode

调度，并定期向 NameNode 发送存储块列表。由于 DataNode 是真正存储用户数据的区域，需要大量的存储资源，因此 HDFS 允许 DataNode 大规模扩展。单节点 DataNode 并不需要极高的性能，这也是 Hadoop 解决方案具有高性价比的原因之一。

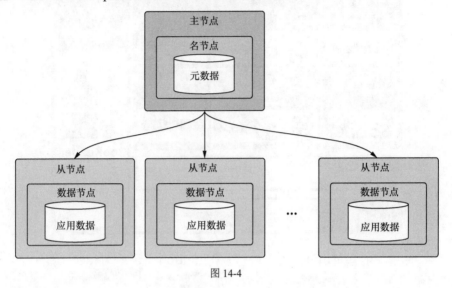

图 14-4

14.3.3 YARN

随着大数据集群规模的不断扩大，早期的 MapReduce 系统开始面临扩展性瓶颈，为了解决这一问题，另一种资源协调者（Yet Another Resource Negotiator，YARN）作为 MapReduce 2.0 被正式提出，其成了后来 Hadoop 生态系统中重要的分配资源和调度任务的管理器。YARN 将 MapReduce 1.0 中的 JobTracker 划分为两个独立的守护进程——管理集群资源的 ResourceManager（RM）和管理任务生命周期的 ApplicationMaster（AM），通过智能实体拆解来提升扩展能力，同时也提高资源管理的效率。YARN 的任务调度原理，如图 14-5 所示。

1. ResourceManager

RM 是全局性的资源管理器，负责管理整个集群所有应用程序的计算资源的分配与调度。RM 用于接收客户端（Client）的处理请求，并将请求传递给相应的 NodeManager（NM），实际处理过程将在 NM 中进行。

2. Scheduler

任务调度器（Scheduler）根据应用程序的资源需求，执行调度算法并实现资源分配。YARN

中常见的调度器有先进先出调度器（FIFO Scheduler）、容量调度器（Capacity Scheduler）和公平调度器（Fair Scheduler）。

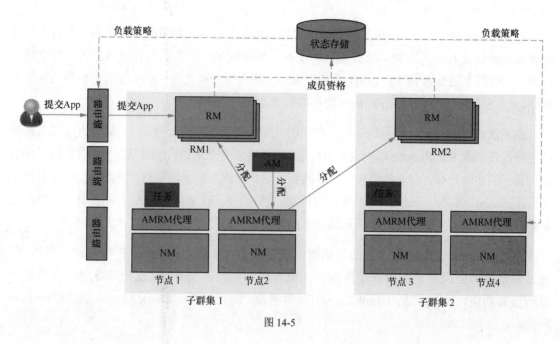

图 14-5

3. NodeManager

NM 被安装在各个 DataNode 节点上，用于管理单个节点上的资源管理和任务执行。NM 管理抽象容器（Container），扮演 RM 和 AM 之间双向沟通的角色，定期向 RM 汇报该节点的资源使用情况和各 Container 的运行状态，接受并处理 AM 的作业启动、停止等请求。

4. Container

Container 是针对 YARN 的资源隔离而提出的抽象任务运行环境框架，通过将内存、磁盘、网络等任务所需的资源进行封装，限定每个任务可使用的资源大小。每个任务对应一个 Container，且只能在该 Container 中执行。

5. ApplicationMaster

当应用管理器接受任务提交时，AM 负责为任务实现相应的调度和协调，如向 RM 申请资源、为任务的进一步分配、与 NM 通信、启动或停止任务、任务监控与容错等。每个任务都有独立的 AM，不同的 AM 可以分布在不同的节点上以独立执行。

14.3.4 Spark

尽管 MapReduce 是一种很不错的分布式计算框架，适用于海量数据批处理，但其大量的磁盘读写操作使其无法应对实时数据分析任务。Apache Spark 作为内存数据流式计算引擎，适用于实时场景的分布式计算环境，因此 Hadoop 的批处理能力与 Spark 实时分析能力的结合使用，已经成为当前大数据行业应用的标准技术框架。

由函数式语言 Scala 编写的 Spark，在运用内存计算和其他优化作用下，处理大规模数据集的速度比传统的 MapReduce 可快大约 100 倍。从严格意义上来讲，Spark 是一种微批处理框架，而非真正的实时计算，在亚秒级响应领域需要使用一些额外的手段支持，因此真实时场景更多是采用 Storm、Kylin、Samza 等其他计算框架。然而，Spark 的出现已经大幅提升了数据分析的响应效率，丰富了实时大数据应用场景，因此它仍然是当前较常用的（准）实时框架。

此外，Spark 还提供了丰富的高级库，支持 Scala、Java、Python、R 等数据分析语言，通过标准库可实现对复杂数据工作流的无缝集成。同时，Spark 也支持与各种服务集成，以增强其功能，如 MLlib、GraphX、SQL +数据框、流服务等。Spark 的体系结构如图 14-6 所示。

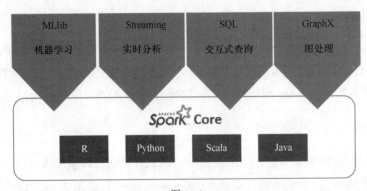

图 14-6

14.3.5 SQL 解决方案

尽管 MapReduce 和 Spark 的计算框架非常优秀，但是许多传统数据仓库和商业智能领域的工程师只精通 SQL，对 Java、Scala 等语言的掌握相对薄弱。因此，要想使得这些工程师可以快速上手分析数据，基于 Hadoop 的 SQL 组件尤为重要。SQL 组件包括 Hive、Impala、

Spark SQL 和 Drill 等。

1. Hive

Apache Hive 设计的目的是构建一个基于 HDFS 的分布式数据仓库，用于管理和组织大规模数据。Hive 对数据操作采用了一种非常类似于 SQL 语法的查询语言 HQL，从命名上不难发现取自 Hive+SQL。执行任务时，Hive 可以自动将 SQL 转化为 MapReduce 任务，并提交给 Hadoop 集群运行，以生成所需数据。

随着计算架构的升级，Hive 逐步进化为一个通用的、可伸缩的数据处理平台，既可以服务于大规模数据批处理，又可以用于交互式查询秒级实时处理。Hive 除支持传统的基于 MapReduce 的任务以外，还支持 Hive on Tez、Hive LLAP、Hive on Spark 等计算框架，极大提升了计算性能和查询交互体验。Hive 支持所有基础的 SQL 数据类型，也支持部分复杂数据类型，用户可以根据需要定制自定义用户函数（User Defined Function，UDF），进一步提高数据加工处理能力。

2. Impala

Impala 是由 Cloudera 公司主导开发的新型查询系统，是一个用于处理存储在 Hadoop 集群中的大量数据的大规模并行处理（MMP）架构的 SQL 查询引擎，它提供了对 HDFS、HBase 以及 Amazon S3 中 PB 级数据的高性能和低延迟的访问方法，可以达到类似于 RDBMS 的查询效果。

尽管 Hive 也提供了 SQL 语义，但是在 Hadoop 2.x 中，Hive 底层默认使用的是 MapReduce 引擎，属于批处理过程，难以满足查询交互性的要求。Impala 可以直接读取数据在内存中的计算，无须转化为 MapReduce，大大提升了执行性能，可以满足对 PB 级数据进行交互式的查询和分析的要求。此外，Impala 支持数据多样，支持 Hive 元数据，可对 Hive 数据直接做加工处理；也支持数据的本地化，很多数据可以在本地进行分析。同时，Impala 还支持 JDBC、ODBC 远程访问，去除了距离带来的不便，很好地提高了使用效率。

3. Spark SQL

Spark SQL 是 Spark 生态系统里用于处理结构化大数据的模块，其前身是伯克利实验室的 Shark 项目。它的设计初衷和 Impala 类似，也是面向熟悉 RDBMS 但又不理解 MapReduce 的技术人员，提供比 Hive 性能更高的数据查询工具。同样，Spark SQL 也兼容 Hive 的 HQL 解析、逻辑执行计划翻译、执行计划优化等逻辑，我们可以近似认为它仅将物理执行计划从 MapReduce 引擎替换成了 Spark 引擎。Spark SQL 辅以内存列式存储，缩减了大量中间磁盘落地过程造成的 I/O 开销，修改了内存管理、物理计划、执行这 3 个模块，并使之能运行在

Spark 引擎上，从而使得 SQL 查询的速度提升 10~100 倍。

在交互方面，Spark SQL 支持包括 SQL 和 Dataset API 在内的集中方式。目前，Spark 2.X 已支持 4 种编程语言，即 Scala、Java、Python 和 R 语言，在这些编程语言内部调用并运行 SQL，其查询结果将作为一个 Dataset 或 DataFrame 返回。这里的 Dataset 是分布式的数据集，DataFrame 是按命名列方式组织的 Dataset。Spark SQL 也支持 Spark Shell、PySpark Shell 或 SparkR Shell 命令行，可以通过 JDBC、ODBC 与 SQL 接口进行交互。当进行计算时，Spark SQL 使用相同的执行引擎，而不依赖于使用哪种 API 或语言，这种统一意味着开发人员可以很容易地在不同的 API 之间来回切换，且 API 提供了表达给定转换最自然的方式。

在数据源方面，Spark SQL 支持将多种外部数据源的数据转化为 DataFrame，并像操作 RDD 或者将其注册为临时表那样来处理和分析这些数据。当前支持的数据源有 JSON、文本文件、RDD、关系数据库、Hive 和 Parquet 等。

4. Drill

Apache Drill 也是一个低延迟的分布式海量数据（涵盖结构化、半结构化以及嵌套数据）交互式查询引擎，使用 ANSI SQL 兼容语法，支持本地文件、HDFS、HBase、MongoDB 等后端存储，支持 Parquet、JSON、CSV、TSV、PSV 等数据格式。受 Google Dremel 的启发，Drill 可以满足上千节点的 PB 级别数据进行交互式商业智能分析。Drill 的主要目标是提供可伸缩性，通过使用一个查询来组合各种数据存储，高效地处理 PB 和 EB 级别的数据。尽管 Drill 通常也被视为 Hive 的替代者之一，但由于其增、删、改的操作能力远逊于 Impala 和 Spark SQL，在生产实践中采纳该组件的企业并不多，因此简单了解即可。

14.3.6 对流数据的处理

虽然 SQL on Hadoop 在大规模数据处理上比传统关系型数据库体现出明显的优势，但是这仍是一种离线计算技术。随着数据量的增加，离线计算会越来越慢，难以满足在某些场景下的实时性要求。流式（Streaming）计算提供了另一种大数据的计算范式，与批处理计算慢慢积累数据不同，流式计算将大量数据平摊到每个时间点上，连续地进行小批量传输，数据持续流动，计算完之后就丢弃，因而流式计算具有低延迟、无边界、源头触发、连续计算等特点。

1. Kafka

Kafka 是领英（LinkedIn）公司开发并开源的一个分布式流消息机制，具有高吞吐量、低延迟、跨语言、分布式、多分区、快速持久化、水平扩展、可容错等特点。它作为日志流平台和消息管道平台，具备良好的消息顺序存取和海量数据堆积能力。目前 Kafka 是大数据领域很受欢迎的消息队列，绝大多数的流计算平台选择其作为实时数据管道。

Kafka 每秒可处理数十万条消息，延迟可在毫秒级，生产者（Producer）将消息发布到指定的主题（Topic），每个 Topic 可分为多个分区（Partition）；消费者（Consumer）订阅 Topic 消费信息，多个消费者线程可以组成一个组（Group），各个分区中的每个消息只能被消费者组（Consumer Group）中的一个消费者消费。此外，Kafka 可以通过 Connectors 与数据库（DB）进行连接，也可以通过 Stream Processors（流处理器）与应用程序（APPs）连通。Kafka 的生产者-消费者模型如图 14-7 所示。

2. Storm

营销分析公司 BackType 开发了实时计算系统 Storm，后来 BackType 被 Twitter 公司收购，Storm 最终被开源成 Apache 顶级项目，其在容错和水平可扩展方面优势显著，使得该分布式流计算框架一度成为流数据处理的标准。

与 Hadoop 集群类似，Apache Storm 集群中也分主节点和工作节点。主节点运行一个名为"Nimbus"的守护进程，它类似于 Hadoop 的"JobTracker"，负责在集群中分发代码、分配任务和监视故障。每个工作节点运行一个名为"Supervisor"的守护进程，侦听分配给它的节点的任务，并根据需要启动或停止 Nimbus 分配给它的进程。Nimbus 和 Supervisor 之间的所有协调都是通过 ZooKeeper 集群来完成的。此外，Nimbus 守护进程和管理守护进程是快速失败（fail-fast）和无状态的；所有集群状态都保存在 ZooKeeper 或本地磁盘上。Storm 集群架构如图 14-8 所示。

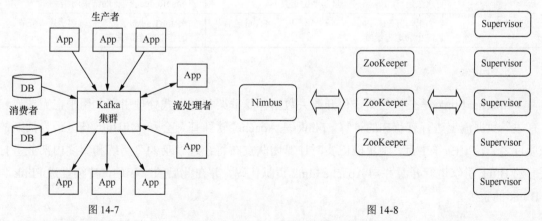

图 14-7 图 14-8

每个工作进程执行一个名为拓扑（Topology）的有向无环图（DAG）。该图从名为"Spout"

的数据源获得流式数据,并将数据传输到名为"Bolt"的计算单元中加工处理,Bolt 也可生成一些新的流以供下一步 Bolt 处理。上文所述 Topology 的流转换过程如图 14-9 所示。

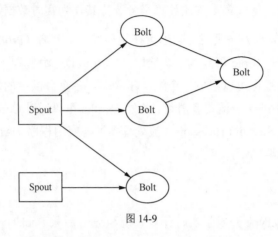

图 14-9

尽管 Storm 框架与 Hadoop 框架表面上相似,但两者在实时和批处理方面的属性不同,这恰好形成互补。二者的属性差异对比如表 14-1 所示。

表 14-1

属性	Storm	Hadoop
执行模型	单条流式处理	批处理
状态管理	无状态/ Trident 状态管理	有状态
延迟特性	毫秒级	分钟级
主节点	Nimbus	JobTracker
工作节点	Supervisor	TaskTracker
运行机制	永久运行 Topology(除非手工结束)	随 MapReduce 任务的结束而结束
故障处理	如果 Nimbus、Supervisor "死" 机,那么重启后从停止的地方继续	如果 JobTracker "死" 机,那么所有正在运行的作业将全部丢失

3. Flink

Apache Flink 是公认的新一代开源大数据计算框架和分布式处理引擎,用于在无边界和有边界数据流上进行有状态的计算。Flink 是 Apache 软件基金会和 GitHub 社区最为活跃的项目之一,2019 年 1 月,阿里巴巴实时计算团队宣布将经过"双 11"历练和集团内部业务打磨的 Blink 引擎进行开源并向 Apache Flink 贡献代码,并在此后的一年中,持续推进 Flink 与 Blink 的整合。

与 Spark Streaming 基于微批的思想不同,在 Flink 的观点中,任何类型的数据都可以形成一种事件流，Flink 的"流批统一"是以流数据处理作为数据处理的手段，批处理只是流数据的一个特例而已。对于 Flink 而言，数据流可以划分为"有界流"和"无界流"两类。

（1）有界流（bounded stream）：既定义了流的开始，又定义了流的结束，因此有界流可以在获取所有数据后再进行计算。因为有界流中所有数据可以被排序，所以并不需要有序消费。有界流的处理，其实就是传统意义上的批处理。

（2）无界流（unbounded stream）：定义了流的开始，但没有定义流的结束，因此会无休止地产生数据。无界流的数据必须持续处理，即数据被提取后需要立刻处理，不能等到所有数据都到达再处理，因为输入是无限的，在任何时候输入都不会完成。处理无界数据通常要求以特定顺序提取事件，例如事件发生的顺序，以便能够推断结果的完整性。

关于有界流和无界流的示意图，如图 14-10 所示。

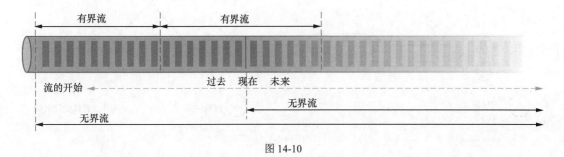

图 14-10

Apache Flink 擅长处理无界和有界数据集。有界流由一些专为固定大小数据集特殊设计的算法和数据结构处理，有出色的性能。而精确的时间控制和状态化，使得 Flink 的运行时（runtime）能够运行任何处理无界流的应用。

状态（State）是 Flink 有别于 Spark Streaming 和 Storm 的一个重要特征。对于流计算而言，只有在每一个单独的事件上进行转换操作的应用才不需要状态，换言之，每一个具有一定复杂度的流处理应用都是有可变状态（Variable State）的。任何运行基本业务逻辑的流处理应用都需要在一定时间内存储所接收的事件或中间结果，以供后续的某个时间点（例如收到下一个事件或者经过一段特定时间）访问并进行后续处理。Flink 提供了许多状态管理的特性支持，包括多种状态基础类型、插件化的 State Backend、Exactly-once 语义计算、超大数据量（TB 级）状态、可弹性伸缩的状态应用等。Flink 的状态，管理机制如图 14-11 所示。

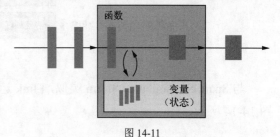

图 14-11

时间控制也是 Flink 流处理的另一个重要的组成部分。因为事件总是在特定时间点发生，所以大多数的事件流拥有事件本身所固有的时间语义。进一步来说，许多常见的流计算基于时间语义，例如窗口聚合、会话计算、模式检测和基于时间的 join。流处理的一个重要方面是应用程序如何衡量时间，Flink 优于许多其他实时计算引擎在于它提供了丰富的时间语义支持，不仅可以区分事件时间（Event Time）、摄取时间（Ingestion Time）和窗口处理时间（Window Processing Time），还支持 Watermark 和迟到数据处理，如图 14-12 所示。

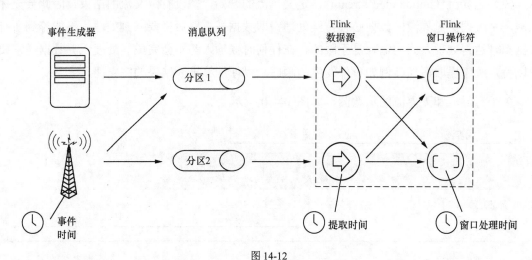

图 14-12

Flink 面向开发者，根据抽象程度不同，提供了 3 种不同层次的 API。每一种 API 在简洁性和表达力上有着不同的侧重，并且针对不同的应用场景。越接近 SQL 层，API 的表达能力越弱，抽象能力越强；越接近底层功能层（ProcessFunction 层），API 的表达能力越强，可以进行多种灵活方便的操作，但抽象能力越弱，如图 14-13 所示。

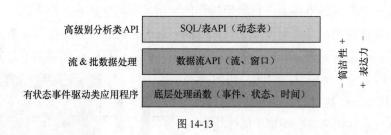

图 14-13

与 Spark Streaming 和 Storm 类似，Flink 运行时也包含以下两类进程，分布式运行环境如图 14-14 所示。

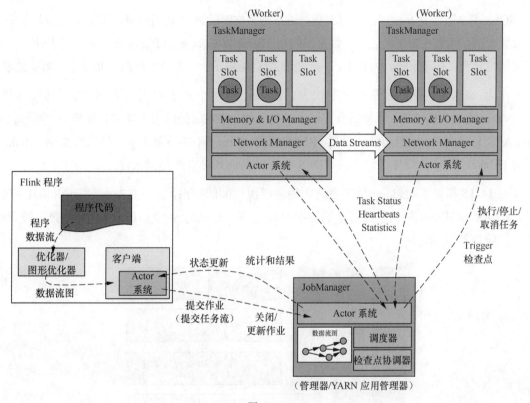

图 14-14

（1）JobManager：即管理器，用于协调分布式计算，负责调度任务、协调检查点、协调故障恢复等。每个 Job 至少有一个 JobManager。高可用部署下会有多个 JobManager，其中一个作为 leader，其余处于休眠状态。

（2）TaskManager：执行数据流中的 Task，并且缓存和交换数据流，每个 Job 至少有一个 TaskManager。

类似地，JobManager 和 TaskManager 有多种启动方式：直接在服务器上启动（称为 Standalone Cluster），在容器或资源管理框架中启动（如 YARN 或 Mesos）。虽然客户端不是运行时和作业执行时的一部分，但它被用作准备和提交数据流到 JobManager。提交完成之后，客户端可以断开连接，也可以保持连接来接收进度报告。

14.3.7 NoSQL 型数据库

Apache HBase 是建立在 HDFS 上的实时数据库，是一个分布式、可伸缩的非关系型

（NoSQL）数据库。HBase 保证了对大数据进行随机实时的读/写访问效率，在物理集群上可托管超大型数据存储表（如数十亿行×数百万列）。Hbase 以 Google 的 BigTable（一种用于处理大型数据集的分布式存储系统）为原型，为分布式数据提供了一个简单的界面，允许进行增量处理。

作为 NoSQL 型数据库的典型代表，HBase 是一个基于列式而非行式的存储，因其 Key-Value 核心存储结构，非常适合存储稀疏性数据。HBase 提供了丰富的访问接口，如 Native Java API、HBase Shell、Thrift Java API、REST 网关、Avro 等，Hive 和 Pig 也可以通过 MapReduce 访问 HBase，并将该信息存储在其 HDFS 中，以保证其可靠性和持久性。

图 14-15 描述了 Hadoop 生态系统中的各层组件间的关系，其中 HBase 位于 NoSQL 存储层，HDFS 为 HBase 提供了高可靠的底层存储支持，ZooKeeper 为 HBase 提供了稳定协调服务和故障切换机制。

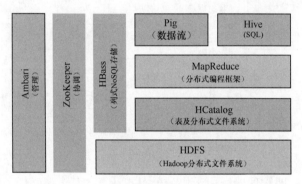

图 14-15

鉴于 HBase 的快速存取特性，使得面向 OLAP 的大数据分析型数据仓库 Apache Kylin 将 Hbase 作为为其默认数据库，其中 Kylin Cube 的维度作为 HBase 的 RowKey，指标作为列族，以支持基于 HBase 存储的 SQL 查询的预计算服务。

14.3.8　任务调度

对于离线计算任务而言，需要定时唤起并执行任务，Linux Crontab 虽然可以用于定时任务的唤起，却无法管理整个任务工作流，而 Apache Oozie 正是这样一个为了管理 Apache Hadoop 作业而设计的基于服务器的工作流引擎。

Oozie 框架包含以下 3 个功能层次。

（1）工作流（Workflow）：被定义为有向无环图中的控制流节点（Control Flow Node）和

操作节点（Action Node）的集合。其中，控制流节点定义了工作流的开始和结束（开始、结束和失败节点），以及控制工作流执行路径的机制（decision、fork 和 join 节点）；操作节点则是工作流触发计算/处理任务执行的机制。Oozie 支持不同类型的操作，包括 Hadoop MapReduce、Hadoop HDFS、Sqoop、Hive、Spark、Distcp、SSH、Email，以及特定作业（如 Java 程序和 Shell 脚本）等。Oozie 工作流可以参数化，如在工作流定义中使用${inputDir}之类的变量。

（2）协调器（Coordinator）：用于定时触发 Workflow 作业，当数据可用或者就绪时，Oozie 在 Workflow 中定义的工作流将被触发且顺序执行。在提交工作流时，必须提供参数的作业值。如果正确地被参数化（即使用不同的输出目录），那么相同的工作流作业可以并发进行。

（3）捆绑作业（Bundle Job）：用于绑定多个 Coordinator。

典型的 Oozie 工作流示意如图 14-16 所示。

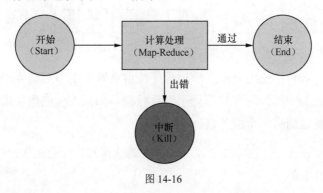

图 14-16

14.3.9 协调和管理

前面介绍的 Hadoop 生态系统的组件，主要是存储和计算引擎。事实上，作为分布式环境的 Hadoop 生态系统，需要解决很多分布式系统协调和管理的问题，如分布式应用中共享状态的管理问题、集群配置管理监控问题等。为此，一些以协调和管理为目的的组件成为 Hadoop 生态系统不可或缺的部分。

1. ZooKeeper

Apache ZooKeeper 是一款致力于开发和维护可实现高度可靠的分布式协调的开源服务组件。具体来说，ZooKeeper 可用于维护配置信息、命名，提供分布式同步和组服务的集中式服务，并对各种服务进行协调。在使用 ZooKeeper 之前，Hadoop 生态系统中不同服务之间的协调非常困难且耗时。先前的服务在同步数据交互方面存在很多问题，例如通用配置，即使配置了服务，服务配置的更改也会使其变得复杂且难以处理。而分组和命名也是一个耗时的工作。协调服务也是一大难题，极易出现竞争条件和"死"锁等错误。因此，ZooKeeper 的设计就是为了减轻分布式应用程序从头实现协调服务的责任。

ZooKeeper 遵循客户端-服务端架构，其中服务端是提供服务的节点，而客户端是使用服务的节点。ZooKeeper 架构如图 14-17 所示。

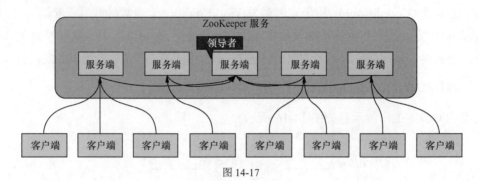

图 14-17

（1）客户端（Client）：使用分布式应用程序集群从客户端节点访问信息。客户端向服务器发送一条消息，让服务器知道客户端处于运行状态，如果连接的服务器没有响应，客户端会自动将消息重新发送到另一个服务器。

（2）服务端（Server）：服务端将向客户端发出确认信息，以通知客户端服务器仍在运行；并向客户端提供所有服务。

（3）领导者（Leader）：作为协议的一部分，来自客户端的所有写请求都转发到称为领导者的单个服务器。其余的 ZooKeeper 服务器称为跟随者（Follower），它们接收领导者发送的消息建议并同意消息传递。消息传递层负责替换出现故障的领导者，并将跟随者与领导者同步。

2．Ambari

Apache Ambari 是一个旨在使 Hadoop 生态系统更易于管理的辅助工具，可用于配置、管理和监控 Apache Hadoop 集群组件。Ambari 通过其 REST API，提供了一个直观、易用的集成化管理 Web UI，以简化 Hadoop 的管理。

Ambari 的出现使得系统管理员可以完成以下工作。

（1）设置 Hadoop 集群：Ambari 提供了用于在任意数量的主机上安装 Hadoop 服务的分步向导；提供了处理集群的 Hadoop 服务配置。

（2）管理 Hadoop 集群：Ambari 提供了用于在整个集群中启动、停止和重新配置 Hadoop

服务的集中管理。

（3）监控 Hadoop 集群：Ambari 提供了一个仪表板，用于监视 Hadoop 集群的运行状况和状态；利用 Ambari Metrics System 收集指标；利用 Ambari Alert Framework 发出系统警报，并在需要注意时发起通知（如节点故障、剩余磁盘空间不足等）。

此外，Ambari 还可以使应用程序开发人员通过调用 Ambari REST API，将 Hadoop 的配置、管理和监视功能方便快捷地集成到自己的应用程序中。

14.3.10　ETL 工具

对于一个完整的大数据系统而言，还应考虑大数据平台与外界的数据交换，因此 ETL 工具也不可或缺。这里按照离线计算和实时计算，介绍两种常用的 ETL 工具。

1. Sqoop

Apache Sqoop 是一种运用于 Apache Hadoop 和结构化数据存储（如关系数据库进行数据存储时）之间高效传输批量数据的工具。由于目前使用 Hadoop 技术的数据源或数据目标使用方往往还是传统的关系型数据库，因此 Sqoop 作为连接关系型数据库和 Hadoop 的桥梁出现，主要实现导入导出功能。

Sqoop 架构如图 14-18 所示。Sqoop 可以从 RDBMS 或企业数据仓库向 HDFS 导入和导出结构化数据，反之亦然。当我们提交 Sqoop 命令时，其主要任务被分为子任务，这些子任务由内部的各个 Map Task 处理，每个 Map 将部分数据导入 Hadoop 生态系统，通过分 Map 处理，最终在所有 Map 任务（Task）都执行完毕后，所有数据将导入 Hadoop 生态的存储系统。导出也是类似的方式，当我们提交作业时，任务被映射到 Map Task 中，该任务从 HDFS 中获取数据块，这些块被导出到结构化数据目的地，结合所有这些导出的数据块，将在数据导出目的地接收整个数据。

目前 Sqoop 支持的数据连接包括 FTP/SFTP 连接、JDBC 连接（由此支持各种常见 RDBMS）、HDBS 连接、Kafka 连接、Kite 连接等。

2. Flume

现在，让我们介绍另一种数据提取工具，即 Flume。Flume 和 Sqoop 之间的主要区别在于：Flume 仅将非结构化数据或半结构化数据流式提取到 HDFS 中。因此，Flume 的主要应用场景在于帮助我们从网络流量、社交媒体、电子邮件、日志文件等数据来源中获取在线流数据，如图 14-19 所示。

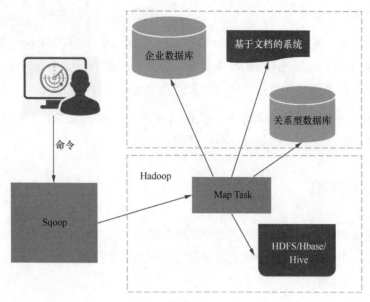

图 14-18

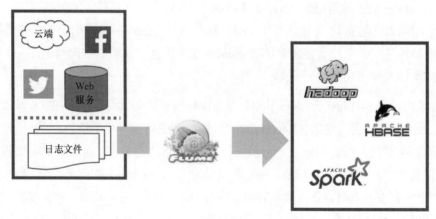

图 14-19

Flume Agent 可将源端流数据从各种数据源提取到目标端（如 HDFS），该 Agent 包含以下 3 个组成部分。Flume 基础架构如图 14-20 所示。

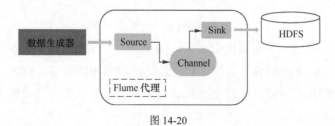

图 14-20

（1）源（Source）：接收来自传入流的数据，并将数据存储在通道中。

（2）通道（Channel）：充当本地存储或主存储，是源端数据和永久数据之间的临时存储通道。

（3）接收器（Sink）：从通道收集数据，并将数据永久提交或写入目标端（如 HDFS）。

14.3.11　写给测试人员的话

上述组件并不是 Hadoop 生态系统的全部组件，只是近些年来企业使用较多的选型。其实，在每种功能类型中，存在其他的技术选型。例如，在任务调度方面，除 Oozie 以外，Apache Airflow 的使用也十分广泛；在大数据存储方面，在 HDFS with Parquet 和 HBase 的性能中间地带，Apache Kudu 的使用也日益频繁，该组件很好地平衡了 OLAP 和 OLTP 的需求，使得存储方案更通用可行。总之，上述 Hadoop 生态系统组件仅是简单介绍，在实际项目应用场景中，我们应根据需要选择合适的组件和开发工具。

读到此处，也许很多测试人员心生疑惑，为何作者不惜笔墨介绍大数据 Hadoop 生态系统的各种类型的组件。毕竟，除大数据架构师需要掌握每种组件的原理以外，对于普通开发人员，因其所在团队的技术分工，每个人也只需要精通一种或几种组件。然而，对于测试人员来说，很多时候承载的任务分工不似开发人员那么精细，所涉及的测试任务往往有可能涵盖各种可能的 Hadoop 组件，因此，在测试过程中，测试人员对待测应用程序及其运行环境有一定的技术理解就显得尤为必要了。

那么，对于测试人员来说，关于大数据平台的各个技术栈，需要掌握到何种程度呢？从原则上来讲，技术学习不厌其精，但考虑到 Hadoop 生态系统是一个高速发展的技术生态系统，Apache 社区的更新速度也很快，若要完全掌握各组件并不现实，因此，对于测试人员来说，能够对每种组件的功能、原理、特征、适用性等有初步的认识，能够按照安装部署手册独立安装部署这些组件，能够掌握测试常用的接口操作，即可满足测试大数据平台的基础技能要求。拥有了这种技术理解，测试人员则可以对架构特性做一些简单的预判，如 Spark Streaming 虽然算是常用的实时处理引擎，但其本质是进行微批处理的，因此，对于延时低容忍的业务场景（如亚秒级延时要求），Spark Streaming 是不适用的。这些在测试人员参与技术选型、架构评审、执行 POC 测试时是非常有益的。

上述内容只涉及每种组件基础的概念介绍，若想进行更深入的了解，可查阅 Apache 官网相关文档。

第 15 章
大数据测试探索

15.1 从用户故事开始

在 14.1 节中,我们虚拟了一个咖啡店自助应答和服务下单的故事,这个故事中的用户可感知部分,只是数据团队平日工作的"冰山一角"。也就是说,大数据团队的核心工作是打造一个承前启后的、企业内部通用的数据中台,至于用户可感知的业务前台,它只是充分使用了数据中台向上提供的服务。

为了让读者更清晰地理解数据中台的概念,下面给出一个典型的大数据整体解决方案架构,从中我们可以了解数据中台的定位与技术内涵,如图 15-1 所示。

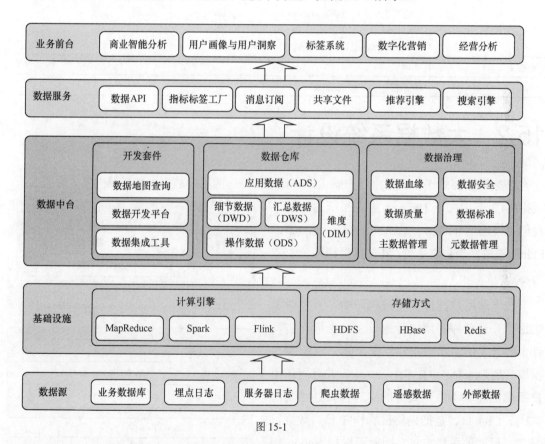

图 15-1

由此可见,大数据团队通常接收到的需求是中台化的,是为上层业务应用提供共性化、有一定扩展性的服务,并非面向终端用户。从用户故事的角度来看,也可以认为是面向一类专业的"用户"。

在第 3 章中已经介绍了如何描述一个用户故事，下文以咖啡店的故事为例，通过一个典型的大数据场景用户故事，探索如何开展大数据测试，如表 15-1 所示。

表 15-1

标题	用户画像——口味偏好
描述	在数据中台的用户画像模块，需要为业务前台提供用户口味的大数据指标标签数据（Hive 表），便于产品经理在规划推荐系统时训练推荐模型。 【AC】 按月分别统计用户浏览和下单商品的口味指标； 实现基于"指数加权移动平均法"的用户月度口味偏好标签 【DOD】 完成发布规划要求的所有数据指标和标签； 已通过重点数据逻辑验证； Workflow 计算时间不超过 30min； 已修复数据的逻辑缺陷问题和严重的性能问题
优先级	Must
预估工时	50 人时

15.2 大数据系统设计

想要实现 15.1 节中关于"用户画像——口味偏好"的用户故事，就需要构建大数据系统。根据 14.3 节中关于 Hadoop 生态系统的介绍，我们可以选用 HDFS、YARN、Hive、Sqoop、Flume 等组件来构建系统，其技术架构如图 15-2 所示。

在上述用户画像实现架构图中，涉及两类数据源：订单库和用户行为日志。一般而言，订单等涉及的多状态业务数据存储在 SQL 型数据库（如 Oracle、SQL Server）中，并且用作用户画像的计算不需要太强的实时性，通常采用 T-1 日（T-1 日，是把采集日看作 T 日，数据日是 T-1 日）的采集方式，因此可以用 Sqoop 作为采集工具。而用户行为日志通常是以埋点 log 或系统 log 的纯文本、半结构化形式存在，这部分数据是流式生成的，可以批采集，也可以

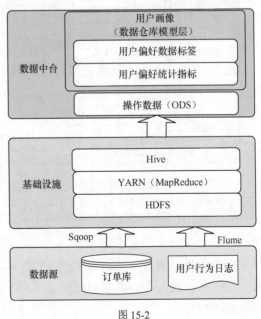

图 15-2

流式采集。在本故事中，我们选用 Flume 作为采集工具实时采集，并以 Appending 方式写入 HDFS。在企业真实的场景中，Flume 可以支持多个 Sink 下游，即可支持 Sink 到 Kafka 作为流式计算的贴源数据，同时 Sink 到 HDFS 作为批处理计算的贴源数据。

当然，企业用户画像现实案例远比图 15-2 所示的结构要复杂，通常会涉及各类数据源的融合，也涉及按应用场景进行主题建模。构建一套完整的用户画像，通常需要耗费数据团队数年时间持续迭代改进，才能最终实现满意的业务应用效果。这里仅以某单项画像指标为例，以点带面地进行简单介绍。

15.3 搭建 Hadoop 系统

Hadoop 2.x 支持 3 种运行模式：单机模式、伪分布式和全分布式。前两种模式仅限于学习，只有高可用的全分布式才会真正投入生产。一个高可用的 Hadoop 系统，是需要构建在一个计算机集群之上的。通常，小规模的集群有几十个节点，大型互联网应用集群则可能有数百甚至上千个节点。为了达成集群间的协同无倾斜作业，我们需要对组件部署划分、集群规范、网络拓扑甚至物理机架提出一定的规格要求。即便是开发、测试环境，为了和生产环境达成较高的相似度，也存在类似的环境配置要求。

然而，限于篇幅，这里不介绍高可用 Hadoop 集群如何构建，而是以单机伪分布式为例，构建以学习为目的的简单 Hadoop 系统。在构建前，需要准备的基础环境如表 15-2 所示。

表 15-2

本机系统	操作系统：Windows 7/10，64 位 物理内存：8GB 以上 CPU Cores：4 核以上
虚拟机	VMware Workstation
虚拟系统	CentOS 7.x，64-bit
Java	jdk1.8.0_241
Hadoop	Apache Hadoop 2.10.0
MySQL	MySQL Community Server 5.7.25

15.3.1 安装 CentOS 虚拟机

若要在安装 Windows 操作系统的宿主机上安装 Hadoop 伪分布式，首先需要安装 VMware

Workstation 和 VMware Tools，并预先下载 CentOS 的镜像。这里选择的是 CentOS 7 64-bit，镜像文件为 CentOS-7-x86_64-Minimal-1708.iso。

按照 VMware Workstation 对话框的提示安装 CentOS 虚拟机即可。为了确保后续 Hadoop 系统的运行性能，这里分配磁盘空间 20GB、内存 8192MB、CPU 内核 4 个，如图 15-3 所示。

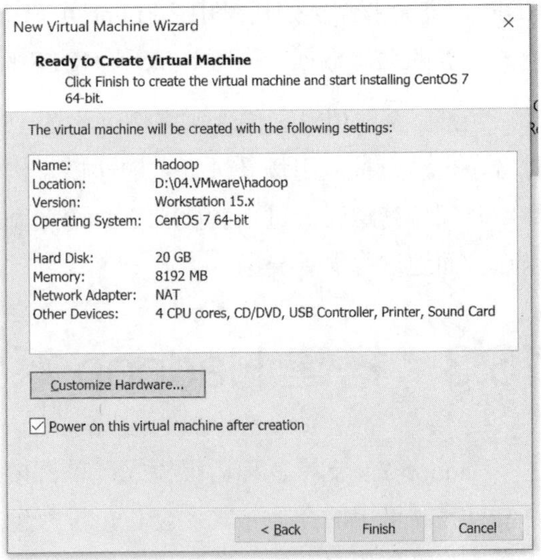

在安装 CentOS 的过程中，有一些配置在后继的 Hadoop 系统搭建和应用中比较重要，应事先配置完成，包括设置主机名（如 hadoop）、设置固定 IP（如 192.168.140.10）、设置 root 密码（如 123456）等。

15.3.2　安装 JDK

图 15-3

Hadoop 生态系统的大部分组件依赖 Java 环境，因此需要安装 JDK。考虑到拟安装的 Hadoop 版本为 2.10，因此需要选择 JDK 1.8，否则很多组件将出现版本不兼容的问题。这里我们从官网下载 jdk-8u241-linux-x64.tar.gz。

下载 JDK 安装包到指定目录，解压缩，并添加软链接，如代码清单 15-1 所示。

代码清单 15-1　　　下载 JDK 安装包到指定目录、解压缩，并添加软链接

```
[root@hadoop opt]# mkdir -p /opt/local/jdk
[root@hadoop opt]# cd /opt/local/jdk
[root@hadoop jdk]# rz
[root@hadoop jdk]# tar -zxvf jdk-8u241-linux-x64.tar.gz
[root@hadoop jdk]# mv jdk1.8.0_241/ jdk1.8.0
[root@hadoop jdk]# ln -s jdk1.8.0/ jdk
```

添加 Java 环境变量，并使之生效，如代码清单 15-2 所示。

代码清单 15-2　　　　　　添加 Java 环境变量，并使之生效

```
[root@hadoop jdk]# vim /etc/profile
export JAVA_HOME=/opt/local/jdk/jdk
export CLASS_PATH=$JAVA_HOME/lib:$JAVA_HOME/jre/lib
export PATH=$JAVA_HOME/bin:$PATH
[root@hadoop jdk]# source /etc/profile
```

15.3.3 配置 SSH 免密登录

生成免密登录密钥文件，如代码清单 15-3 所示。

代码清单 15-3　　　　　　　　　　生成免密登录密钥文件

```
[root@hadoop ~]# ssh-keygen -t dsa -P '' -f ~/.ssh/id_dsa
[root@hadoop ~]# cat ~/.ssh/id_dsa.pub >> ~/.ssh/authorized_keys
[root@hadoop .ssh]# cd /root/.ssh/
[root@hadoop .ssh]# chmod 600 authorized_keys
[root@hadoop .ssh]# ll
```

由此可看到生成的 3 个文件：id_dsa、id_dsa.pub 和 authorized_keys。

15.3.4 安装 Hadoop 系统

下载、解压缩、安装 Hadoop 系统，如代码清单 15-4 所示。

代码清单 15-4　　　　　　下载、解压缩、安装 Hadoop 系统

```
[root@hadoop local]# mkdir -p /opt/local/hadoop
[root@hadoop hadoop]# cd /opt/local/hadoop
[root@hadoop hadoop]# wget https://mirrors.tuna.tsinghua.edu.cn/apache/hadoop/common/hadoop-2.10.0/hadoop-2.10.0.tar.gz
[root@hadoop hadoop]# tar -xzvf hadoop-2.10.0.tar.gz
[root@hadoop hadoop]# ln -s hadoop-2.10.0/ hadoop
```

配置 Hadoop 的环境变量，如代码清单 15-5 所示。

代码清单 15-5　　　　　　　　　配置 Hadoop 的环境变量

```
[root@hadoop hadoop]# vim /etc/profile
export HADOOP_HOME=/opt/local/hadoop/hadoop
export HADOOP_COMMON_LIB_NATIVE_DIR=$HADOOP_HOME/lib/native
export HADOOP_OPTS="$HADOOP_OPTS -Djava.library.path=$HADOOP_HOME/lib/native"
export HADOOP_LIBEXEC_DIR=$HADOOP_HOME/libexec
export HADOOP_YARN_HOME=$HADOOP_HOME
export HADOOP_CONF_DIR=$HADOOP_HOME/etc/hadoop
export HDFS_CONF_DIR=$HADOOP_HOME/etc/hadoop
export YARN_CONF_DIR=$HADOOP_HOME/etc/hadoop
export JAVA_LIBRARY_PATH=$HADOOP_HOME/lib/native
export PATH=$PATH:$HADOOP_HOME/bin:$HADOOP_HOME/sbin
export HADOOP_PID_DIR=/opt/data/hadoop/pids
export YARN_PID_DIR=/opt/data/hadoop/pids
```

```
export HADOOP_MAPRED_PID_DIR=/opt/data/hadoop/pids
[root@hadoop hadoop]# source /etc/profile
```

设置 Hadoop 的配置文件。$HADOOP_HOME/etc/hadoop 是 Hadoop 存放配置文件的路径，伪分布模式需要对如下配置文件进行设置：hadoop-env.sh、yarn-env.sh、core-site.xml、yarn-site.xml、mapred-site.xml、hdfs-site.xml。

设置 hadoop-env.sh 配置文件，如代码清单 15-6 所示。

代码清单 15-6　　　　　　　设置 hadoop-env.sh 配置文件

```
[root@hadoop hadoop]# vim $HADOOP_HOME/etc/hadoop/hadoop-env.sh
JAVA_HOME=/opt/local/jdk/jdk
export HADOOP_PID_DIR=/opt/data/hadoop/pids
```

设置 yarn-env.sh 配置文件，如代码清单 15-7 所示。

代码清单 15-7　　　　　　　设置 yarn-env.sh 配置文件

```
[root@hadoop hadoop]# vim $HADOOP_HOME/etc/hadoop/yarn-env.sh
JAVA_HOME=/opt/local/jdk/jdk
export HADOOP_PID_DIR=/opt/data/hadoop/pids
```

设置 core-site.xml 配置文件，如代码清单 15-8 所示。

代码清单 15-8　　　　　　　设置 core-site.xml 配置文件

```
[root@hadoop hadoop]# vim $HADOOP_HOME/etc/hadoop/core-site.xml
<configuration>
<property>
    <name>fs.defaultFS</name>
    <value>hdfs://hadoop:9000</value>
    <description>NameNode URI, hdfs://host:port/</description>
</property>

<property>
    <name>io.file.buffer.size</name>
    <value>131072</value>
    <description>Size of read/write buffer used in SequenceFiles.</description>
</property>

<property>
    <name>hadoop.tmp.dir</name>
    <value>/opt/data/hadoop/tmp</value>
    <description>Temporary internet files</description>
</property>
</configuration>
```

设置 yarn-site.xml 配置文件，如代码清单 15-9 所示。

代码清单 15-9　　　　　　　　设置 yarn-site.xml 配置文件

```
[root@hadoop hadoop]# vim $HADOOP_HOME/etc/hadoop/yarn-site.xml
<property>
    <name>yarn.nodemanager.aux-services</name>
    <value>mapreduce_shuffle</value>
</property>

<property>
        <name>yarn.resourcemanager.webapp.address</name>
        <value>hadoop:8088</value>
</property>

<property>
    <name>yarn.resourcemanager.hostname</name>
    <value>hadoop</value>
</property>
```

设置 mapred-site.xml 配置文件，如代码清单 15-10 所示。

代码清单 15-10　　　　　　　设置 mapred-site.xml 配置文件

```
[root@hadoop hadoop]# cp mapred-site.xml.templates mapred-site.xml
[root@hadoop hadoop]# vim $HADOOP_HOME/etc/hadoop/mapred-site.xml
<property>
    <name>mapreduce.framework.name</name>
    <value>yarn</value>
</property>

<property>
    <name>mapreduce.jobtracker.http.address</name>
    <value>hadoop:50030</value>
</property>
```

设置 hdfs-site.xml 配置文件，如代码清单 15-11 所示。

代码清单 15-11　　　　　　　设置 hdfs-site.xml 配置文件

```
[root@hadoop hadoop]# vim $HADOOP_HOME/etc/hadoop/hdfs-site.xml
<property>
    <name>dfs.replication</name>
    <value>1</value>
</property>
```

注意，由于这里是单机 Hadoop 模式，因此只能有一个副本。

安装完成后，启动 Hadoop 并检查，如代码清单 15-12 所示。

代码清单 15-12　　　　　　　　　启动 Hadoop 并检查

```
[root@hadoop hadoop]# cd $HADOOP_HOME
[root@hadoop hadoop]       #格式化 Hadoop
[root@hadoop hadoop]       #启动 namenode
[root@hadoop hadoop]       #启动 datanode
[root@hadoop hadoop]       #启动 YARN
[root@hadoop hadoop]       # 检查 Hadoop 各进程启动情况
```

Hadoop 运行的进程如图 15-4 所示。

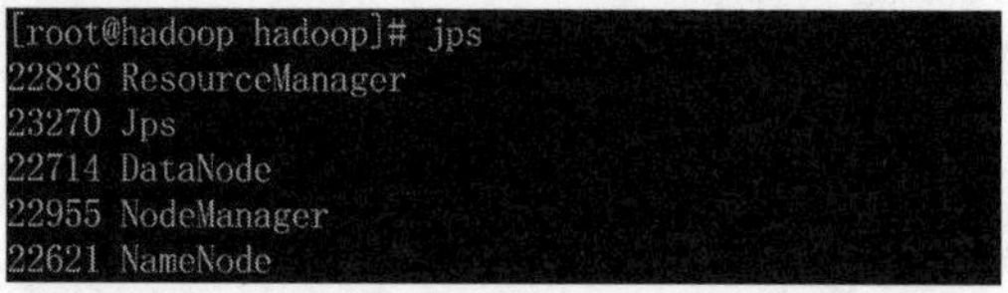

```
[root@hadoop hadoop]# jps
22836 ResourceManager
23270 Jps
22714 DataNode
22955 NodeManager
22621 NameNode
```

图 15-4

15.3.5　开通虚拟机防火墙端口

在安装 Windows 操作系统的宿主机上的 CentOS 虚拟机中安装 Hadoop 时，需打开 CentOS 虚拟机的防火墙端口设置，确保宿主机可以访问该端口。这里需要开启的端口包括以下几个。

- 50070：HDFS 页面查看端口。
- 8088：YARN 页面查看端口。
- 50075：DataNode 页面查看端口。
- 8042：NodeManager 页面查看端口。

打开 CentOS 防火墙端口，如代码清单 15-13 所示。

代码清单 15-13　　　　　　　　　打开 CentOS 防火墙端口

```
[root@hadoop ~]# firewall-cmd --zone=public --permanent --add-port=50070/tcp
[root@hadoop ~]# firewall-cmd --zone=public --permanent --add-port=8088/tcp
[root@hadoop ~]# firewall-cmd --zone=public --permanent --add-port=50075/tcp
[root@hadoop ~]# firewall-cmd --zone=public --permanent --add-port=8042/tcp
[root@hadoop ~]# firewall-cmd --reload
```

打开虚拟机防火墙后，我们可以通过宿主机的浏览器查看 HDFS 和 YARN 的页面，以确认 Hadoop 是否正常运行，如果呈现如图 15-5 和图 15-6 所示的页面，则说明 Hadoop 的安装已完成。

15.3 搭建 Hadoop 系统 | 267

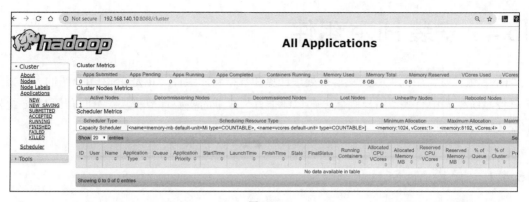

图 15-5

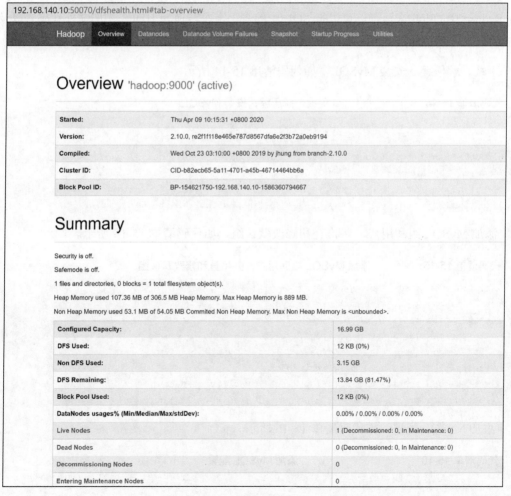

图 15-6

15.4 安装 Hive 组件

Hive 组件是常用的大数据集群批处理计算和数据仓库组件，也是 15.2 节介绍的大数据用户画像系统架构中有关"用户画像——口味偏好"故事的核心计算模块。下面介绍 Hive 组件的安装过程。

15.4.1 安装 MySQL

通过上面章节我们知道，Hive 本质上是一个 SQL 解析引擎，可以把 SQL 查询转换为 MapReduce 中的 job 来运行，可以把 SQL 中的表、字段转换为 HDFS 中的文件（夹）以及文件中的列。这就需要有元数据来实现映射支持，MySQL 是最常见的 Hive 元数据解决方案之一。

下载、解压缩、安装 MySQL，如代码清单 15-14 所示。

代码清单 15-14　　　　　　下载、解压缩、安装 MySQL

```
[root@hadoop local]# mkdir -p /opt/local/mysql
[root@hadoop hadoop]# cd /opt/local/mysql
[root@hadoop mysql]# wget https://mirrors.tuna.tsinghua.edu.cn/mysql/downloads/MySQL-5.7/mysql-5.7.25-linux-glibc2.12-x86_64.tar.gz
[root@hadoop mysql]# tar -xzvf mysql-5.7.25-linux-glibc2.12-x86_64.tar.gz
[root@hadoop mysql]# ln -s mysql-5.7.25-linux-glibc2.12-x86_64/ mysql
```

添加 MySQL 组和用户，并检查和修改默认组，如代码清单 15-15 所示。

代码清单 15-15　　　　添加 MySQL 组和用户，并检查和修改默认组

```
[root@hadoop mysql]# groupadd mysql
[root@hadoop mysql]# useradd -r -g mysql mysql
[root@hadoop mysql]# cat /etc/group | grep mysql
cat /etc/passwd | grep mysqlmysql:x:1000:
[root@hadoop mysql]# cat /etc/passwd | grep mysql
mysql:x:998:1000::/home/mysql:/bin/bash
[root@hadoop mysql]# mkdir -p /opt/local/mysql/mysql/data
[root@hadoop mysql]# chown -R mysql.mysql mysql-5.7.25-linux-glibc2.12-x86_64
```

添加 MySQL 配置，如代码清单 15-16 所示。

代码清单 15-16　　　　　　　添加 MySQL 配置

```
[root@hadoop mysql]# cd /opt/local/mysql/mysql
[root@hadoop mysql]# vim support-files/my_default.cnf
```

```
[client]
default-character-set = utf8
port = 3306
socket = /tmp/mysql.sock

[mysqld]
sql_mode=NO_ENGINE_SUBSTITUTION,STRICT_TRANS_TABLES
basedir = /opt/local/mysql/mysql
datadir = /opt/local/mysql/mysql/data
user = mysql
port = 3306
socket = /tmp/mysql.sock
character-set-server=utf8
log-error = /opt/local/mysql/mysql/data/mysqld.log
pid-file = /opt/local/mysql/mysql/data/mysqld.pid
[root@hadoop mysql]# cp support-files/my_default.cnf /etc/my.cnf
```

设置 MySQL 的环境变量，如代码清单 15-17 所示。

代码清单 15-17   设置 MySQL 的环境变量

```
[root@hadoop mysql]# vim /etc/profile
export MYSQL_HOME=/opt/local/mysql/mysql
export PATH=$PATH:$MYSQL_HOME/bin
[root@hadoop mysql]# source /etc/profile
```

初始化及启动 MySQL 服务，如代码清单 15-18 所示。

代码清单 15-18   初始化及启动 MySQL 服务

```
[root@hadoop mysql]# cd /opt/local/mysql/mysql
[root@hadoop mysql]# cp support-files/mysql.server /etc/init.d/mysql
[root@hadoop mysql]# chmod 755 /etc/init.d/mysql
[root@hadoop mysql]# chkconfig --add mysql
[root@hadoop mysql]# vim /etc/init.d/mysql
basedir=/opt/local/mysql/mysql
datadir=/opt/local/mysql/mysql/data
[root@hadoop mysql]# ./bin/mysqld --initialize --user=mysql --basedir=/opt/local/mysql/mysql --datadir=/opt/local/mysql/mysql/data
[root@hadoop mysql]# service mysql start
```

第一次启动 MySQL 后，会初始化 root 的密码，为了后续方便记忆和使用，一般需要对该密码进行修改。修改 root 初始密码，如代码清单 15-19 所示。

代码清单 15-19   修改 root 初始密码

```
[root@hadoop data]# vim /opt/local/mysql/mysql/data/mysqld.log
[Note] A temporary password is generated for root@localhost: &6DN_f,ph5K7
```

```
# &6DN_f,ph5K7 就是 root 的初始密码
[root@hadoop mysql]# cd /opt/local/mysql/mysql
[root@hadoop mysql]# ./bin/mysql -u root -p    #根据提示输入上面的初始密码
mysql> set password=password('123456');
mysql> grant all privileges on *.* to'root'@'%' identified BY '123456' with grant option;
mysql> flush privileges;
mysql> exit
[root@hadoop mysql]# service mysql restart
```

15.4.2 安装 Hive 组件

下载、解压缩、安装 Hive 组件，如代码清单 15-20 所示。

代码清单 15-20　　　　　　　下载、解压缩、安装 Hive 组件

```
[root@hadoop ~]# mkdir -p /opt/local/hive
[root@hadoop ~]# cd /opt/local/hive
[root@hadoop hive]# wget https://mirrors.tuna.tsinghua.edu.cn/apache/hive/hive-2.3.6/apache-hive-2.3.6-bin.tar.gz
[root@hadoop hive]# tar -xzvf apache-hive-2.3.6-bin.tar.gz
[root@hadoop hive]# ln -s apache-hive-2.3.6-bin hive
```

添加环境变量，如代码清单 15-21 所示。

代码清单 15-21　　　　　　　添加 Hive 环境变量

```
[root@hadoop hive]# vim /etc/profile
export HIVE_HOME=/opt/local/hive/hive
export PATH=$PATH:$HIVE_HOME/bin
[root@hadoop hive]# source /etc/profile
```

因为准备使用 MySQL 作为元数据库，所以需要复制 MySQL 的驱动包到 Hive 的 lib 目录下，驱动包 mysql-connector-java-5.1.48.jar 可自行下载。配置 Hive 的 MySQL 元数据库，如代码清单 15-22 所示。

代码清单 15-22　　　　　　　配置 Hive 的 MySQL 元数据库

```
[root@hadoop hive]# cp mysql-connector-java-5.1.48.jar $HIVE_HOME/lib
[root@hadoop hive]# mysql -u root -p
mysql> create database hive;
mysql> grant all privileges on *.* to'hive'@'localhost' identified BY '123456' with grant option;
mysql> grant all privileges on *.* to'hive'@'%' identified BY '123456' with grant option;
mysql> flush privileges;
```

在 Linux 操作系统和 HDFS 上创建 Hive 所需目录，如代码清单 15-23 所示。

代码清单 15-23　　　　在 Linux 操作系统和 HDFS 上创建 Hive 所需目录

```
[root@hadoop ~]# mkdir -p /opt/local/hive/iotmp
[root@hadoop ~]# mkdir -p /opt/local/hive/log
[root@hadoop ~]# hdfs dfs -mkdir -p /tmp/hive
[root@hadoop ~]# hdfs dfs -mkdir -p /opt/hive/warehouse
[root@hadoop ~]# hdfs dfs -chmod -R 777 /tmp/hive
[root@hadoop ~]# hdfs dfs -chmod -R 777 /opt/hive/warehouse
```

在 HDFS 管理页面上可以看到已创建的目录，如图 15-7 所示。

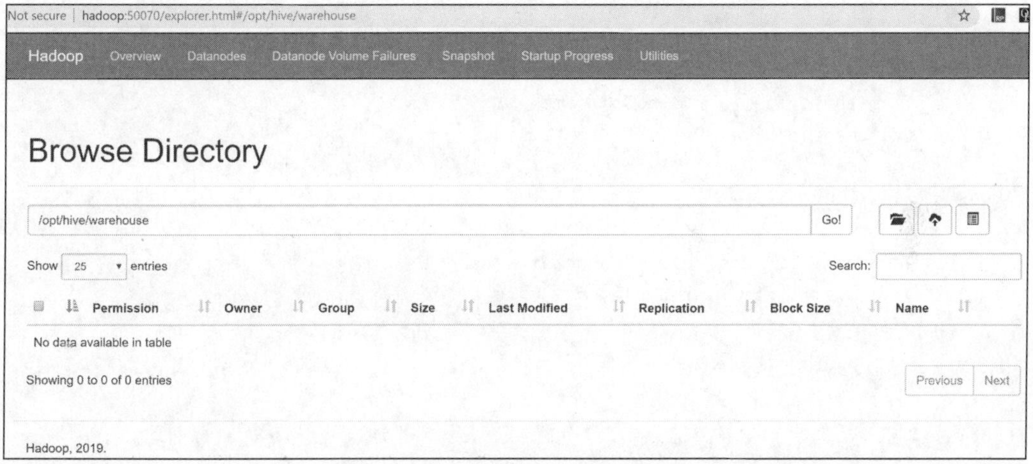

图 15-7

$HIVE_HOME/conf 是 Hive 存放配置文件的路径，需要对如下配置文件进行修改：hive-env.sh、hive-default.xml 和 hive-site.xml。

设置 hive-env.sh 配置文件，如代码清单 15-24 所示。

代码清单 15-24　　　　　　　　设置 hive-env.sh 配置文件

```
[root@hadoop conf]# cd $HIVE_HOME/conf
[root@hadoop conf]# cp hive-env.sh.template hive-env.sh
[root@hadoop conf]# vim hive-env.sh
HADOOP_HOME=/opt/local/hadoop/hadoop
export HIVE_CONF_DIR=/opt/local/hive/hive/conf
```

设置 hive-default.xml 配置文件，如代码清单 15-25 所示。

代码清单 15-25　　　　　　　设置 hive-default.xml 配置文件

```
[root@hadoop conf]# cd $HIVE_HOME/conf
```

```
[root@hadoop conf]# cp hive-default.xml.template hive-default.xml
```

设置 hive-site.xml 配置文件,如代码清单 15-26 所示。

代码清单 15-26　　　　　　　设置 hive-site.xml 配置文件

```
[root@hadoop conf]# cd $HIVE_HOME/conf
[root@hadoop conf]# vim hive-site.xml
<?xml version="1.0" encoding="UTF-8" standalone="no"?>
<configuration>
    <property>
        <name>hive.exec.local.scratchdir</name>
        <value>/opt/local/hive/iotmp</value>
    </property>

    <property>
        <name>hive.exec.scratchdir</name>
        <value>/tmp/hive</value>
    </property>

    <property>
        <name>hive.metastore.warehouse.dir</name>
        <value>/opt/hive/warehouse</value>
    </property>

    <property>
        <name>hive.querylog.location</name>
        <value>/opt/local/hive/log</value>
    </property>

    <property>
        <name>hive.exec.parallel</name>
        <value>true</value>
    </property>

    <property>
        <name>hive.exec.parallel.thread.number</name>
        <value>16</value>
</property>

    <property>
        <name>javax.jdo.option.ConnectionURL</name>
        <value>jdbc:mysql://hadoop:3306/hive?useUnicode=true&amp;characterEncoding=UTF-8&amp;createDatabaseIfNotExist=true</value>
        <description>JDBC connect string for a JDBC metastore</description>
    </property>
```

```xml
<property>
    <name>javax.jdo.option.ConnectionDriverName</name>
    <value>com.mysql.jdbc.Driver</value>
</property>

<property>
    <name>javax.jdo.option.ConnectionUserName</name>
    <value>hive</value>
</property>

<property>
    <name>javax.jdo.option.ConnectionPassword</name>
    <value>123456</value>
</property>
</configuration>
```

初始化 Hive 元数据库，如代码清单 15-27 所示。

代码清单 15-27　　　　　　　　　初始化 Hive 元数据库

```
[root@hadoop conf]# cd $HIVE_HOME
[root@hadoop hive]# ./bin/schematool -dbType mysql -initSchema hive 123456
```

在 MySQL 中查看 Hive 元数据表，如图 15-8 所示。

图 15-8

启动并使用 Hive，如代码清单 15-28 所示。

代码清单 15-28　　　　　　　　　启动并使用 Hive

```
[root@hadoop hive]# hive --service hive
[root@hadoop hive]# hive
```

```
hive> show databases;
OK
default
```

15.5 平台架构测试

基于 Hadoop 生态系统的大数据平台，在企业内扮演着数据存储中心和计算资源中心的角色。搭建这样一个平台并非仅为了服务某个具体的项目，平台也不会随着项目的消亡而解构，而是以数据中心职能形式长期存在的公共基础性平台。因此，平台架构测试对大数据系统投入生产后长期存储数据和经年累月平稳运行至关重要，此过程不可采用敏捷测试模式，因为需要对架构稳定性和可靠性进行充分验证。

为了规避由于架构设计不当或系统组件配置不当造成的集群潜在风险，以满足大数据平台上线后长期服务数据中心的职能要求，大数据平台架构测试应充分关注如下测试要点。

- 验证大数据离线计算框架的计算容量。
- 验证大数据实时计算框架的低延迟性。
- 验证大数据平台架构的稳定性。
- 确认平台性能基线和扩容可行性。
- 测试基础设施的高可用性。
- 测试系统级故障可恢复性。

上述的测试要点可以划归到两类测试中：可靠性测试和性能测试。

15.5.1 可靠性测试

大数据平台存放的是企业级所有的数据，并且可能对上下游所有的业务系统提供数据支持，因此可靠性是大数据平台架构设计的第一考虑要素。

下面列举一些重要的平台架构可靠性测试项。

1. NameNode 故障切换模拟

为了使读者对 Hadoop 平台有所认识，在 15.3 节中介绍了一个单机版伪分布式 Hadoop

系统的搭建，但是在实际生产环境中，单机系统是不应被使用的，投入使用的通常是全分布式高可用 Hadoop 系统。

什么是高可用 Hadoop 系统呢？在 Hadoop 2.0 之前，一个 Hadoop 集群只有一个 NameNode，在 14.3.2 节中我们知道，NameNode 对于整个 Hadoop 集群的重要性，那么只有一个 NameNode 就会存在单点故障的问题，这是平台级系统不能容忍的不可靠性。幸运的是，Hadoop 2.0 解决了这个问题，即支持 NameNode 的高可用。在集群中，冗余两个 NameNode，并且分别部署到不同的服务器中，使得其中一个 NameNode 处于 Active 状态，另外一个处于 Standby 状态，如果主 NameNode 出现故障，那么集群会立即切换到另外一个 NameNode 来保证整个集群的正常运行。因此，模拟 NameNode 节点故障，验证集群是否可以在不中断服务的情况下快速切换 NameNode Active 节点，是必须要进行的大数据架构测试项。

2. DataNode 故障恢复模拟

一般而言，一个小规模的大数据集群也会有十几到几十个 DataNode 节点，并且配置大数据平台时，通常数据至少要保留 3 份备份，因此 DataNode 单节点故障不像 NameNode 故障那样具有致命性。但是，如果 DataNode 长期故障也容易导致数据倾斜或者可分配资源不足等问题，因此需要及早发现和进行热恢复。

因此，模拟某个或某些 DataNode 节点故障，验证数据处理是否可以无缝转移，以及在故障 DataNode 节点修复后，验证是否可以热恢复至 Hadoop 集群、恢复后的 DataNode 节点可否读写数据和被 YARN 进行资源调用，也是重要的大数据架构测试项。

3. DataNode 节点扩容模拟

一个大数据平台投入生产后，通常要服务很多年，但企业因为数据规模和建设成本的问题，早期一般不会构建一个很大的集群。当大数据平台运行一段时间后，或多或少会出现计算资源不足、存储资源不足的问题，这就需要在一个已经投入生产的大数据平台上，在不停止服务的情况下，对 DataNode 节点进行扩容。

虽然扩容的需求是滞后于大数据集群投入生产的，但是模拟和演练最好是在大数据集群建设过程中一并得到测试验证。由于 DataNode 的扩容，NameNode 节点的配置也会进行一定的修改，因此，在模拟扩容场景时，也需要对 NameNode 的高可用进行验证，并同时验证新增的 DataNode 节点是否可以正常读写数据、被 YARN 进行资源调度等。弄清楚整个 DataNode 节点的热扩容过程的操作步骤是一个难点，测试人员可邀请大数据开发人员或运维人员一起设计测试步骤。

在测试 DataNode 节点扩容中，虽然原则上我们希望新增的 DataNode 节点与原 DataNode 节点在服务器配置上保持一致，但是考虑到被扩容的节点是在大数据平台投入生产一段时间后再补充的节点，存在新节点的配置已经被提升的潜在风险。因此，还需要做 DataNode 各节点在不同服务器配置下的影响测试。

4. DataNode Block 丢失和数据恢复模拟

大数据平台的数据存储是以块（Block）的形式存储的，Block 是 DataNode 存储数据的基本单位，在 Hadoop 2.10 下，默认 Block 大小为 128MB，这个值是指每个 Block 的最大值，而不是每个 Block 的大小都是 128MB。例如，当将 1MB 的数据存储到 DataNode 时，会占用一个 Block，但该 Block 只占用 1MB 的磁盘空间。

由于 Hadoop 平台的数据存储通常至少保留 3 份备份，因此 DataNode 节点的 Block 损坏不是太大的问题。在经过 DataNode 进行内存和磁盘数据 Block 校验（默认间隔时间为 6h，可通过 dfs.datanode.directoryscan.interval 修改时间间隔）后，可发现内存中的信息和磁盘中的信息不一致，系统此时才能发现 Block 丢失；当 DataNode 向 NameNode 报告 Block 信息（默认时间间隔也为 6h，也可以通过 dfs.blockreport.intervalMsec 修改时间间隔）后，可以自动恢复已经丢失的 Block。上述过程均由 Hadoop 系统的自动容错机制实现，测试时可以调整配置参数，以判断上述过程是否正常实现。

5. 组件版本兼容性测试

尽管 14.3 节中介绍的 Hadoop 生态系统的各组件均由 Apache 软件基金会发布，然而这些组件实际上由独立的项目小组运作，其版本更迭和组件间的兼容并没能得到很好的协调，因此现在越来越多的企业选用 CDH 版作为 Hadoop 基础平台。因为 CDH 的更迭和特性支持落后于 Apache 社区，所以又有不少企业选用的是 Apache Hadoop 生态系统，在这种架构下，组件版本间的兼容性测试就必不可少了。

如果 Apache Hadoop 生态系统的组件依赖于某个更基础的组件，那么其通常会给出版本要求。此时，可以将生产系统拟发布的组件按指定版本预装到 Hadoop 集群中，通过执行一些官方自带或企业历史的应用程序，以测试各组件核心功能是否兼容，这是一种可行且必要的操作。

15.5.2 性能测试

大数据平台解决方案逐步取代传统数据库方案，很重要的原因就在于大数据平台的高性能，因此性能指标是各个大数据业务应用项目都很关注的验收要素。然而，大数据平台系统中的体系结构问题可能成为流程中的性能瓶颈，这将影响基于该平台发布的应用程序的可用性，还将会影响后续所有项目的成功和大数据平台的价值。

为此，需要在大数据平台投入生产前，对系统进行全面的性能测试。通过关注数据吞吐量、延时时长、内存利用率、CPU 利用率、磁盘 I/O、网络带宽占用、连接并发数、任务并发数、完成任务所需的时间等系统性能指标，确保大数据平台各参数配置合理，确保平台性能能够满足较长一段时间内的业务应用诉求。

大数据平台的性能是由承载平台的服务器性能、服务器数量、选用组件和组件参数配置等诸多因素共同决定的，每个性能指标并非孤立存在，因此在测试时应结合测试场景综合考量下列测试项。

1. Hadoop 容量测试

尽管基于 Hadoop 生态系统的大数据平台支持未来热扩容 DataNode，但仍需要在平台建设启动初期对平台基础容量进行规划设计，因此容量测试也应成为 Hadoop 性能测试项。

对于 HDFS 而言，通常可预见的数据存储总量不能超过集群存储资源总量的 60%，因为集群扩容需要时间（可能涉及采购服务器），同时集群日志、临时文件等也会占用大量的存储资源。而如果某个 DataNode 节点占用的存储空间超过总量的 90%，Hadoop 系统会认为该节点是不"健康"的（unhealthy），从而将其移出可用节点清单。

YARN 的队列设置和队列资源规划同样需要在系统投入生产前进行预分配。通常来说，离线计算任务（如 MapReduce、Hive）和实时计算任务（如 Spark、Strom、Flink）都会使用 YARN 进行资源调度。但不同组件任务之间的优先级和抢占性要求不一样，可以通过设置不同的队列解决资源分配问题。但是，队列设置本身也会造成大数据平台资源割裂的问题，因此如何最优设置队列资源、分配后的队列资源是否能够满足压力场景下的计算性能，都需要进行仿真测试。

2. 离线计算负载测试

大数据离线计算业务场景与传统数据仓库应用相似，通常是以 T-1 的调度方式执行，部分任务可能以小时频率调度。因此，对于离线计算来说，数据存入和读取速率、单位时间内数据吞吐量、队列资源负载、网络带宽消耗以及 MapReduce 作业处理速度都是离线系统的关键性能指标。

在执行离线计算负载测试时，可以预先准备一定规模（如 TB 级）的数据集，包括结构化数据、半结构化数据和非结构化数据等。以预设数据集为基础，通过不同数据类型、不同计算复杂度和不同数据量的场景负载，测试出离线计算系统的性能基线，以确认是否满足规划目标。

3．实时计算负载测试

对于实时计算系统，计算延迟性能往往是最被关注的性能指标之一，这与选用的实时组件密切相关。通常，使用 SparkStreaming 的数据延迟在秒级或分钟级，Storm 和 Flink 均可以达到亚秒级。数据源端实时采集也存在一定延迟，同样，实时计算完成的数据 Sink 到下游或通过 API 提供接口请求服务，仍存在一定的延迟。在测试时，应分别测试端到端延迟和链路中每个环节的延迟。

虽然流式系统的吞吐量的理论设计上限很高，但是在实际应用中其受制于网络交换设备、服务器网卡、组件分区数等诸多因素，因此，在给定数据延迟阈值内，应通过压力测试得到系统的实际承载数据峰值上限。此外，还需要测试当上下游数据队列出现偶发性数据积压时，数据延迟是否能够快速恢复到正常水平。

4．系统配置参数调优

通过 15.3 节、15.4 节介绍的 Hadoop 生态系统组件安装过程我们不难发现，尽管大数据组件提供了各类参数的默认值，但这些默认值大多是基于较低服务器配置预设的。因此，对于生产系统来说，往往需要根据实际应用场景进行手动配置，这些参数值也将最终影响系统性能。

系统配置参数调优并非测试人员的主要职责，因此大多数时候只需要配合大数据架构或者大数据运维人员进行性能验证。常见的可调整参数包括连接并发数、任务执行并发数、Block 大小、Buffer 大小、JVM 参数、File 回滚参数、MapReduce 参数、Checkpoint 时间间隔、Uber 支持与否等。

15.6　业务应用测试

在当下的大数据时代，基于大数据技术的业务应用系统千差万别，每种应用都可能涉及一个或多个不同的测试领域。本书中，以 15.1 节中的用户故事为例，通过用户画像指标这个简单且非常具有代表性的案例，为读者呈现大数据业务应用测试中与 ETL 过程、业务逻辑和应用性能相关的测试处理策略。

值得一提的是，大数据业务应用满足敏捷项目开发的要素，因此本书介绍的敏捷测试方法和思想适用于大数据业务应用测试。

15.6.1 数据 ETL 测试

在 14.3.10 节中，我们介绍了两款数据 ETL 工具：Sqoop 和 Flume。那么，什么是 ETL？ETL 是提取（Extract）、转换（Transform）、加载（Load）这 3 个单词首字母缩写。ETL 是指一个完整的从源系统抽取数据、进行转换处理、载入数据目标存储（主要是数据仓库）的过程。实际上，ETL 与计算机系统的"输入→操作→输出"有异曲同工之处，只是该过程中流动的是数据。ETL 也并非大数据时代才出现的新概念，在数据仓库刚刚兴起的年代，ETL 及其工具就已经出现了。

ETL 过程体现了数据处理加工的上下游界面，ETL 能够将上游的异构的源系统数据，通过"抽取→转换→加载"，形成统一的存储结构，并加载到目标数据仓库内，便于后续的数据深度加工处理。值得注意的是，尽管 ETL 过程包含数据转换，但它基本上只做轻度数据加工或数据标准统一化处理，该过程一般很少用数据聚合等对数据源造成严重变形的数据转换。几乎所有的大数据平台的 ETL 过程均可以抽象为图 15-9 所示的过程。

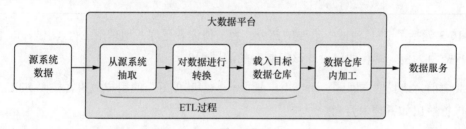

图 15-9

我们回顾一下图 15-2 会发现，在这个案例中涉及两类完全不同的数据源：结构化的订单数据和半结构化的用户行为数据。结构化的数据可通过 Sqoop 工具，以批处理方式加载到大数据平台 HDFS 中；半结构化的数据可通过 Flume 工具，以实时数据流方式加载到 HDFS 中。在此 ETL 过程中，实现了异构数据源在 Hive 数据仓库 ODS 层的统一存储，为后续进行用户画像的指标和标签在 Hive 数据仓库内加工奠定数据基础。

在弄清什么是 ETL 后，下面开始介绍什么是 ETL 测试。ETL 测试是为了确保数据从源端系统到目标存储的整个数据链路处理转换过程是完整且准确的。因此，它涉及从源到目标数据各个阶段的数据验证。

总体来说，ETL 常见的测试类型和测试要素如表 15-3 所示。

表 15-3

测试类型	测试要素
数据完整性测试	所有期望保存的数据是否完整加载到目标存储中； 所有加载进目标存储的数据记录或字段内容是否完整
数据一致性测试	所有未经转换的数据内容是否与源系统保持一致； 所有涉及转换的数据内容是否在转换语义上保持和源系统的实质一致性
数据转换测试	数据转换过程的处理规则是否正确
数据质量测试	语法测试，即"脏"数据容错处理验证，包括无效字符、无效分隔符、字符模式、日期格式错误、数据类型错误、数据字段交错等数据清洗效果验证； 基准测试，即基于数据模型和数据标准检查，包括数字格式、日期格式、精度检查、零校验、id 校验、主键唯一性校验、越界数据校验等
元数据测试	目标数据是否满足预设元数据标准
增量测试	当批处理任务是增量 ETL 时，是否抽取正确的增量，是否满足插入和更新预期的要求
调度测试	对嵌入任务调度工作流的 ETL 任务，在触发条件满足/不满足时，是否按预设 DAG 顺序执行
约束验证	验证目标表中的约束关系或勾稽关系满足期望设计
数据清理验证	对于不期望被加载或不满足加载质量标准的数据，是否没有被加载进目标存储中
ETL 健壮性测试	读写超时等异常处理是否设计正确； 异常中断是否可恢复测试； 补数字逻辑正确性验证

表 15-3 囊括了 ETL 测试中重要的部分。为了使读者更深入地理解 ETL 测试，以 15.1 节中的用户故事为例，阐释如何设计该案例下的测试用例。

在此之前，让我们再回顾一下"用户画像——口味偏好"的用户故事，按照 ETL 过程特点，可以拆解出如下技术要素。

- 源端系统 1：订单库（存储咖啡消费订单，包括确认订单、付款、下单成功、退货等多状态管理）、SQL 型、增量抽取标识为 update_time（订单记录任何变化将触发该字段更新），采用 Sqoop 工具按 T-1 方式采集。

- 源端系统 2：用户行为日志（存储用户行为埋点数据，包括浏览商品页的次数和停留时长等行为轨迹）、NoSQL 型、纯追加型文件日志，采用 Flume 工具实时采集。

- 订单数据转换：日期格式规范、订单金额精度规范（两位小数），空值字段保留 Null，订单 ID 类型从长整型转换成字符串型，订单状态转换为订单码表中的代码。

- 用户行为日志转换：剔除所有非商品页行为日志，剔除所有"脏"数据日志（包括 Schema 错乱、含无效字符、日期格式错乱、不完整记录）。

- 目标存储 1：订单数据将以日为分区，增量数据存储到 Hive 表中。
- 目标存储 2：用户行为日志以小时为单位回滚文件，存储在以日为路径的 HDFS 文件系统并加载到 Hive 表中。
- 调度模式：订单数据 ETL 通过 Oozie 调度，每天（T 日）凌晨 1 点执行 T-1 日数据 ETL，成功执行 ETL 后，将触发下游用户偏好统计指标计算。

根据表 15-3 中的测试类型和测试要素，上述"用户画像——口味偏好"的用户故事的 ETL 测试如下。

1. 数据完整性测试

- 对于订单表，在源系统订单库中识别 T-1 日数据增量，并校验该增量所有记录是否加载到 Hive 表中，包括 T-1 日新增订单和历史订单变更情形。
- 对于订单表，校验是否加载到目标 Hive 表中，数据字段和内容是否完整。
- 对于用户行为日志，在源系统日志文件中抽取 T-1 日所有商品页行为日志，剔除所有"脏"数据记录，统计符合条件的源系统日志（可运用 Linux awk 脚本实现），再与目标 Hive 表中日志比对，以验证日志信息的完整性。由于大数据系统本身存在一定的误差，日志采集不必苛求 100%的完整性，可依据公司或项目组数据质量标准，通常允许有一定范围的误差（如<1‰）。
- 对于用户行为日志，校验日志数据 Schema 完整性，可通过 Flume Sink 将不符合规范的数据抛出，便于观察"脏"数据的清洗情况。

2. 数据一致性测试

- 对于订单表，校验未经转换的数据字段，包括客户 ID、商品名称、商品数量、订单时间、更新时间等。
- 对于订单表，校验经转换的数据字段，确保转换结果符合预设规范、转换语义与源系统一致，包括日期格式规范化后不改变日期内容、订单金额精度规范化后与原金额等值、订单 ID 转换成字符型后数字不变等。
- 对于用户行为日志，抽样校验日志数据在字段位数、字段顺序、字段内容上与源端日志一致。
- 对于用户行为日志，校验目标数据不包含非商品页日志和应剔除的"脏"数据。

3. 数据转换测试

- 对于订单表，校验经转换的数据字段，确认转换结果逻辑正确并符合预设规范，如转换后的订单状态代码与码表中的映射关系一致。
- 对于用户行为日志，校验非商品页日志业务逻辑过滤转换正确、"脏"数据清洗逻辑正确且可覆盖预设场景（如 Schema 错乱、含无效字符、日期格式错乱、不完整记录等）。

4. 数据质量测试

- 对于订单表，由于源系统为 SQL 数据库，抽取一般不会产生语法错误，因此主要校验目标有无写入错误，也可通过 Sqoop 错误日志辅助判断。
- 对于订单表，校验预设数据模型和数据标准，包括日期格式、订单金额精度、空值字段处理、订单 ID 类型转换、订单状态码表映射。
- 对于用户行为日志，由于日志系统易产生"脏"数据，因此需要对字符编码、特殊字符、保留关键字、空值、源数据 Schema、分隔符、字段顺序、类型匹配等进行严格的语法验证。
- 对于用户行为日志，校验预设数据模型和数据标准，包括分区格式、日期格式、数据类型匹配、隐式类型转换等。

5. 元数据测试

对于订单表和用户行为日志，均可通过校验是否满足预设的 Hive 表结构实现元数据测试。

6. 增量测试

- 对于订单表，校验源系统 T-1 日数据增量识别是否正确，并校验增量是否加载到 Hive 表正确的分区中，需覆盖 T-1 日新增订单和历史订单变更。
- 对于用户行为日志，校验日志是否以小时为单位回滚文件，日志是否按天存储在 HDFS 不同日期路径中且与 Hive 表分区匹配。

7. 调度测试

- 对于订单表，校验调度时间触发（凌晨 1 点）是否正确；在订单表 ETL 正确完成前，校验下游任务"用户偏好统计指标计算"是否被阻塞等待。
- 对于用户行为日志,当日志文件/路径为空时,校验下游任务"用户偏好统计指标计算"是否阻塞等待。

8. 约束验证

对于订单表,检验是否存在订单状态码表映射外的其他订单状态,如有,则检验是否满足预设处理机制(如剔除记录,或映射为指定错误代码)。

9. 数据清理验证

对于用户行为日志,是否所有的非商品页行为日志和所有"脏"数据日志没有被加载进目标 Hive 表中。

10. ETL 健壮性验证

- 对于订单表,检验是否有源订单库读、写、连接超时等异常处理。
- 对于订单表,检验是否有 ETL 过程异常中断的自动重试或出错告警处理。
- 对于订单表,检验当异常中断自动/手工重试后,检验是否对此前批次进行覆盖操作。
- 对于用户行为日志,检验是否有 Flume 组件异常侦听和 Checkpoint 机制。
- 对于用户行为日志,当采集中断后,检验是否可以从中断处继续采集。
- 对于用户行为日志,当采集中断并恢复续传后,检验是否可以按数据发生时间路由到正确的 HDFS 日期路径下。

15.6.2 业务逻辑测试

大数据平台应用的业务逻辑测试是最接近传统业务测试的部分,尤其与数据库测试很相似,常用测试策略如下。

- 数据驱动式逻辑验证。
- 复杂逻辑代码评审。
- 代码覆盖测试。

在这些测试策略中,数据驱动式逻辑验证的使用范围最广,其测试过程大致可分为 3 个步骤，如图15-10所示。

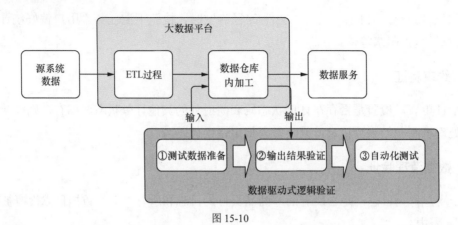

图 15-10

下面仍以"用户画像——口味偏好"的用户故事为例，通过分析该用户故事的逻辑实现部分，按照上述步骤阐释如何实现数据驱动式逻辑验证测试。

（1）用户偏好统计指标。

- 月单品下单次数：按自然月统计各咖啡单品下单次数（下单，以下单成功且未退货为统计标准）。

- 月单品下单金额：按自然月统计各咖啡单品下单金额（下单，以下单成功且未退货为统计标准）。

- 月单品页浏览次数：按自然月统计各咖啡单品详情页浏览次数。

- 月单品页驻留时长：按自然月统计各咖啡单品详情页驻留时长（单品详情页 Session 超时跳出时不纳入统计时长）。

（2）用户偏好数据标签。

- 用户本月 Top10 偏好单品：取本月单品偏好度 Top10 的单品，其中

$$月单品偏好度 = \beta_1 \times 月单品下单次数 + \beta_2 \times 月单品下单金额$$
$$+ \beta_3 \times 月单品页浏览次数 + \beta_4 \times 月单品页驻留时长$$

这里的 β_1、β_2、β_3、β_4 分别为计算月单品偏好度各变量的系数。

- 用户历史 Top10 偏好单品：取历史单品偏好度 Top10 的单品，这里的历史单品偏好度采用"指数加权移动平均法"（EWMA）计算，公式为：

$$\omega_k = \frac{\lambda^{k-1}(1-\lambda)}{1-\lambda^m}$$

（k = "数据月份"距离"当前月份"的月数，

m = 计算时间窗口内，所涉及的总月份数，

λ = 衰减系数，此值越小，则衰减速度越快）；

历史单品偏好度 = $\sum_{k=1}^{m} \omega_k \times$ 第 k 月单品偏好度；

这里取 $m = 12$，$\lambda = 0.9$。

按照图 15-10 的测试步骤，下面来介绍如何开展测试工作。

1．测试数据准备

在数据驱动式逻辑验证中，测试数据准备是测试人员最重要的工作之一。基于 Hadoop 大数据平台的真实数据集是海量的，测试人员无法使用所有的数据进行测试。因此，应充分理解生产环境的数据特征，以识别和覆盖关键业务场景、关键计算逻辑，并选择可测试的数据子集进行测试。

对于"用户画像——口味偏好"来说，有两层数据逻辑计算：指标计算和标签计算。其中标签计算以指标计算为基础，因此，在准备测试数据时，只需要分析指标计算的数据源。

在"用户偏好统计指标"的逻辑计算部分，涉及的 4 个统计指标的数据分别来自两个数据源。其中，"月单品下单次数"和"月单品下单金额"来自订单表，而"月单品页浏览次数"和"月单品页驻留时长"来自用户行为日志。为此，需要根据计算逻辑特点，构造或抽样验证订单、用户行为测试数据集，抽取并加载到正确的 HDFS 位置。

设计业务逻辑验证数据集是测试人员的基本功，本章不会展开说明。在传统的数据库测试中，很多测试人员喜欢用 insert 语句插入测试数据，这在基于 Hadoop 的 Hive 进行测试时是一种低效的方式，因为 Hive 的数据底层存储仍是以 HDFS 上的文件形式存在，每次的 insert 都将触发一次 MapReduce 计算，这个过程是极耗时间的。

举例来说：假定上述的用户行为日志包含操作时间、用户 ID、访问页面、事件代码、事件计数字段。测试时，可以在 CSV 文件中预先构造数据，如图 15-11 所示。

```
log_tbl.csv
1 ts,user_id,page_id,event_code,event_cnt
2 2020-03-12 07:32:34,Ann,Hazelnut_Coffee,1,3
3 2020-03-12 07:35:34,Ann,Hazelnut_Coffee,2,45
4 2020-03-12 10:01:28,Bill,Iced_Latte,1,1
5 2020-03-12 10:01:58,Bill,Iced_Latte,2,12
6 2020-03-12 10:03:01,Bill,Matcha_Latte,1,2
7 2020-03-12 10:05:32,Bill,Matcha_Latte,2,56
```

图 15-11

创建测试数据仓库和 Hive 外表，以备数据导

入，如代码清单 15-29 所示。

代码清单 15-29　　　创建测试数据仓库和 Hive 外表，以备数据导入

```
[root@hadoop ~]# hive
hive> CREATE DATABASE personas IF NOT EXISTS;
hive> CREATE EXTERNAL TABLE IF NOT EXISTS personas.log_tbl(
    >     user_id string comment '用户 ID',
    >     ts string comment '操作时间: yyyy-MM-dd HH:mm:ss',
    >     page_id string comment '访问页面',
    >     event_code string comment '事件代码: 1-点击、2-驻留',
    >     event_cnt int comment '事件计数'
    > ) comment '用户行为日志'
    > PARTITIONED BY (
    >     log_time string comment '按日分区: yyyymmdd')
    > ROW FORMAT DELIMITED
    > FIELDS TERMINATED BY ','
    > STORED AS TEXTFILE
    > TBLPROPERTIES ("skip.header.line.count"="1")
    > ;
OK
```

将测试数据集导入，并加载到 Hive 对应分区，如代码清单 15-30 所示。

代码清单 15-30　　　将测试数据集导入，并加载到 Hive 对应分区

```
[root@hadoop ~]# cd /home/root/
[root@hadoop root]# rz    # 导入测试数据集: log_tbl.csv
[root@hadoop root]# hive
hive> LOAD DATA LOCAL INPATH '/home/root/log_tbl.csv' OVERWRITE INTO TABLE personas.log_tbl PARTITION (log_time=20200312);
hive> MSCK REPAIR TABLE personas.log_tbl;
hive> SELECT * FROM personas.log_tbl WHERE log_time=20200312;
```

查看已导入的测试数据集，如图 15-12 所示。

图 15-12

2．输出结果验证

将导入的测试数据集放入 Hive 数据仓库内加工，经过"用户偏好统计指标"和"用户偏好数据标签"的计算,可以得到所需的"用户画像——用户标签"交付数据。

对于测试人员来说,需要验证上述应用程序逻辑处理的正确性。

- 校验指标和标签的加工过程逻辑计算结果是否正确。
- 校验当数据不完整时(如计算月度指标时不足月、计算历史标签时不足年等),结果数据是否与预期规则一致。

为了测试大数据处理逻辑是否正确,有些复杂的计算(如本案例中的"用户历史 Top10 偏好单品标签")很难通过简单心算或手写验算得出期望结果。因此,测试人员需要掌握基本的 Hive、Shell、Python 和 Java 等的编程知识,开发验证程序计算出预备数据集上的期望结果,以便与待测应用程序的输出结果进行比对验证。

3. 自动化测试

大数据的业务逻辑验证过程有时非常繁杂,对于"用户历史 Top10 偏好单品标签"这类的逻辑验证,消耗的测试工作量远超过开发工作量。当业务应用对处理逻辑稍加修改时,就需要对整个业务处理逻辑进行回归测试,因此有必要将逻辑验证过程自动化,形成自动化回归测试套件。这样,在每个版本迭代后,可自动运行,有助于提升大数据应用测试效率,减少测试人员的重复劳动。

目前,大数据测试领域还没有形成主流的自动化测试套件,但测试人员可以运用一些组件的脚本开发出测试套件,并将其归入版本管理库中。

以"用户画像——口味偏好"用户故事为例,我们可对每种测试用例场景开发基于 Hive 组件的 HQL 脚本,然后用 Shell 脚本将 HQL 脚本进行套件化组织。例如,"测试数据准备"阶段中介绍的代码清单 15-29 和代码清单 15-30,都可以作为自动化测试的基础脚本,且稍加封装便可改造成自动化测试套件。

15.6.3 应用性能测试

在 15.5.2 节有关大数据平台架构测试中,已经介绍了如何测试大数据平台的整体性能。对于某个具体的大数据应用项目,其性能测试的思路和关注点也是类似的,本节不再展开。

下面仍以"用户画像——口味偏好"用户故事为例,简要讲述一个具体的大数据应用项目如何设计性能测试要素。

- 对于订单库数据采集，涉及对上游订单系统的 T-1 日增量抽数操作，应校验是否对上游大批量读取产生性能压力。
- 对于用户行为数据采集，由于行为日志每日产生 GB 级甚至 TB 级的数据，即使是实时采集，也可能在高峰时段对日志系统和大数据平台系统产生较大压力，因此应对峰值日志吞吐量、网络带宽占用、磁盘 I/O 开销、Flume 过滤程序的内存利用率、CPU 利用率、数据采集延迟等性能指标进行测试。
- 在进行"用户偏好统计指标"和"用户偏好数据标签"计算时，应重点关注 MapReduce 作业的内存利用率、CPU 利用率、任务并发数、完成任务所需的时间、队列资源负载等性能指标。
- Workflow 计算时间不超过 30min。

学习笔记

学习笔记